U0227087

姜堰

JIANGYAN SHUILIZHI

水利志 （1995—2019 年）

泰州姜堰区水利局　编

黄河水利出版社

·郑州·

图书在版编目（CIP）数据

姜堰水利志：1995—2019 年 / 泰州姜堰区水利局编
.—郑州：黄河水利出版社，2022.11
ISBN 978-7-5509-3462-7

Ⅰ.①姜… Ⅱ.①泰… Ⅲ.①水利史 – 泰州 –1995—
2019 Ⅳ.① TV-092

中国版本图书馆 CIP 数据核字（2022）第 230085 号

出 版 社：黄河水利出版社　　　　　　　　　　　　网址：www.yrcp.com
　　　　　地址：河南省郑州市顺河路黄委会综合楼 14 层　邮政编码：450003
发行单位：黄河水利出版社
　　　　　发行部电话：0371-66026940、66020550、66028024、66022620（传真）
　　　　　E-mail:hhslcbs@126.com
承印单位：河南瑞之光印刷股份有限公司
开本：787 mm × 1092 mm　1/16
印张：16.25　　　　　　　　　　　　　插页：10
字数：420 千字
版次：2022 年 11 月第 1 版　　　　　　印次：2022 年 11 月第 1 次印刷

定价：268.00 元

江苏省人大、省政协、省政府参事视察姜堰水利重点工程（2012 年）

时任江苏省水利厅厅长吕振霖视察姜堰水利建设（2013 年）

时任江苏省水利厅厅长李亚平视察泰东河工程（2014 年）

时任中共泰州市委书记韩立明视察泰东河工程（2018 年）

时任中共泰州市姜堰区委书记李文飙视察民生工程——河滨广场（2018 年）

中共泰州市姜堰区委书记方针视察水利工程（2020 年）

中共泰州市姜堰区委副书记、姜堰区区长孙靓靓巡查河道（2020 年）

中共泰州市姜堰区委书记方针视察防汛工作（2021 年）

中干河河滨广场

溱湖国家湿地公园

溱潼会船盛况

泰东河溱潼段

卤汀河华港段

新通扬运河姜堰城区段

老通扬运河姜堰城区段

周山河张甸段

中干河梁徐段

新生产河大伦段

大伦河大伦集镇段

城区河道——时庄河

城区河道——三水河

城区河道——汤河

镇级河道——康陈河

镇级河道——伦南河

河长制主题公园

泰州市通南片水生态调度控制工程——南干河套闸

溱湖双向泵站

电灌站——河横站

圩口闸——东华南闸

排涝闸站——野河闸站

泰东河溱潼北大桥水文化长廊

节水渠道机械化施工

河道"三清"

里下河圩堤加固

无人机巡河

水美乡村——顾高镇张庄村

水美乡村——三水街道小杨村

姜堰区水系现状图

兴化市

江都区

海陵区

高港区

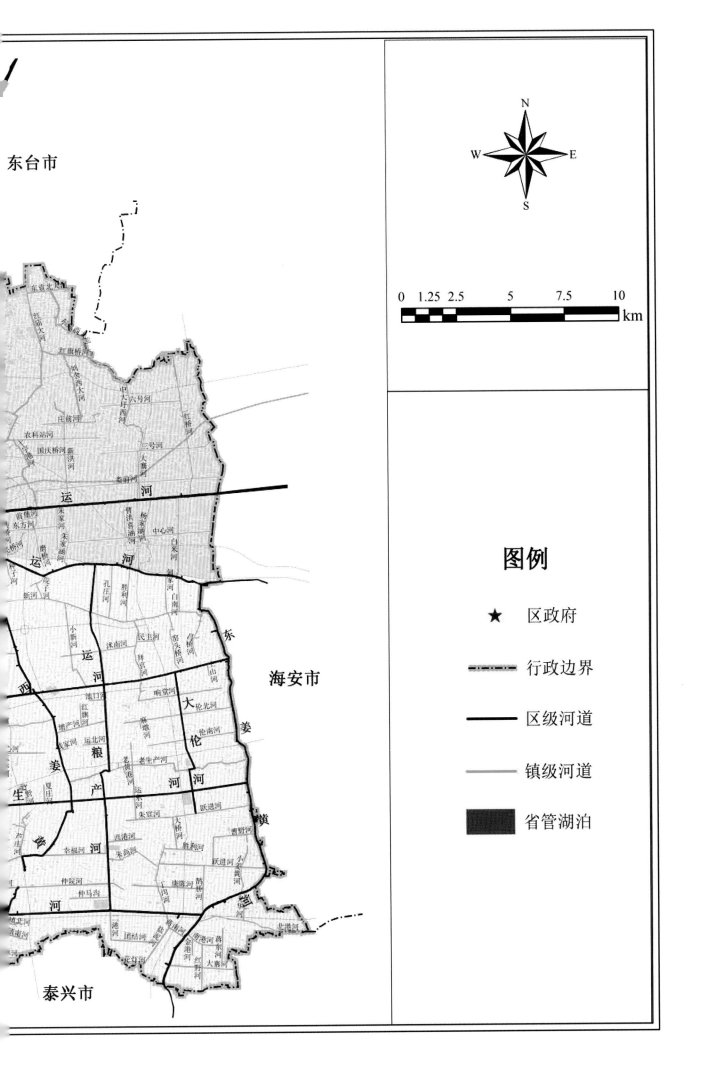

东台市

海安市

泰兴市

图例

★ 区政府

------- 行政边界

—— 区级河道

—— 镇级河道

■ 省管湖泊

N
W E
S

0 1.25 2.5   5   7.5   10
km

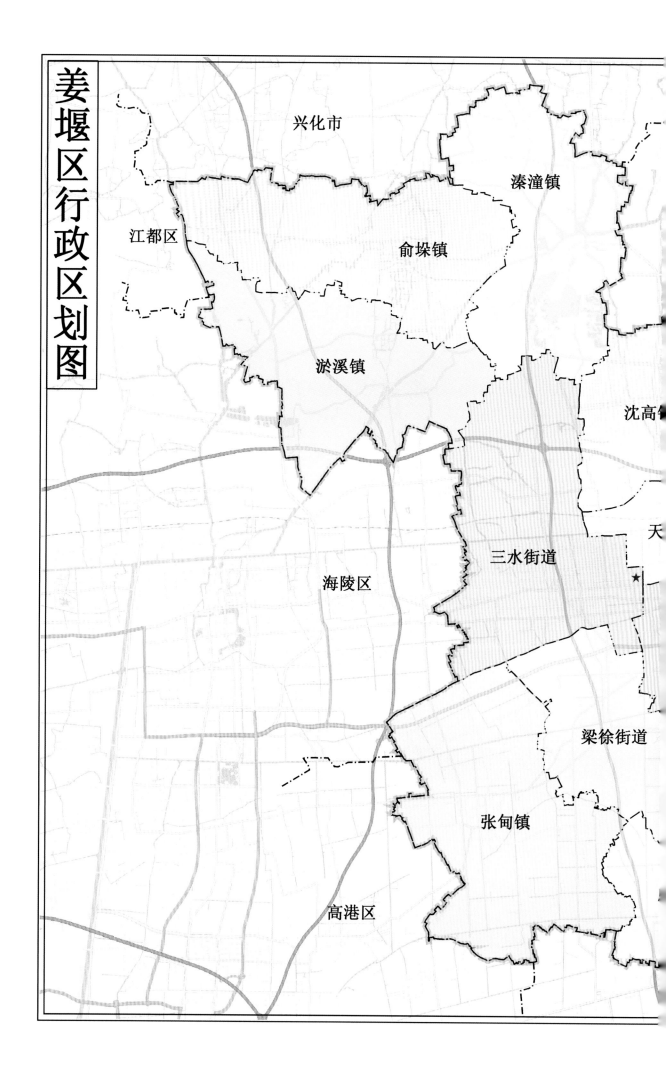

姜堰区行政区划图

兴化市

溱潼镇

江都区

俞垛镇

淤溪镇

沈高镇

三水街道

天

海陵区

★

梁徐街道

张甸镇

高港区

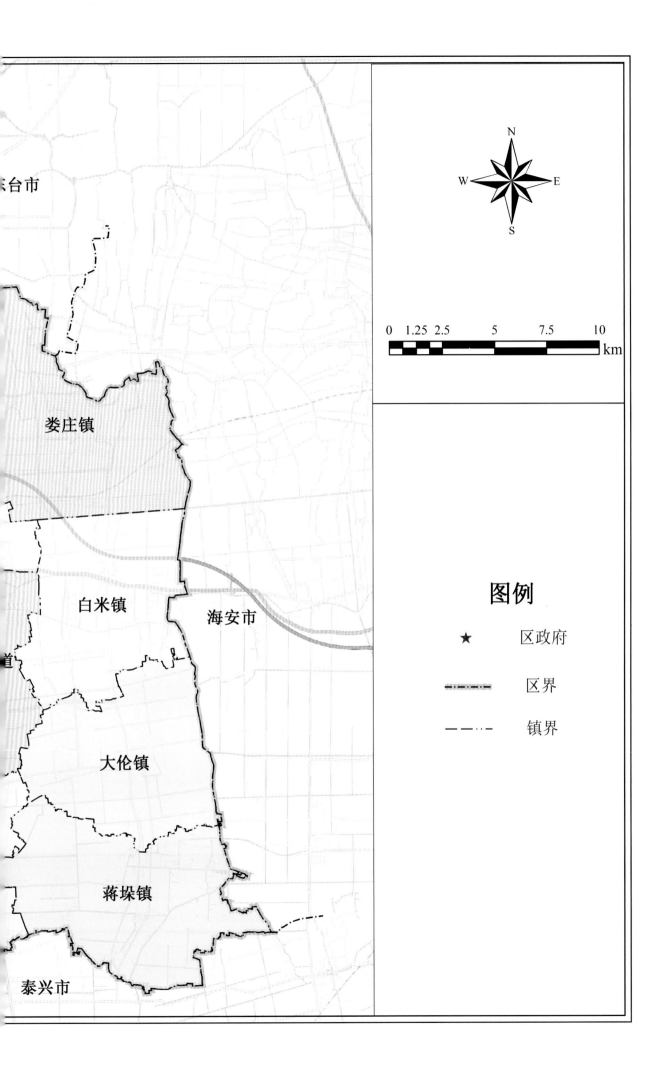

东台市

娄庄镇

白米镇

海安市

大伦镇

蒋垛镇

泰兴市

图例

★ 区政府

区界

镇界

0 1.25 2.5   5   7.5   10
km

N
W   E
S

《姜堰水利志（1995—2019 年）》
编纂委员会

主　　　任	许　健				
副　主　任	纪马龙	王根宏	沈军民	游滨滨	黄宏斌
编　　　委	于　健	田启龙	燕岭飞	陈曙明	洪　松
	蒋满珍	吴林全	顾爱民	殷新华	许　庆
	朱　蕾	凌　虹	张小虎	柳存兰	张日华
	王丽芳	曹　翔	沙　庆	陆晓斌	
主　　　编	张日华				
副　主　编	王丽芳				
编　　　辑	施　威	金小燕	华　丽	许　青	陈　婧
	郑　娟	殷　芳	黄明华	丁　婕	鞠爱清
	聂冬梅	张　涛	王晋晋	张　宇	吉亚琴
审　　　稿	沈军民	游滨滨			
图片提供	曹　翔				
制　　　表	郑　娟				

前　言

　　25 年（1995—2019）来，在姜堰区委、区政府的正确领导和省、市主管部门的关心支持下，全区水利基础设施建设全面加快，水利改革全面推进，水利建设成效显著，为全区经济社会发展和人民群众安居乐业提供了坚强的水利支撑。

　　夯实水安全，构筑了坚固的防洪屏障。结合流域、区域规划和水情、工情，建立了覆盖全区的防洪工程体系，通扬沿线的节制闸基本达到了百年一遇的防洪标准。高标准建成防汛防旱决策支持系统，并与省、市联网，实现信息共享，为科学防汛提供了保障，成功抵御了多次超强台风和突发性强降雨。牵头指导农村区域供水工程建设，实现农村引长江水工程以行政村为单位全覆盖，让全区农村人口全部饮上了长江水。

　　治理水环境，贯通了配套的河网水系。按照"生态河湖、系统治理"的思路，逐年推进"大中小微"水体治理。在里下河实施了国家、省重点工程卤汀河、泰东河主体工程及配套工程，防洪标准达到 20 年一遇，排涝标准达到 10 年一遇，极大地改善了沿线防洪设施、生活环境、交通条件，促进了地方经济社会的发展。围绕打通水系"主动脉"精准发力，老通扬运河、中干河、周山河等区级骨干河道实现境内全线疏浚、护坡、绿化。城区河道全面实现水体畅通，呈现"六横八纵"。策应乡村振兴战略，推行小流域生态治理，实施镇村河塘集中连片整治，创新"美丽水工程"，助力特色田园乡村建设。

　　保护水资源，捍卫了健康的河湖生命。始终秉承"节水优先、绿色生态"发展理念，坚持以用水总量、用水效率、限制纳污"三条红线"为核心，扎实推进农业、工业、生活等各领域节水，蹚出了一条丰水地区转变发展思路、构建生态文明的节水之路，成功创成"全国节水型社会建设达标县（区）"。全面推行河湖长制工作，建立河湖网格化巡查机制，依法加强水资源保护，大力开展河湖"两违两清""清四乱"专项整治，助推国考、省考断面水质改善，在全省首创"智慧河湖"管理系统，实现掌上治水全程管控，河长履职更加精准，这些做法在全省产生示范效应。

　　修复水生态，绘就了秀美的水韵画卷。以水生态文明城市建设为契机，实施了溱湖水生态修复工程、小颉河生态防护示范工程，保护湿地，净化水体，打造了长三角著名、全国知名的集资源保护、科学研究、科普教育和休闲度假等功能于一身的 5A 级国家水利风景区。在通南地区实施了水生态调度控制工程、河道绿化提档升级工程，调水控水，涵养水源。弘扬水文化，彰显"一河一景一文化"特色，建成罗塘河的"百龙戏水""历代龙雕""沟通江淮"景观带，鹿鸣河的"阴阳八卦图""三水神针""诗赋石刻"，以及溱潼北大桥、中干河河滨广场等水文化景点，打造了一处处旅游休闲的自然佳所。

　　为高质量编撰《姜堰水利志》，区水利局组织专门修志班子，广搜史料，严肃考证，精心筛选，辛勤编写，历时 26 个月成志。

　　今后姜堰水利人将深入践行"节水优先、空间均衡、系统治理、两手发力"的治水思路，以水利现代化为目标，立足"水韵古罗塘、最美金姜堰"的城市特质和发展追求，坚定向水而为，执着向美而行，为助力"智造姜堰、生态姜堰、活力姜堰、精致姜堰、幸福姜堰"建设夯实水利根基。

值此付梓之际，谨向所有关心、支持志书编撰工作的领导和专家，以及参与编写的同志致以最诚挚的谢意。

编 者

2021 年 11 月

凡　例

一、本志是《姜堰水利志（1949—1994 年）》的续志，上限为 1995 年，与前志相衔接，下限为 2019 年。为保持事物发展的连续性和完整性，部分内容适当上溯。

二、本志坚持"横分门类，纵述史实"的传统格局，采用章、节、目的结构层次。

三、本志采用述、论、志、传、图、表、录并用的综合体裁。

四、本志内容以资料为主，用记述体表述，不作主观评论，寓观点于资料中。概述与章下无题序可作适当归纳议论。

五、本志采用公元纪年。对新中国成立前的史料，用各朝代国号纪年，后加括号注明公元纪年。

六、本志记述的地域范围以 2019 年 12 月行政区划地域为主。1994 年 10 月撤县设市前称泰县，撤县设市后称姜堰市，2012 年 12 月，撤销县级姜堰市，设立泰州市姜堰区，跨泰县、姜堰市、泰州市姜堰区 3 个时段，本志一般叙述采用当时名称。

七、本志数字均用阿拉伯数字书写。计量单位均采用国务院 1984 年颁发的中华人民共和国法定计量单位。考虑到读者阅读习惯，适当使用常见非法定计量单位，如亩、里等。

目　录

001　概　述

006　大事记

033　第一章　自然概况

034　第一节　位置 区划

034　第二节　地质 地貌

035　第三节　土壤 植被

035　第四节　气候 水文

038　第二章　水系 水资源

039　第一节　长江水系

044　第二节　淮河水系

046　第三节　水资源

050　第三章　水利规划

051　第一节　综合规划

052　第二节　专项规划

054　第四章　防汛防旱

055　第一节　组织领导

056　第二节　防灾措施

057　第三节　防汛防旱应急预案

058　第四节　水旱灾害

059　第五节　抗灾纪实

061　第五章　农村水利

062　第一节　河道工程

070　第二节　田间工程

071　第三节　圩区治理

095　第四节　省管湖泊（滞涝区）

096　第五节　中低产田改造

097　第六节　高标准农田建设

100　第七节　提水灌排

115　第八节　水土保持

117　第六章　城市水利

118　第一节　水投公司

121　第二节　规划编制

122　第三节　排涝工程

125　第四节　防洪工程

126　第五节　水环境治理工程

127　第六节　工程管理

129　第七章　水工建筑物

130　第一节　闸涵

134　第二节　桥梁

135　第三节　泵站

138　第八章　重点工程

139　第一节　泰东河工程

140　第二节　卤汀河工程

140　第三节　新通扬运河整治

140　第四节　通南水生态调度控制工程

141　第五节　喜鹊湖清淤

142　第六节　河滨广场

143　第七节　灌区改造

144　第九章　农村供水

145　第一节　水厂管理

145　第二节　引长江水工程

146　第三节　区域供水

148　第十章　工程管理
149　第一节　工程建设管理
150　第二节　工程运行管理
153　第三节　水利普查

157　第十一章　水利改革
158　第一节　水务体制改革
159　第二节　水管单位改革
160　第三节　水利工程建设管理改革
160　第四节　水价改革

163　第十二章　河湖长制
164　第一节　制度建设
165　第二节　河湖长履职
167　第三节　生态河湖建设

170　第十三章　水资源管理
171　第一节　取水许可管理
172　第二节　计划用水管理
173　第三节　节水型社会创建
177　第四节　水生态文明城市创建

179　第十四章　依法治水
180　第一节　法治建设
180　第二节　水行政许可
181　第三节　水行政执法

186　第十五章　水利经济
187　第一节　规费征收
192　第二节　综合经营
196　第三节　财务管理
197　第四节　资产、资源
197　第五节　水利投入

198　第十六章　科技、教育
199　第一节　科技队伍
201　第二节　科技活动
201　第三节　信息化建设
202　第四节　教育培训
203　第五节　获奖成果

204　第十七章　水文化
205　第一节　史志编修
205　第二节　文化遗产
208　第三节　水文化活动
211　第四节　水景观
213　第五节　溱湖风景区

215　第十八章　机构设置
216　第一节　行政机构
217　第二节　直属机构

226　第十九章　党群社团
227　第一节　党组织
227　第二节　群团组织

230　第二十章　治水人物
231　第一节　历史人物
231　第二节　抗灾英烈
233　第三节　当代人物

236　附　录
237　附录一　重要文件辑存
249　附录二　光荣榜

252　参考文献
253　后　记

概　述

　　姜堰区位于江苏省中部，是泰州市市辖区。地处长江三角洲北缘，跨长江三角洲平原、江淮湖洼里下河平原。东邻海安市，南接泰兴市，西连海陵区、高港区及扬州市江都区，北毗兴化市、东台市。2019 年，全区辖 10 个镇、4 个街道，1 个省级经济开发区和 1 个风景区，总面积 858.3 平方千米，总人口 73.58 万人。

　　姜堰区属亚热带季风性气候，四季分明，气候温和，日照充足，雨量丰沛。境内地势南高北低，河流众多、水系发达。以老 328 国道为界分为南北两个区域：老 328 国道以南地区为长江三角洲平原北部边缘部分，为长江泥沙堆积形成的高沙土平原区，通称通南高沙土地区，该区域地势平坦，绝大部分属于微凸状高沙土平原，地面真高（废黄河零点，下同）4.5~6.5 米。历史上高垛田、龟背田、塌子田多，零乱错落，高低密布。地高苦旱，虽有通江水路，然多源远流长，曲折滞阻。江潮涨落无度，缺乏节制，引水甚微，排水不畅。水土严重流失，河道多被淤为死沟呆塘，是个"三天不雨小旱，五天不雨大旱，刮风上天，落雨下河"的易旱地区。老 328 国道沿线地区曾是古河道，后经冲积和沉积作用成陆，地面真高 3.5~5.5 米。老 328 国道以北为里下河碟形地南部边缘，通称里下河地区。该区域地势低洼平坦，地面真高 3 米以下，最低处不到 2 米，多为黄河夺淮后泥沙淤塞入海通道而成。历史上，每当淮洪泛滥，里运河决堤或开归海坝时，里下河尽成泽国，若遇江淮间连续暴雨，又成沿运高地雨流东泻通道，形成四水投塘、客水压境的严重威胁。数以千计的小圩口，堤身单薄，无以抗御洪涝，是个"一年一熟稻，十年九受涝"的易涝地区。

　　姜堰区历史上水利基础较差，加之特殊的地理位置，水旱灾害频繁。自清道光二十九年 (1849 年) 至新中国成立前的百年间，境内水旱灾害达 40 多次。新中国成立后，姜堰人民在党和政府的领导下，兴利除害，为改变落后的生产条件，防灾抗灾，进行了长期的艰苦不懈的奋斗。

　　1949—1994 年，经过四十多年的建设，在里下河地区，通过"联圩并圩"、修建圩堤、兴建圩口闸，初步建立起防洪屏障；在通南地区，以改善排灌条件为重点，开挖、拓浚众多河道，基本实现"灌溉有水源，排水有出路"。

一

　　1995—1999 年，姜堰水利进入稳定发展期。水利基础设施建设步伐加快，依法治水、依法管水和实现对水资源的统一管理进入了一个新阶段，水利经济稳步发展。

　　这一时期，农村水利稳定发展，水利基础设施建设步伐加快。

　　1995—2000 年，实施南干河、运粮河、大伦河等骨干河道的疏浚整治。为了确保镇、村河道的引排能力，各镇、村采取自筹资金的办法，对影响排灌镇村河道（中沟以上）进行疏浚。

　　在北部地区，1996 年，中共姜堰市委、姜堰市政府对里下河地区圩堤圩口闸建设提出"适当联圩并圩、缩短防洪战线"要求。市水利部门按圩区耕地 50 公顷左右建一座圩口闸的规划思路，对里下河各乡镇圩区进行重新规划论证，确定建闸位置，规划新建圩口闸 315 座，全部实施后将实现"无坝市"。是年，建闸 71 座，9 个乡镇通过"无坝乡"验收。自 1997 年起，经过 3 年建设，基本实现了"无坝市"。

1998 年，全市实施圩堤建设全面达标工程，将圩堤标准定为"四五四"，即圩顶真高 4.5 米、顶宽 4 米、坡比 1:2。经过 3 年加固，圩堤标准普遍提高，挡洪能力显著增强。

在南部地区，1995 年，通南地区 10 个乡（镇）完成扬州市"百万亩低产田改造工程"姜堰项目区扫尾任务，当年改造面积 2661 公顷，完成土方 290 万立方米。1996—1999 年，全市改造中低产田 3.7 万公顷，植树 936.3 万株，修筑乡村机耕路 1137.1 千米。

这一时期，依法治水、依法管水走上了正轨。

1995 年，经姜堰市政府批准，将水利局水政股改名为"水政水资源股"，成立"姜堰市水资源办公室"，编写《姜堰市水资源开发利用现状分析报告》上报省水利厅，经验收合格，作为姜堰市全面实施取水许可制度、制订国民经济计划的依据。1998 年 1 月，原隶属建设局的"姜堰市节约用水办公室"划归水利局，与"姜堰市水资源办公室"实行两块牌子、一套机构。

这一时期，水利经济稳步发展。

根据国家和省有关法律、法规、政策，组织征收水资源费、河道堤防工程占用补偿费、过闸费、水利工程水费等规费。依托水利行业优势，大力开展综合经营。各乡（镇）水利站都因地制宜地开展综合经营，取得较好经济效益，20 世纪 90 年代后期，水利机械厂等局属经营性企事业单位，由于市场经济体系的逐步完善，传统的管理体系、机制已不相适应，导致大多数经营性企事业单位陷入困境。

二

2000—2009 年，姜堰水利进入改革转型期。水务体制、工程管理等改革稳步推进，城区水利提速发展，农村水利巩固提高，依法治水、水资源管理逐步加强，水生态、水环境治理初见成效，防灾抗灾能力进一步增强。

这一时期，各项水利改革稳步推进。

2003 年 4 月，姜堰市政府决定将城市防洪职能划至水利局。2004 年与环保局对接，取得了排污口设置审批规划权。2005 年 5 月，姜堰市政府制定出台《姜堰市农村供水管理暂行办法》，明确市水利局为农村供水管理的行业主管部门，负责全市农村供水管理工作。

2000—2003 年，对水利机械厂、水利建筑公司依法实施破产。2004 年 12 月，姜堰市政府常务会议审议通过《水利工程管理单位体制改革实施意见》，出台规范文件，开展以"定性分类、财政保障、定岗定员、精减分流，管养分开、降低成本、整合资源、促进发展"为主要内容的水利工程管理单位体制改革工作。按照要求，姜堰市水利局完成 22 个水利工程管理单位的定性分类，理顺管理体制，明确职责范围。对水利工程队等单位实施改制，基本完成局属企业和经营性事业单位的改制改革任务。

这一时期，城区水利提速发展。

2003 年 4 月，组建"姜堰市城市水利投资开发有限公司"，负责城市防洪及河道综合整治工程项目的投资、开发、建设和管理。建立起政府支持，市场化运作机制。城市防洪和河道综合整治快速推进，先后疏浚整治城区河道 10 条，新建节制闸 3 座、控制闸站 4 座，建成河滨广场、鹿鸣广场、罗塘河百龙桥等多处水景观，城区水环境得到有效治理。

这一时期，农村水利以提升防灾抗灾能力、实施综合治理为目标，重点进行河道疏浚整治和水环境治理，全面改造中低产田，兼顾水土保持。

2003 年涝灾后，里下河圩区加大圩堤岁修达标力度，实现 90% 以上圩堤达标。加快圩口闸新建、改建步伐，10 年间新建、改建圩口闸 164 座。

2000 年后，河道疏浚整治每年都是农村水利工作的重点。10 年间疏浚整治河道 356 条。针对境内河道水面大多被水葫芦、水花生等水生植物所覆盖，河坡脏、乱、差状况，为使河道充分发挥综合效益，姜堰市政府决定，从2004年开始，实施"河道清洁"工程，每年均组织大规模的河道清洁打捞活动。2007年，围绕新农村建设，按照"整村推进"的原则，完成100个村的村庄河塘整治，整治550条（处），237千米，土方324万立方米，冲填废塘86处，复垦土地133.33公顷，全市大小河道沟塘基本实现"水清、面净、岸绿"。

这一时期，水资源管理工作得到强化。

2002年，姜堰市被江苏省政府办公厅命名为"江苏省节水型社会建设示范县"。2006年，姜堰市被江苏省政府确定为省级节水型社会建设11个试点市之一。姜堰市水利局制定一系列涉及节水、供水、饮用水源地保护、河道长效管理等规范性文件，基本形成以用水计划与定额管理为核心的节水型社会制度体系。突出农业节水，通过实施节水工程和推广节水灌溉模式，建设农业生态园等方式控制农业用水量，消减农业面源污染，为经济社会发展提供水资源安全保障，各行业用水效率得到大幅度提高。

这一时期，农村水厂管理初见成效。

2005年以前，全市有农村自来水厂53家，一直没有明确行业主管部门。由于水厂建设标准较低，水质普遍达不到国家标准，饮水安全存在较多问题。2005年5月，姜堰市政府常委会决定将农村供水管理职能划至姜堰市水利局。水利局接管农村水厂管理职能后，于2005年6—12月开展以"碧水蓝天工程"为核心的专项整治，取得明显的效果。2006年，经姜堰市编委批准，水利局成立供水管理科，对农村水厂实行常态化管理。2007年，获得上争的农村饮水安全工程项目，涉及张甸、梁徐、顾高、大伦、蒋垛、白米、华港、溱潼、大泗、苏陈等10个镇，其工程建设内容为：改造、扩建镇村输水管网，总长度为747千米。

三

2010—2019年，姜堰水利进入快速发展新时代。城乡水利统筹、协调发展，防灾抗灾能力进一步提升，水利改革不断深化，河长制工作稳步推进，水政执法、水资源管理、工程管理等工作进一步强化，社会管理与公共服务能力增强，水生态、水环境效益明显，信息化建设初见成效，奠定了工程水利向资源水利、现代水利转变的基础。

这一时期，农村水利现代化进程加快。河道疏浚整治、水环境治理成效明显。高标准农田建设、灌区改造取得初步成效。

2010年后，水利部门通过上争项目，实施："姜堰区2014年省级村庄河塘疏浚整治项目""姜堰区2014年农村河道疏浚整治工程""姜堰区2016年农村河道疏浚整治工程""姜堰区2018年省级农村河道疏浚整治工程"等河道疏浚整治项目。其间，各级政府也加大河道疏浚整治工程的投入，10年间，疏浚整治镇级以上河道210条，疏浚整治村级河塘1052条（个），对部分河道实施生态护坡。

2014年3月，姜堰区政府出台村庄环境全域整治实施方案，要求全区所有自然村不留整治盲区，实现全区农村环境普遍改善，同时建立健全长效管理机制。水利部门把河道长效管理作为水利建设重点工作加以推进。2018年，结合河长制巡查要求，水利局组织4个巡查组对全区16个镇（区）的河道日常管护情况进行检查考核，并将检查结果报区四套班子、各镇（区）主要负责人，督促各镇（区）落实"五清理"中的清理河道沟塘工作，按照"即治即管"要求，落实河道长效管理责任。

2010年，姜堰市有圩口闸836座，其中通南地区10座、里下河地区826座。由于传统人工手动闸仍然是依靠人工手动葫芦启闭，启闭方式落后，效率低下，在台风暴雨等恶劣天气下进行关闸操作，存在较大的安全隐患。从2011年起，姜堰市结合防汛应急工程、泰东河卤汀河影响工程等项目，对里下河地区的人工手动圩口闸整体实施电控启闭改造，到2019年全面完成改造任务。

2010 年后，在改造中低产田的基础上，推进高标准农田建设。实施"小型农田水利重点县""中型灌区""千亿斤粮食产能规划田间工程"等项目，至 2019 年，高标准农田面积为 2.932 万公顷。

这一时期，城区水利进一步强化。

实施许陆河、鹿鸣河、砖桥河、三水河、四支河、老通扬运河东段（磨桥河—东兴家园）、单塘河等河道清淤整治工程，新建了许陆闸、马宁闸、一支河闸、时庄河北闸（老通）、革命闸、种子河泵站、时庄河泵站（周山河）、一支河泵站、吴舍河泵站。基本完成城区防洪、水环境治理工程建设。河道水面清洁、河道护坡设施管理、闸站周围的绿化带修剪、卫生清理、亮化设施均落实专业保洁单位负责。

这一时期，城乡区域供水实现一体化，全区人民全部吃上长江水。

为彻底解决农村饮水不安全问题，2010 年，中共姜堰市委、姜堰市政府在统筹考虑区域供水与新农村建设规划的基础上，统筹城乡区域供水和农村饮水安全工程同步推进，促进城乡供水一体化发展。出台《姜堰市农村区域供水实施方案（试行）》，由水利、住建、财政等部门和具体项目单位（各镇人民政府），按照批复的实施方案组织实施。城乡区域供水一体化工程总投资 10 亿多元，其中农村区域供水工程改造资金 4.9 亿元，改造农村供水管网 7451 千米，解决农村饮水不安全人口 56 万人，至 2014 年底，全区实现引长江水以行政村为单位全覆盖，农村居民受益总人口 65 万人。实现城乡居民"同网、同质、同水价、同服务"的"四同"供水模式。

这一时期，河长制工作初见成效。

2017 年 4 月，姜堰区委、区政府出台《关于在全区全面推行河长制的实施意见》，河长制工作正式启动。全区 556 名河长挂名履职，实现区、镇、村三级河长全覆盖，形成"党政主抓、上下联动、协调高效、齐抓共管"的河长工作机制。

2018 年 3 月，姜堰区人民政府制定《泰州市姜堰区生态河湖行动实施方案（2018—2020 年）》。明确了加强水安全保障、水资源保护、水污染防治、水环境治理、水生态修复、水文化建设、河湖水域管护、水制度创新八大重点任务。

2019 年，实施"两违""三乱"治理，全区排查区级河道"两违"问题 175 处，整改率 100%。排查的 1996 件"三乱""四乱"问题均整改到位，其中组织强制执行 122 起。

这一时期，水政执法、水资源管理力度加大。

2015 年，姜堰区启动水生态文明城市建设试点工作。通过重点工程、示范项目建设以及一系列非工程措施，努力做到河湖相通、水畅其流、水质达标、水清岸美，全面提升居民健康宜居环境和生活品质，促进经济社会与水资源环境的协调发展，提高水资源的承载能力。

2017 年，根据国家级节水型社会建设达标县创建要求，修订了节水型载体建设方案，新增 12 个社区、10 个工业企业、9 个学校、13 个单位。截至 2019 年共创成省级节水载体 31 家、市级节水载体 57 家，其中省级节水型企业 11 家，省级节水型学校 8 家，省级节水型单位 3 家，省级节水型社区 9 家。利用溱湖国家水利风景区及湿地科普馆平台，建成溱湖湿地科普馆省级节水教育基地并对外开放。

水政监察大队对区级河道每月定期巡查执法 1~2 次。对巡查中发现的问题，分辨情况及时处理。每年汛期来临之前，水政监察大队执行上级防汛指挥部的清障部署和调度指令，与公安、交通、农业等部门在市级 7 条主要引排河道上清除大小网箔、扳罾、圈圩养鱼和阻水设施，对省定滞涝区的管理实施跟踪督查和巡查，建立清障档案。

2018 年 8 月，根据《水利部办公厅关于开展河湖"清四乱"专项行动的通知》工作要求，对全区 22 条区级以上河道，启动河湖"清四乱"专项整治工作，排查出河湖"四乱"问题 444 件，其中乱占河坡种植 34 件，乱占水域拦网养殖等 223 件，乱堆草堆、建筑垃圾等 123 件，乱搭乱建问题 64 件。其间，在 2019 年 3 月对"清四乱"专项行动进行巩固提升，再次排查出问题 213 件，于 2019 年 6 月 30 日完成全部整治销号 657 件，销号率 100%。此次"清四乱"专项整治行动清理渔网、鱼簖 1233 处，吊蚌养殖 8.83 公顷。清除梁徐镇、顾高镇在中干河、生产河违建停车场 65 处。

四

从 1995—2019 年，姜堰水利坚持遵循"以人为本、人水和谐"的治水理念，紧紧围绕经济社会发展大局，不断优化治水思路，逐步探索和建立以安全水利、资源水利、环境水利和民生水利为主要内容的现代水利体系。坚持统筹城乡水利协调发展，统筹水安全、水资源和水生态、水环境综合治理，统筹工程措施与非工程措施协调推进。

经过 25 年的建设，姜堰区基本形成具有防洪、除涝、供水、灌溉、生态等功能的水利工程体系，防灾抗灾能力显著提升，经历 1997 年大旱，2003 年、2007 年涝灾考验，减灾、免灾效益明显。

在圩区，按照防御 1991 年洪水的标准，经过逐年加固，圩堤的挡洪能力全面提升；新建、改建圩口闸 836 座，全部完成电启闭改造。

在城区，先后新建 8 座闸、9 座闸站，对河道进行疏浚整治，城区防洪能力得到显著提升，水环境得到明显改善。

25 年间，区级每条河道疏浚整治 1~2 次，镇级每条河道疏浚整治 2~3 次，村庄每条河道疏浚整治 3~4 次。基本实现排得出、灌得上的目标。全区有效灌溉面积达到 4.671 万公顷，旱涝保收农田面积 4.08 万公顷，高标准农田面积 2.932 万公顷，高效节水灌溉面积 0.09 万公顷，灌溉水利用系数提高到 0.627。

回顾 25 年姜堰水利发展，虽然取得了巨大的成就，但是，姜堰水利工作仍然面临许多挑战：一是里下河圩堤防洪标准局部偏低，特别是抗流域性洪水能力还不强；二是水污染现象仍然存在，水生态环境治理任务艰巨；三是对水利发展的研究不够，还不能完全适应经济社会发展对水利工作的新要求。

下一步，姜堰水利将站在时代发展的新起点上，围绕经济社会发展大局，进一步完善水利行业持续发展的体制机制；进一步提升水利保障经济社会与水资源环境协调发展能力；进一步提高社会管理和公共服务能力，为姜堰高质量发展提供更加坚实的水利支撑和保障。

大事记

1995 年

3月7日，中共姜堰市委（姜委组〔1995〕24号）发布通知，张景夏兼任中共姜堰市水利局纪律检查委员会书记；免去徐厚金中共姜堰市水利局委员会副书记、中共姜堰市水利局纪律检查委员会书记职务。

1月10日，杨爱平被江苏省水利厅表彰为1944年清产核资工作先进个人。

3月10日，姜堰市政府（姜政人〔1995〕16号）发布任命，徐厚金为姜堰市水利局协理员。

4月28日，姜堰市政府（姜政人〔1995〕34号）发布通知，陈永吉任姜堰市水利局副局长；殷志祥任水利局协理员，免去其副局长职务。

5月16日，《姜堰市水资源开发利用现状分析报告》通过省级验收鉴定。

5月18日，姜堰市水利局被扬州市水利局（扬政水〔1995〕239号）表彰为"1995年度水利建设先进单位"。

8月1日，姜堰市委、市政府（姜委组〔1995〕134号）调整市防汛防旱指挥部组成人员，指挥为谢树敏，副指挥为吴正雪、石如寿、严宏生、许书平、储新泉。

10月12日，姜堰市人民武装部（姜武令〔1995〕4号令）：任命黄志龙为水利局人武部部长。

11月2日，姜堰镇、姜堰乡合并为姜堰镇，原"姜堰乡水利管理服务站"负责合并后的"姜堰镇水利管理服务站"的工作。

12月4日，姜堰市政府（姜政人〔1995〕（23号）成立引江河工程建设领导小组。组长为谢树敏，副组长为吴正雪、严宏生、许书平、储新泉、钱正机，水利局李九根、陈永吉为成员。储新泉兼办公室主任。

12月6日，扬州市水利局（扬政水〔1995〕283号）表彰姜堰市水利局为95年度水利先进通讯报送组，王宏根为先进个人。

12月29日，扬州市水利局（扬政水〔1995〕309号）表彰宋小进为95年度水利综合统计先进个人。

1996 年

1月24日，姜堰市水利机械厂、姜堰市水利工程总队被省水利厅命名为"江苏省水利系统二十强企业"。

3月5日，张景夏被姜堰市委选任为中共姜堰市水利局第二届委员会副书记和中共姜堰市水利局纪律检查委员会书记。

3月19日，姜堰市计划委员会（姜计〔1996〕81号）同意新建姜堰市海龙环保设备厂，企业性质为市属集体，独立核算，隶属海龙压力容器厂管理。

3月20日，扬州市水利局（扬政水〔1996〕80号），表彰扬州市第二水利建筑公司为"扬州市水利综合经营明星企业"；沈高水利站为"十佳水利站"；杨元林、蒋春茂、卫家华为"水利经济工作先进个人"。

4月10日，姜堰市编委（姜编〔1996〕8号）批准建立姜堰市水政监察大队。编制8人，全民事业单位，相当于股级。

5月13日，扬州市水利局（扬政水〔1996〕114号）表彰姜堰市水利局为"国有水利工程用地确权划界工作先进集体，丁报本为先进个人。

5月31日，黄村闸大修通过试运行，增添新的电器设备，更换了启闭机械，维修了混凝土构件。

7月1日，姜堰市政府（姜人发〔1996〕13号）任命周昌云为姜堰市水利局局长，免去储新泉的姜堰市水利局局长职务。

7月2日，姜堰市委（姜委组〔1996〕192号）任命周昌云为中共姜堰市水利局委员会书记。张景夏为市水利局副局长，储新泉为总工程师。

10月10日，水利系统召开了第三届职工体育运动会，历时3天，比赛项目10个，参赛210人次。

10月25日，姜堰市政府（姜政人〔1996〕79号）建立水利工程总指挥部及南干河工程指挥部。谢树敏为总指挥，范德富、许书平、周昌云为副总指挥，黄泽永、秦晓平、张正华、卢义文、秦炳南、王发洋、赵庆安、陈永吉等为成员。总指挥部下设南干河工程指挥部，许书平兼任指挥，魏玉山、戎恒贵、卫家稳、张永红、陈永吉任副指挥，指挥部下设办公室，陈永吉兼任办公室主任。

10月，姜堰市水利局被扬州市人民政府评为"扬州市百万亩低产田改造工程综合治理技术推广"一等奖。

12月2日，姜堰市委组织部（姜组发〔1996〕99号）同意建立中共江苏海龙压力容器厂总支部委员会，由7人组成。

12月14日，姜堰市水利局财计股被江苏省水利厅授予"全省水利系统财会工作先进集体"称号。

12月30日，姜堰套闸管理所被中共姜堰市委（姜委发〔1996〕58号）命名为"1994—1996年度文明单位"。

1997 年

3月19日，泰州市水利局（泰政水〔1997〕29号）

表彰姜堰市水利局为农田水利建设先进单位。

4月16日，杨元林被省水利厅表彰为"1996年度水利工程水费工作先进个人"。

5月15日，姜堰市政府调整市防汛防旱指挥部组成人员，丁士宏任市防指指挥，范德富、王厚贵、高永明、周昌云任副指挥。

5月23日，姜堰市水利局成立清产核资领导小组并由5人组成。张景夏任组长，黄顺荣、窦崇舟任副组长。

8月5日，泰州市水利局（泰政水〔1997〕107号）表彰姜堰市水利局为1996年度水利经济工作先进集体，张庆林、练扣红为水利经济工作先进个人。

8月26日，姜堰市水利局（姜水发〔1997〕51号）成立姜堰市水利系统经济体制改革领导小组。

9月30日，姜堰市政府成立市水利工程总指挥部及运粮河工程分指挥部，丁士宏任总指挥，范德富、高永明、周昌云任副总指挥。运粮河工程分指挥部由高永明兼任指挥，何峰、许才、陈永吉任副指挥。

10月27日，姜堰市政府成立陵园河整治工程指挥部，高永明任指挥，仇志明、周昌云、夏寿群、陈绵录任副指挥。

10月，《姜堰水利志》由苏泰姜准字97004准印，主编徐礼毅，副主编张日华。江苏省水利厅厅长翟浩辉，泰州市水利局局长董文虎，原姜堰市委书记谢树敏分别题词。姜堰市市长丁士宏、姜堰市水利局局长周昌云分别作序一、序二。

1998 年

1月25日，姜堰市政府《关于对〈市水利局职能配置、内设机构和人员编制方案〉的批复》发布。姜堰市水利局内设机构有：办公室（挂人武部牌子）、人事科（挂党委办公室牌子）、水利建设科、财会审计科、水政水资源科，核定水利局行政编制 18 人，内设机构领导职数 12 人，其中正股级 6 人、副股级 6 人。

2 月 6 日，周昌云被江苏省水利厅评为"优秀领导干部"。

2 月 23 日，姜堰市水利局被泰州市水利局评为"水利工作成绩显著单位和水利工程达标单位"；沈高镇水利站被评为"先进水利管理服务站"。

3 月 7 日，姜堰市人大（姜人发〔1998〕3 号）任命周昌云为姜堰市水利局局长。

3 月 10 日，姜堰市水利局被江苏省水利厅评为"全省取水许可监督管理工作先进单位"。

5 月 25 日，张景夏获得中共姜堰市委嘉奖。

6 月 24 日，江苏省副省长姜永荣等在泰州市委副书记张文国、泰州市水利局局长董文虎和副局长王仁政陪同下，检查姜堰节水灌溉工程、农田水利设施产权制度改革工作，赞扬节水灌溉工程建设机制活、建设快、步伐大。

9 月 5 日，王宏根被江苏省水利厅评为"水利新闻宣传先进工作者"。

11 月 2 日，窦崇舟经江苏省职称委员会评审，具备高级工程师职务任职资格。

11 月 13 日，中共姜堰市委成立姜堰市水利工程总指挥部及运粮河工程、大伦河工程分指挥部。丁士宏任总指挥，李仁国、高永明、周昌云任副总指挥，黄泽永、刘树华、仇志明、卢义广、秦炳南、陈裕才、华宏祥、王跃、赵庆安、陈永吉为总指挥部成员。

1999 年

4 月 15 日，泰州市水利局（泰政水〔1999〕73 号），表彰姜堰市水利局为"全市水资源管理工作先进单位"。

7 月 3 日，中共姜堰市委（姜委组〔1999〕122 号），任命马城为中共姜堰市水利局纪律检查委员会书记，免去张景夏中共姜堰市水利局党委副书记、中共姜堰市水利局纪律检查委员会书记职务。

7 月 13 日，姜堰市政府（姜政人〔1999〕58 号），免去李九根姜堰市水利局副局长职务。

是日，姜堰市政府（姜政人〔1999〕60 号），任命李如珍为姜堰市水利局副主任科员，免去其姜堰市水利局副局长职务。

9 月 24 日，中共江苏省委、江苏省政府（苏委〔1999〕180 号），表彰江苏三水建设工程公司为"工程建设有功单位"。

9 月 28 日，省人事厅、水利厅（苏人通〔1999〕232 号、苏水人〔1999〕88 号），表彰陈永吉、田龙喜、田学工为"泰州引江河工程建设先进工作者"。

10 月 30 日，中共姜堰市委（姜委组〔1999〕215 号），任命陈永吉为中共姜堰市水利局委员会副书记。

11 月 2 日，姜堰市政府建立东姜黄河工程指挥部，高永明任总指挥，俞进、孔德平、王昌林、陈永吉任副总指挥。指挥部下设办公室，陈永吉兼任办公室主任。

2000 年

2 月 25 日，姜堰市政府成立江苏海龙压力容器厂破产工作协调领导小组。王振南为组长，高永明、杨阳为副组长。

3 月 12 日，陈永吉被江苏省水利厅（苏水管〔2000〕35 号）表彰为"全省水利工程管理工作先进个人"。

3 月 13 日，姜堰市水利局被泰州市水利局（泰政水〔2000〕66 号）表彰为"1999 年度全市水利系统先进单位"。

6 月 5 日，中共姜堰市委调整市防汛防旱指挥部组成人员，丁士宏任总指挥，李仁国、高永明、杨雷、周昌云任副总指挥。

9月6日，姜堰市套闸管理所被泰州市水利局（泰政水〔2000〕248号）表彰为"泰州市水利工程管理工作先进集体"，申宝网为先进个人。

9月30日，姜堰市政府（姜政人〔2000〕100号）任命葛荣松为姜堰市水利局副局长。

10月30日，姜堰市政府成立姜堰市水利工程总指挥部及西姜黄河工程分指挥部，丁士宏任总指挥，李仁国、高永明、周昌云任副总指挥。

2001 年

1月10日，中共姜堰市水利局委员会建立"三个代表"教育活动领导小组。

2月19日，中共姜堰市委同意中共姜堰市水利局委员会第一次全体会议选举结果，周昌云任中共姜堰市水利局委员会书记，陈永吉任副书记。同意中共姜堰市水利局纪律检查委员会第一次全体会议选举结果，马城任中共姜堰市水利局纪律检查委员会书记，王宏根任副书记。

2月22日，姜堰市水利局"泰州市通南高沙土地区百万亩节水灌溉工程技术研究和推广项目"荣获江苏省水利厅水利科技推广一等奖。

3月6日，周昌云、马城、王丽芳当选为中共姜堰市第九次党代会代表。

5月25日，姜堰市水利局被泰州市政府（泰政发〔2001〕106号）评为泰州水利"四三"工程建设先进集体；周昌云、顾荣圣、申宝网被评为泰州水利"四三"工程建设先进工作者。

5月25日，王根宏、张广学被泰州市人事局、水利局（泰人通〔2001〕48号）表彰为泰州水利"四三"工程建设先进工作者。

6月26日，姜堰市政府任命戎恒贵为姜堰市水利局主任科员。

7月3日，中共姜堰市委调整市防汛防旱指挥部组成人员，王振南任指挥，周绍泉、钱娟、蒋旭东、周昌云为副指挥。

11月20日，姜堰市水利局档案管理通过省"机关一级验收"认定，为泰州市水利系统第一家。

11月24日，姜堰市水利局召开了老通扬运河整治工程动员会议。该工程涉及姜堰、梁徐、张甸、苏陈等镇，工程总土方39.44万立方米，总投资240万元。

12月17日，姜堰市政府聘任蒋剑民为姜堰市水利局副局长。

2002 年

1月8日，中共姜堰市委（姜委组〔2002〕2号）任命田学工为姜堰市水利局副局长。

4月11日，姜堰市水利局被泰州市水利局评为先进单位，王宏根被评为先进个人。

5月8日，中共姜堰市水利局委员会下发《关于撤销中共江苏海龙压力容器厂总支部委员会的通知》（姜水委〔2002〕22号），决定撤销现总支部的建制，留守党员并入拟建立的"中共姜堰市水泥构件厂支部委员会"。

5月8日，中共姜堰市水利局委员会下发《关于撤销中共姜堰市水利建筑工程公司支部委员会的通知》（姜水委〔2002〕23号)，决定撤销现支部的建制，留守党员并入拟建立的"中共姜堰市水泥构件厂支部委员会"。

5月8日，中共姜堰市水利局委员会发布《关于建立"中共姜堰市水泥构件厂支部委员会"的决定》（姜水委〔2002〕24号），决定建立"中共姜堰市水泥构件厂支部委员会"，顾树仁任支部书记。

6月10日，江苏省水利厅发布《关于印发2002年江苏省水利优秀施工工程评审结果的通知》（苏水基〔2002〕17号），江苏三水建设工程公司承建的泰州引江河泰州大桥工程被评为"省水利工程优秀施工工程项目"。

6月28日，黄村闸除险加固工程通过竣工验收。

7月15日，江苏省水利厅发布《关于表彰2001年全省水政监察先进集体和先进个人的通知》（苏水政监〔2002〕8号），姜堰市水利局水政监察大队被评为"全省水政监察先进集体"。

12月8日，姜堰市水利局成立姜堰市喜鹊湖整治工程建设处。

2003 年

2月12日，泰州市水利局发布《关于表彰全市水利系统2002年度先进集体、先进个人的决定》（泰政水〔2003〕11号），姜堰市水利局被表彰为"水利改革工作先进单位"，陆晓斌、宋小进、许健、周同乔为"全市水利系统先进个人"。

3月6日，姜堰市政府在套闸管理所召开江苏三水建设工程公司改制工作动员会议。江苏三水建设工程公司为全市经营性自收自支事业单位改制试点单位之一。

3月28日，姜堰市水利局水政水资源科被江苏省水利厅评为"全省水利政策法规先进单位"。

4月28日，中共姜堰市委、姜堰市政府决定将城市防洪、市区河道整治管理及各镇供水、改水等各项涉水职能划归姜堰市水利局，实行水务一体化管理。同时组建姜堰市城市水利投资开发有限公司，公司注册资本2000万元左右。

5月15日，江苏省水利厅发布《关于表彰2002年度全省水利工程水费计收和多种经营工作先进单位、先进个人的通知》（苏水财〔2003〕9号），姜堰市水利管理总站被表彰为"全省水利工程水费计收先进单位"。

5月16日，田学工被姜堰市政府聘任为姜堰市水利局副局长。

6月13日，姜堰市编制办公室发布《关于市水利管理总站更名为市水工程管理处的批复》（姜编办〔2002〕12号），同意将姜堰市水利管理总站更名为姜堰市水工程管理处，更名后单位性质、人员编制、经费渠道等均不变。

6月，姜堰市水利局举行姜堰市城市水利投资开发有限公司揭牌仪式和三大工程（陵园河整治工程、三支河整治工程、三水河姜中段石桥至沈二桥段整治工程）开工典礼，中共姜堰市委书记高纪明、姜堰市市长杨杰等出席。

9月4日，姜堰市编制委员会办公室发布《关于姜堰市区节约用水办公室更名为"姜堰市节约用水办公室"的批复》（姜编办〔2003〕16号），同意将姜堰市区节约用水办公室更名为"姜堰市节约用水办公室"，更名后单位性质、隶属关系、人员编制、经费渠道等均不变。

9月28日，姜堰市编制委员会发布《关于取消姜堰市水利工程总队、姜堰市农水施工队事业单位机构性质的批复》（姜编〔2003〕26号），鉴于姜堰市水利工程总队、农水施工队改制为企业，经研究，取消姜堰市水利工程总队、姜堰市农水施工队事业单位机构性质，收回全部事业编制。

10月，里下河灾后重建工程开工。

11月10日，中共姜堰市委、姜堰市人民政府建立市冬春水利工程建设总指挥部。

12月26日，泰州市水利局发布《关于表彰2001—2002年度水费、综合经营报表工作先进单位和优秀个人的通知》（泰水管〔2003〕7号），姜堰市水工程管理处为水费计收先进单位，吉亚琴、周晓丽、柳根祥为先进个人。

12月，喜鹊湖疏浚整治工程竣工，工程总投资879万元。

2004 年

1月15日，新生产河西段整治工程可行性研究报告通过江苏省水利厅审查。

1月21日，江苏省水利厅《省水利厅关于表彰2003年度全省水利工作先进单位的决定》

（苏水政〔2004〕2号），姜堰市水利局获全省水利改革创新奖。

1月，姜堰市水利局在2003年度全市"万人评机关"活动中，被中共姜堰市委、姜堰市政府评为"十佳部门"。

2月11日，姜堰市水利局组建成立姜堰市泰东河工程建设处。

2月13日，姜堰市水利局获泰州全市水利系统水利管理奖，王宏根、许健、宋小进为全市水利系统先进个人。

2月28日，水利部副部长翟浩辉一行到姜堰市调研农村水利改革工作。翟浩辉一行现场察看了溱潼喜鹊湖滞涝整治工程、姜堰市城市防洪工程、中干河水土保持绿化现场、大地科技园节水增效示范项目。江苏省水利厅厅长吕振霖，泰州市副市长毛伟明，泰州市水利局、姜堰市主要领导等陪同调研。

3月5日，姜堰市水政监察大队被江苏省水利厅评为"全省水政监察工作先进集体"，黄宏斌为先进个人。

4月2日，姜堰市水工程管理处被江苏省水利厅评定为"江苏省水利系统创建文明行业工作示范窗口单位"。

5月27日，中共姜堰市委、姜堰市政府组织召开全市防汛防旱工作会议。

6月24日，姜堰市编委发布《关于撤销姜堰市办公通信技术报务站等单位的通知》（姜编〔2004〕23号），撤销姜堰市水利勘测设计室。

6月，西干河疏浚整治工程完工，工程总投资485万元。

6月，龙叉港河整治工程完工。2003年11月至2004年6月对龙叉港河进行了疏浚整治。该工程总投资351.31万元。

7月27日，姜堰市政府（姜政人〔2004〕30号）任命许健为姜堰市水利局副局长。

7月29日，张日华获得姜堰市政府嘉奖。

9月6日，姜堰市水利局被泰州市水利局评定为"2003年度泰州市水利信息工作先进单位"，王宏根为"2003年度泰州市水利信息宣传工作先进个人"。

9月，府前河整治工程竣工。

9月，鹿鸣河整治工程竣工。

11月15日，中共姜堰市委、姜堰市政府召开冬春水利建设现场会。

11月22日，中共泰州市委、泰州市政府发布《关于表彰全市林业绿化工作十佳创业之星20佳造林之星先进个人和先进单位的决定》（泰委〔2004〕142号），姜堰市水利局被表彰为"林业绿化先进单位"。

12月8日，中共泰州市委、泰州市政府发布《关于表彰2003—2004年度泰州市基层示范党校、先进基层党校、基层党校优秀教员的决定》（泰宣发〔2004〕63号），中共姜堰市水利局委员会党校被评定为"泰州市基层示范党校"。

2005年

3月9日，姜堰市政府任命施元龙为姜堰市水利局副主任科员，免去其姜堰市水利局副局长职务。

3月18日，江苏省水利厅发布《关于表彰2004年度全省水利先进单位和先进个人的决定》（苏水政〔2005〕5号），周昌云为先进个人。

4月1日，姜堰市政府同意建立姜堰市城区河道管理所，为股级事业单位，主要负责城区河道、节制闸、翻水站的管理和养护，隶属水利局领导和管理，核定编制12名，经费列入市财政预算，暂确定为基础公益型事业单位。

是日，姜堰市编委下发《关于撤销姜堰市水利物资储运站的通知》（姜编〔2005〕2号），撤销姜堰市水利物资储运站。

4月30日，中共姜堰市委、姜堰市政府发布《关于表彰2004年度挂钩帮扶工作先进集体和先进个人的决定》（姜委发〔2005〕35号），姜堰市水利局获评先进集体，陈永吉、徐立康、张庆林获评先进个人。

5 月 19 日，中共姜堰市委、姜堰市政府组织召开全市防汛防旱工作会议。

5 月 25 日，泰州市委书记朱龙生视察城区中干河河滨广场。

是日，姜堰市政府出台《姜堰市农村供水管理暂行办法》，确定姜堰市水利局为农村供水管理的主管部门，负责全市农村供水管理工作，成立供水科。

5 月，汤河东段整治工程（人民路至励才路）全部竣工。

5 月，东方河整治工程（砖桥河至姜官路段）竣工。

9 月 23 日，姜堰市水利局制定出台《姜堰市"十一五"水利建设规划》。

9 月，姜堰市中干河滨河绿化一期工程竣工。该工程是姜堰市城市防洪及河道综合整治工程重点实施项目，位于正太大桥与金湖湾大桥之间，长 650 米，建设宽度 80 米，面积 52320 平方米。

10 月 14 日，姜堰市顾高水利站被泰州市水利局授予"全市水利系统 2004 年度基层站所创建工作先进单位"称号。

11 月 2 日，周昌云被中共泰州市委、泰州市政府评为"人民满意的公务员"。

11 月 9 日，姜堰市召开冬春水利建设暨林业绿化工作会议。

12 月 15 日，卫家华经省水利厅专业技术资格评审委员会评审通过，具备高级工程师资格。

12 月 20 日，姜堰市水利局被泰州市水利局表彰为"水费报表工作先进单位"，吉亚琴被表彰为"报表工作优秀个人"。

12 月 27 日，姜堰市编委下发《关于撤销姜堰市水利招待所等单位的通知》（姜编〔2005〕31 号），撤销姜堰市水利招待所、姜堰市姜堰套闸管理所、姜堰市姜堰翻水站管理所、姜堰市白

米套闸管理所。

2006 年

1 月 10 日，泰州市人事局、编委发布《关于表彰全市人事编制工作先进集体和先进工作者的决定》（泰人发〔2006〕2 号），徐立康被评为先进工作者。

1 月 27 日，姜堰市水利局被中共姜堰市委、姜堰市政府评为"十佳部门"，获集体三等功：周昌云获个人三等功。

2 月 17 日，姜堰市水利局获"2005 年度泰州市水利系统先进单位城市水利奖"，王根宏、江雪峰、黄顺荣荣获"泰州市水利系统先进个人"。

3 月 14 日，姜堰市编制委员会发布《关于市水利局增设供水管理科的批复》（姜编〔2006〕16 号），同意姜堰市水利局增设供水管理科，核增行政编制 2 人，增加中层领导职数 1 人。

3 月 14 日，姜堰市政府任命陈荣桂为姜堰市水利局副局长（保留正科级）。

3 月，黄村河（罗塘西路至天目路段）整治工程开工。该工程全长 2.3 千米，其中河道护坡长度为 3500 米，河道疏浚土方约 10 万立方米，沿姜堰大道两侧进行景观建设，全线进行生态绿化。工程总投资 530 万元。

4 月 27 日，姜堰市水利局被江苏省水利厅评为"2005 年度全省水利工程水费工作先进单位"。

5 月，罗塘河整治工程开工。

6 月 28 日，周兴平被中共姜堰市委表彰为优秀党务工作者。

8 月 18 日，姜堰市国有资产管理委员会发布《关于提名王根余等同志任职的通知》（姜国资〔2006〕6 号），周昌云任姜堰市国投集团公司董事，姜堰市城市水利建设投资开发有限公司董事长、总经理。

9月22日，王宏根、徐立康经江苏省思想政治工作人员高级专业技术资格评审委员会评审通过，已具备高级政工师技术资格。

9月25日，姜堰市梁徐镇水利站被泰州市水利局评为"2005年度泰州市十佳基层站所"。

10月，泰东河沈马大桥工程竣工。沈马大桥位于沈马公路与泰东河交汇处，为沈马公路跨越泰东河的二级公路大桥。总长370.0米，其中，主桥长70米，引桥长300米，桥头引道总长365.6米，桥涵设计荷载等级为公路二级。总投资1852万元。

11月21日，姜堰市政府召开冬春水利工作督查会议。

12月7日，中共姜堰市委、姜堰市政府召开全市冬春水利工作督查推进会。

2007 年

1月4日，姜堰市水工程管理处、姜堰套闸管理所被省水利厅授予"2003—2004年全省水利系统文明单位"称号。

1月8日，张日华经省水利厅专业技术资格评审委员会评审通过，具备高级工程师技术资格。

1月8日，姜堰市史志档案办公室下发《关于公布二〇〇六年度全市档案工作等级认定结果的通知》（姜史志档〔2007〕1号），姜堰市水利局通过省一级认定。

1月8日，《姜堰市2006年度节水灌溉示范项目实施方案》通过江苏省发改委、水利厅审查。工程总投资300万元。

2月1日，姜堰市水利局获"2006年度姜堰市级机关工作目标考核、市级机关党的建设工作综合奖"。

2月1日，周兴平被姜堰市政府表彰为2006年度安全生产工作先进个人（姜政发〔2007〕11号）。

2月10日，姜堰市委发布《关于表彰2006年度机关作风建设"十佳部门""十佳科室"先进单位和给有关集体、个人记功的决定》（姜委发〔2007〕10号），姜堰市水利局评为"十佳部门"，姜堰市水政监察大队获评"十佳科室"。

3月7日，姜堰市人大办发布《关于表彰2004—2006年度市人大代表建议政协委员提案办理工作先进单位和先进个人的决定》（姜人办发〔2007〕4号），姜堰市水利局为先进集体，陈永吉为先进个人。

4月3日，泰州市水利局发布《关于表彰2006年度全市水利工作目标管理先进集体和先进个人的决定》（泰政水〔2007〕34号），姜堰市水利局获"综合先进奖"；曹亮、王宏根、张日华、王丽芳获评"全市水利工作目标管理先进个人"。

4月11日，泰州市发改委泰州市水利局同意姜堰市2003年度节水灌溉示范项目区调整，工程概算总投资180.66万元。

4月16日，中共姜堰市委下发《关于明确陈永吉同志职级的通知》（姜委组〔2007〕75号），明确陈永吉为正科级。

5月12日，中共姜堰市委、姜堰市政府组织召开全市防汛防旱工作会议。

6月14日，姜堰市机构编制委员会下发《关于市水利局内设机构调整的批复》（姜编〔2007〕4号），将水政水资源科更名为行政许可科，原水政水资源科承担的相关职能划归供水管理科。

6月26日，姜堰市防汛防旱指挥部和姜堰市人武部在溱湖风景区开展防汛抢险演练。

7月19日，姜堰市兴泰镇水利站、姜堰市白米镇水利站被中共姜堰市委评为2006年度"姜堰市二十佳基层站所"。

7月30日，姜堰市靖盐河整治工程（南干河至老通扬运河段）初步设计通过省水利厅审查，工程总投资 1496.78 万元。

7 月，黄村河（罗塘西路至天目路段）整治工程竣工。工程全长 2.3 千米，总投资约 750 万元，护坡全长 3.5 千米，在姜堰大道北侧围绕"黄村保卫战"这一革命历史题材，新建水文化小广场。

8 月 16 日，姜堰市水利局联合海事、航道等部门，对中干河二水厂水源保护区进行专项整治。

9 月，汤河整治工程实现全面引水。该工程东起西姜黄河，西至时庄河，全长 2.8 千米，其中新开河道 1.7 千米，开挖土方近 30 万立方米，过人民路采用内径 2 米、全长 210 米的顶管沟通东西两段河道，河道全段采用块石护坡，新建桥梁 3 座，新建闸站 1 座，拆迁民房近万平方米，征用土地 7.33 公顷，工程总投资近 2000 万元。

10 月 2 日，姜堰市水利局获评"全省水利系统依法行政工作先进单位"。

12 月 10 日，姜堰市人民政府被泰州市人民政府评为"全市农村水利建设先进市"。

12 月 13 日，姜堰市召开冬春水利第二次督查会。

12 月 17 日，邵枢经江苏省水利厅专业技术资格评审委员会评审通过，取得高级工程师专业技术资格。

12 月 26 日，江苏省档案局发布《关于表彰全省工作优秀集体和优秀档案工作者的决定》（苏档发〔2007〕52 号），柳存兰获"全省档案工作先进个人"。

12 月，三水河（大鱼池段）整治工程竣工。

2008 年

1 月 10 日，溱潼北湖清淤整治抽排水工程启动仪式举行。

1 月 18 日，中共泰州市委发布《关于表彰人民武装工作先进单位、先进个人和"关心国防建设好领导"的通报》（泰委〔2008〕5 号），周昌云被表彰为"关心国防建设的好领导"。

1 月 18 日，泰州市水利局发布《关于表彰 2007 年度全市水利系统目标管理优胜单位等先进集体和先进个人的决定》（泰政水〔2008〕6 号），姜堰市水利局为"2007 年度全市水利系统目标优胜单位"，葛荣松、曹亮、王宏根、王根宏为"全市水利系统先进个人"。

2 月 29 日，姜堰市人大常委会下发《关于汤文林等同志任职的通知》（姜人发〔2008〕7 号），陈永吉为姜堰市水利局局长。

3 月 6 日，姜堰市政府下发《市政府关于李建胜等同志职务任免的通知》（姜政人〔2008〕6 号），李庆和、田学工任姜堰市水利局副主任科员，免去其姜堰市水利局副局长职务。

3 月 8 日，周兴平被姜堰市委、市政府表彰为"2007 年度平安建设、社会治安综合治理工作先进个人"。

3 月 12 日，姜堰市召开第四次冬春水利督查推进会。

3 月 19 日，中共姜堰市委发布《关于陈永吉等同志职务任免的通知》（姜委组〔2008〕67 号），陈永吉任中共姜堰市水利局委员会书记，免去周昌云中共姜堰市水利局委员会书记职务。

5 月 6 日，中共姜堰市委、姜堰市政府召开全市防汛防旱工作会议。

5 月 23 日，中共姜堰市委下发《关于同意中共姜堰市水利局委员会和纪律检查委员会第一次全体会议选举结果的批复》（姜委组〔2008〕110 号），陈永吉任党委书记，马城任纪委书记，王宏根任纪委副书记。

6 月 4 日，泰州市人大常委会执法检查组到姜堰市检查《中华人民共和国防洪法》及《江苏省防洪条例》贯彻实施情况。

6 月 5 日，姜堰市召开"防汛防旱指挥部"成员扩大会议，市四套班子有关领导、市防指全体组成人员及各镇主要负责人、分管负责人参加。

6月26日，中共姜堰市委发布《关于表彰先进基层党组织、优秀共产党员、优秀党务工作者的决定》（姜委发〔2008〕39号），姜堰市城区河道管理所支部委员会被表彰为先进基层党组织，王根宏被表彰为先进共产党员，徐立康被表彰为优秀党务工作者。

6月30日，姜堰市启动节水型社会建设。按照《姜堰市节水型社会建设规划》要求，姜堰市节水型社会建设分三个阶段进行，即全面建设阶段（2008—2010年）、逐步完善阶段（2011—2015年）、巩固提高阶段（2015—2020年）。

7月，砖桥河（老通扬运河至东方河）整治工程全线通水。

8月8日，泰州市水利局下发《关于同意组建姜堰市农村饮水安全工程建设处的批复》（泰政水复〔2008〕30号），许健任建设处主任，建设处下设办公室、工程科、财务科和监察室。

9月23日，姜堰市人民武装部发布《凌宝祥等同志职务任免命令》（武令〔2008〕7号），任命王宏根为姜堰市水利局人民武装部部长，免去黄志龙姜堰市水利局人民武装部部长职务。

10月8日，中共泰州市委发布《关于表彰帮扶黄桥老区和里下河薄弱乡镇工作先进集体和先进个人的决定》（泰委〔2008〕161号），徐立康被表彰为先进个人。

10月9日，江苏发改办下发《关于表彰节水型社会建设先进集体和先进个人的通报》（苏发改办发〔2008〕1234号），姜堰市水利局被表彰为"全省节水型社会建设先进集体"，秦亚春被表彰为先进个人。

11月8日，姜堰市农村饮水安全工程建设项目动工。通过对21个农村水厂的供水管道进行改建、扩建，铺设各类管道21.78万米，项目总投入为3549万元，解决张甸、梁徐、顾高、蒋

垛、大伦、白米、溱潼、华港和大泗、苏陈等10个镇181个行政村80134人饮水不安全问题。

11月26日，中共姜堰市委、姜堰市政府召开全市冬春水利暨林业绿化工作会议。

11月，罗塘河整治工程实现全线通水。

12月1日，江苏省水利厅发布《关于命名表彰2007—2008年全省水利系统文明单位及标兵单位的决定》（苏水办〔2008〕34号），姜堰市水工程管理处、姜堰套闸管理所被省水利厅重新确认为"2007—2008年全省水利系统文明单位"。

2009 年

1月14日，姜堰市市长蔡德熙在市国土资源局三楼会议室主持召开市政府第十二次常务会议，专题研究农村河道管护等问题。

2月14日，姜堰市水利局被中共姜堰市委评为"2007—2008年度姜堰市文明行业"，姜堰市水工程管理处、城区河道管理所、姜堰套闸管理所、水政监察大队被中共姜堰市委评为"2007—2008年度姜堰市文明单位"。

3月7日，江苏省发改委、财政厅和水利厅相关人员组成的省节水型社会建设和水资源管理考核组检查姜堰市工作。听取工作情况汇报，参观市二水厂水源地保护区、江苏富思特电源有限公司、江苏贝思特动力电源有限公司、江苏太平洋精锻有限公司等工业节水现场，溱湖湿地生态园农业节水灌溉现场。考核组对姜堰市的水资源管理和节水工作表示肯定。

3月16日，姜堰市政府下发《姜堰市政府关于赵文澜等同志职务任免的通知》（姜政发〔2009〕51号），陈荣桂任姜堰市水利局主任科员，免去其市水利局副局长职务。

3月28日，江苏省水利厅下发《关于表彰2008年水资源管理先进集体和先进个人的通知》（苏水资〔2009〕14号），姜堰市水利局获评"2008

年度全省水资源管理先进集体"。

4月28日，中共姜堰市委、姜堰市政府组织召开村庄河塘整治现场推进会，与会人员参观俞垛、沈高、姜堰、梁徐、张甸等镇的村庄河塘整治现场。

4月29日，江苏省水利厅发布《关于表彰2008年度全省水利先进单位和先进个人的决定》（苏水政〔2009〕20号），姜堰市水利局被表彰为"全省水利先进单位"。

4月，溱潼北湖护坡工程完成竣工验收。北湖护坡由姜堰市水利局负责实施，项目法人为姜堰市城市水利投资开发有限公司，工程分为6个标段。该工程于2008年8月开工，直接工程费484万元。

6月2日，江苏省水利厅表彰姜堰市水利局为"2008年度全省水利先进单位"和"水资源管理先进集体"。

6月5日，中共泰州市委发布《关于表彰2008年度泰州市百佳基层站所的决定》（泰办发〔2009〕44号），姜堰市梁徐镇水利站为"百佳基层站所"。

7月30日，姜堰市政府下发《市政府关于费在云等同志职务任免的通知》（姜政发〔2009〕110号），曹亮被任命为姜堰市水利局副局长(试用期一年)。

11月24日，江苏省水利厅下发《关于表彰2009年度全省水利新闻宣传工作先进单位和个人的通知》（苏水信〔2009〕3号），王宏根被表彰为"水利新闻宣传工作标兵"。

2010年

1月15日，中共江苏省委组织部、省委农工办，江苏省财政厅、水利厅发布《关于表彰全省农村河道疏浚整治先进单位的决定》（苏财农〔2009〕312、苏水农〔2009〕58号），姜堰市被表彰为全省先进单位。

1月，时庄河整治工程建成通水。该工程全长5.32千米，主要包括河道疏浚20万立方米、护坡河道6400米、新建桥梁6座、新建渡槽2座等。工程总投资约1410万元。

2月1日，中共江苏省委组织部、农工办，江苏省财政厅、水利厅联合发文表彰姜堰市为"全省农村河道疏浚整治先进市"。

2月1日，泰州市水利局发布《关于表彰2009年度全市水利系统目标管理优胜单位等先进集体和先进个人的决定》（泰政水〔2010〕6号），曹亮、徐立康、周兴平、聂冬梅被表彰为"2009年度全市水利系统先进个人"。

2月4日，周兴平被姜堰市政府表彰为"2009年度安全生产工作先进个人"。

2月8日，姜堰市2009年度小型农田水利专项工程施工图设计通过泰州市水利局专家评审，核定工程预算总值682.25万元。

2月23日，江苏省里下河湖区考核小组发布《关于表彰2009年度里下河湖区管理工作先进集体的决定》（里下河湖区考核〔2010〕1号），姜堰市水利局水建科被表彰为"里下河湖区资料整编工作先进集体"。

4月27日，姜堰市政府发布《市政府关于景吉跃等同志职务任免的通知》（姜政发〔2010〕76号），蒋剑明任姜堰市水利局主任科员，免去其姜堰市水利局副局长职务。

4月，汤河东延整治工程月底实现全线通水。该河西起西姜黄河，东至新河，全长1.3千米，途经中天新村（经济适用房小区）和姜堰镇东桥村、银穆村，汤河东延整治工程投资约1320万元。

5月24日，中共姜堰市委副书记、姜堰市市长蔡德熙、姜堰副市长张红霞率姜堰市防汛指挥部有关单位负责人，实地巡查里下河地区防汛准备工作情况。

5月，姜堰市水利局建立"水利站财务集中监管领导小组"和"监管办公室"，对各乡（镇）水利站财务实行集中监管。

8月1日，江苏省水利厅厅长吕振霖带队调研姜堰市水利重点工程建设情况，江苏省水源公司领导陪同。

8月9日，姜堰市编委下发通知（姜编办〔2010〕4号），分解下达各镇水利管理站编制69人。

8月20日，中共姜堰市委组织部下发《关于王根宏同志任职的通知》（姜组发〔2010〕43号），王根宏任姜堰市水利局局长助理。

9月10日，江苏省南水北调办公室处长徐忠阳在扬州花园大酒店主持召开南水北调工程征地拆迁和移民安置工作培训会议。卤汀河沿线市、县（区）水利局负责人，国土局、沿线乡（镇）相关人员参加培训。姜堰卤汀河工程建设处进驻华港镇港口村集中办公。

9月15日，国务院发展研究中心农村经济研究部副部长徐小青等在江苏省水利厅、泰州市水利局以及姜堰市市政府负责人的陪同下，就姜堰市"完善农田水利建设和管理机制"进行调研。姜堰市水利、发改、农工办、财政、农业、国土、开发、气象等部门的负责人参加了调研座谈。姜堰市水利局负责人进行重点汇报。

10月1日，经姜堰市领导和相关部门协调，从10月1日起，将城区河道保洁管理工作（包括河滨广场的保洁）职能移交姜堰市城管局。

10月，周山河整治工程（葛港河—西姜黄河）正式开工。工程分两期实施，一期工程中干河以西至葛港河段长4.6千米，二期工程中干河以东段至西姜黄河段4.3千米。

11月2日，江苏省水利厅下发《关于印发〈泰东河和卤汀河工程征地拆迁及移民安置补偿标准实施细则〉的通知》（苏水计〔2010〕127号）。

11月8日，姜堰市人民政府与泰州市人民政府签订南水北调东线一期卤汀河工程（姜堰市）征地拆迁移民投资包干协议。

11月12日，姜堰市政府出台《姜堰市农村区域供水实施方案（试行）》，启动农村区域供水工程建设。

12月2日，姜堰市政府下发《市政府关于曹亮等同志任职的通知》（姜政发〔2010〕226号），曹亮任姜堰区水利局副局长。

12月10日，江苏省水利厅下发《关于授予蒋本虎等同志全省水利政执法"办案能手"称号的通知》（苏水政监〔2010〕11号），黄宏斌为第三届全省水行政执法"办案能手"。

12月29日，姜堰市政府办公室出台《市政府办公室关于卤汀河拓浚工程姜堰段征地拆迁的实施意见》（姜政办〔2010〕158号）。

2011 年

1月，周山河整治工程（葛港河—西姜黄河）一期工程完成土方及护坡墙体施工。一期工程中干河以西至葛港河段长4.6千米，共完成疏浚土方12万立方米，块石方2.6万立方米。工程投资1000多万元。

2月22日，顾爱民被江苏省南水北调工程建设领导小组办公室、南水北调东线江苏水源有限责任公司评为"2010年度江苏省南水北调工程建设管理先进工作者"。

3月10日，姜堰市编制委员会下发《关于印发姜堰市水利局主要职责内设机构和人员编制规定的通知》（姜编〔2011〕14号）。姜堰市水利局设办公室（挂"党委办公室"牌子）、人事科、水利建设科、财会审计科、行政许可科、水政水资源科（挂"政策法规科"牌子）、供水管理科。

3月10日，江苏省水利厅发布《关于表彰2010年度全省水利先进单位和先进个人的决定》（苏水政〔2011〕6号），陈永吉为"全省水利先进个人"。

3月25日上午，泰州市"三级干部"会议与会人员参观姜堰市周山河整治工程现场。

3月25日，姜堰市政府下发《市政府关于

花庆如等同志职务任免的通知》（姜政发〔2011〕84号），葛荣松任姜堰市水利局主任科员，免去其姜堰市水利局副局长（正科级）职务。

4月，姜堰市2010年度城黄灌区续建配套与节水改造工程竣工。城黄灌区姜堰片位于姜堰市通南地区，项目区涉及6个镇36个村。工程主要建设内容为：疏浚河道11条，长度33.96千米，土方58.54万立方米；衬砌渠道244.214千米；新建、拆建泵站97座；新建渠系建筑物1945座。工程总投资4500万元，其中中央财政补助1500万元，省级财政补助1000万元，其余由姜堰市自筹解决。

4月21—30日，泰东河沿线各镇开展房屋评估。姜堰泰东河征迁办、移民监理、评估公司以及沿线镇村相关负责人参加评估。

5月21日，江苏省水利厅发布《关于表彰2010年度全省水利先进单位和先进个人的决定》（苏水政〔2011〕6号），姜堰市水利局为"全省目标管理先进单位"，陈永吉为"全省先进个人"。

5月，周山河整治工程（葛港河—西姜黄河）二期工程拆坝放水。该工程全长4.3千米，护坡采用浆砌块石墙结构形式，共计完成疏浚土方12万立方米，块石方2.1万立方米，总投资1200万元。

5月，姜堰市小型农田水利重点县2010年度项目完工。项目涉及娄庄、溱潼、桥头、俞垛、兴泰等5个镇。工程于2011年1月10日开工，工程概算总投资3343万元。

6月22日，姜堰市节水型社会建设工作通过江苏省水利厅专家组终期验收核查。

7月19日，江苏省监察厅副厅长、江苏省政府纠风办副主任刘井石率领由省纪委、省财政厅、省水利厅相关人员组成的验收组，对姜堰市2011年度农村河道疏浚整治工程进行检查验收，给予充分肯定。

8月9日，泰东河工程征地搬迁动员大会在中共姜堰市委党校召开。会议对泰东河征地搬迁做出部署和要求，沿线3个镇签订责任状作表态发言。

8月31日，姜堰市政府下发《市政府关于曹圣基等同志职务任免的通知》（姜政发〔2011〕158号），王根宏任姜堰市水利局副局长（试用期一年）。

9月29日，姜堰市政府发布《姜堰市政府关于钱忠林等53位同志予嘉奖的决定》（姜政发〔2011〕171号），许健获嘉奖。

10月，老通扬运河姜堰段（黄村河至宁盐公路桥）治理工程正式开工。全长7.75千米，按排涝十年一遇排标进行整治，总投资为2626万元。

11月30日，姜堰市饮水安全工程项目开工。项目涉及桥头、娄庄、姜堰3个镇，解决32700人饮水不安全问题，铺设镇、村骨干输、配水管道258千米，工程总投资1657万元，其中中央投资531万元、省级补助306万元、地方自筹820万元。

12月10日，姜堰市委、市政府发布《关于表彰2006—2010年度社会治安综合治理先进集体和先进个人的决定》（姜委发〔2001〕42号），周兴平被表彰为先进个人。

12月26日，泰州市防汛防旱指挥部决定，将姜堰市里下河地区防汛警戒水位由1.80米（废黄河高程，下同）调整为2.0米（代表站为兴化站）。

2012年

1月12日，江苏省政府办公厅下发《省政府办公厅关于无锡市等为江苏省节水型社会建设示范市、县（市、区）的通知》（苏政办发〔2012〕2号），姜堰市为江苏省节水型社会建设示范市。

1月，周兴平被泰州市水利局表彰为"2011年度全市水利系统先进个人"。

2月4日，中共姜堰市委下发《关于黄莉等同志职务任免的通知》（姜委组〔2012〕18号），黄莉任中共姜堰市水利局纪律检查委员会书记；免去马城中共姜堰市水利局纪律检查委员会书记职务。

2月15—28日，世行贷款泰东河工程征地拆迁工作专项执法检查组分组进行检查。

2月16日，中共姜堰市委组织部下发《关于曹亮等同志职务任免的通知》（姜组发〔2012〕14号），曹亮、王根宏、黄莉任中共姜堰市水利局委员会委员，免去陈荣桂、葛荣松、马城中共姜堰市水利局委员会委员职务。

2月20日，江苏省水利厅下发《关于表彰2010—2011年度农村水利工作先进集体和先进个人的通知》（苏水农〔2012〕9号），姜堰市水利局被表彰为"省农村水利工作先进集体"。

2月23日，姜堰市2003、2006年度节水灌溉示范项目通过由江苏省水利厅、江苏省发改委组成的验收组验收。验收组认为：该项目按照批复要求完成了建设任务，工程质量达到合格等级，资金使用符合有关规定。

3月12—16日，江苏省水利厅党组成员、副厅长（正厅级）李亚平进驻姜堰市溱潼镇湖滨村开展驻村调研。

3月，茅山河（姜堰段）治理工程开工。工程全长12.3千米，总保护面积229平方千米，保护耕地面积约3333.33公顷，保护人口约13.4万人，两岸圩堤总长约21千米。

4月5日，江苏省水利厅下发《关于命名张家港市等为江苏省水资源管理示范县（市、区）的通知》（苏水资〔2012〕18号），姜堰市为"江苏省水资源管理示范县（市、区）"。

4月16日，姜堰市人大下发《关于周谅等同志任职的通知》（姜人发〔2012〕18号），陈永吉任姜堰市水利局局长。

4月19—21日，江苏省南水北调办公室副主任张劲松带队到华港镇港口、董潭、下溪村开展驻村调研。

4月23—5月11日，国家审计署到卤汀河工程开展征地拆迁移民安置专项审计。

6月28日，卤汀河港口安置区代建房通过验收。

6月，姜堰市小型农田水利重点县2011年度项目完成工程建设任务。

7月28日，姜堰市泰东河工程征迁办在泰州市组织召开世行贷款泰东河工程征地补偿和移民安置实施方案审查会。会议邀请中国移民研究中心、河海大学和省工程勘测研究院有限责任公司等单位专家组成专家审查组。江苏省水利工程移民办公室、江苏省泰东河工程建设局、泰州市泰东河工程建设处、泰东河工程征迁移民监理监测评估单位、江苏省水利勘测设计研究院有限公司，以及东台、姜堰、兴化市政府办、水利、国土等单位代表分别参加审查会。

7月，姜堰市水利局成立财务结算中心，对各镇水利站财务实行统一集中管理。

9月，老通扬运河姜堰段（黄村河至宁盐公路桥）治理工程全面竣工。该工程总投资2626万元，完成护坡7.6千米，疏浚土方36.07万立方米。

10月10日，由江苏省纪委、省水利厅、省财政厅组成的联合检查组到姜堰市检查指导农村河道疏浚整治工作。

10月23日，江苏省水利厅在姜堰市召开全省重点水利工程建设推进会，会前江苏省水利厅厅长吕振霖带领近200名参会代表，参观考察姜堰市周山河、老通扬运河和溱潼镇湖南村。

12月10日，姜堰市西姜黄河整治工程正式开工。

2013 年

1月8日，江苏省水利厅厅长吕振霖、副厅长（正厅级）李亚平，江苏省水利工程建设局局长朱海生视察泰东河工程施工现场，召开工程建设协调会。江苏省世行贷款泰东河工程建设局局长何勇等陪同检查。

1 月 24 日，姜堰市政府发布《关于表彰2012 年度人力资源和社会保障工作先进集体和先进个人的决定》（姜政发〔2013〕16 号），徐立康被表彰为先进个人。

2 月 17 日，中共姜堰市委下发《关于机构更名和人员职务改称的通知》（姜委发〔2013〕16 号），姜堰市水利局改名为"泰州市姜堰区水利局"。

3 月 11 日，江苏省水利厅精神文明小组发布《关于表彰 2011—2012 年度全省水利系统文明单位及文明标兵单位的决定》（苏水文明〔2013〕1 号），姜堰市梁徐镇水利管理服务站、泰州市姜堰套闸管理所被重新确认为"全省水利系统文明单位"。

4 月 18 日，泰州市水利局机关党委下发《关于加强省水利系统文明单位精神文明建设的通知》（泰水委〔2013〕7 号），姜堰市梁徐镇水利管理服务站为"全省水利系统文明单位"，泰州市姜堰套闸管理所为"文明标兵单位"。

4 月 22 日，泰州市纪委、监察局、政府纠风办发布《关于命名 2012 年度基层站所作风建设五星级、四星级单位的决定》（泰纪发〔2013〕30 号），姜堰区梁徐镇水利管理服务站为"2012 年度基层站所作风建设五星级单位"。

5 月 11 日，中共姜堰区委、姜堰区政府组织召开全区防汛防旱工作会议。

6 月 14 日，姜堰区人大常委会开展《中华人民共和国防洪法》执法检查，检查泰东河工程实施现状。

6 月，西姜黄河整治工程竣工。工程整治的范围为周山河—生产河、跃进河—姜堰界，共 2 段 7.90 千米，工程总投资 2811 万元。

7 月 10 日，世行第三次专家团对泰东河的读书址移民安置区、淤溪大桥、农民排灌协会工程进行现场检查，江苏省项目办副主任何勇、省世行贷款泰东河工程建设局副局长潘良君等陪同。

8 月，姜堰区小型农田水利重点县 2012 年度建设项目完成工程建设任务。项目涉及姜堰、白米、俞垛及华港等 4 个镇。项目总投资 3365.5 万元，其中中央财政补助 800 万元、省级财政补助 1200 万元、姜堰区配套 1365.5 万元。

8 月，中央财政小型农田水利专项工程完成工程建设任务。工程涉及沈高、溱潼、桥头等 3 个镇。项目总投资 1671 万元，其中中央财政补助 500 万元、省级财政补助 500 万元、姜堰区配套 671 万元。

8 月 21 日，泰州市姜堰区组织部下发《关于沈军民同志任职的通知》（泰姜组发〔2013〕108 号），沈军民任中共泰州市姜堰区水利局委员会委员。

8 月 30 日，泰州市姜堰区政府下发《区政府关于曹福荣等同志职务任免的通知》（泰姜政发〔2013〕122 号），沈军民任泰州市姜堰区水利局副局长。

9 月 28 日，中共泰州市姜堰区委下发《关于明确许健同志职级的通知》（泰姜委〔2013〕159 号），明确许健为正科级。

9 月，一支河整治工程竣工。该工程规模为生态贴坡单线长 1700 米，护坡单线长 1700 米，新建闸站一座，新建节制闸一座，新建公路桥一座，新开河道土方 12 万立方米，总投资约 1200 万元。

11 月，茅山河姜堰段治理工程全面完工。主要工程内容为：①河道疏浚。治理全长 12.3 千米，设计河底真高 -2.0 米，底宽 20 米，边坡 1:3。②新建、加固圩堤。其中新建圩堤 1.25 千米，加固圩堤 10.32 千米。③新建、拆建建筑物。新建圩口闸 1 座，新建泵站 1 座，拆（移）建生产桥 2 座。核定工程总投资为 2428 万元。

12 月 13 日，中共姜堰区委书记李伟检查水利工作现场，要求严把水利工程质量关，落实长效管护举措，抓好资金筹措上争，确保各项水利建设任务按时完成。姜堰区领导何光胜、薛金林、王萍参加活动。

12 月 14 日，泰州市姜堰区总工会下发《关于泰州市姜堰区水利局工会第三届委员会选举结果的批复》（泰姜工组〔2013〕26号），黄莉任泰州市姜堰区水利局工会主席，黄宏斌任泰州市姜堰区水利局工会经费审查委员会主任，王丽芳任泰州市姜堰区水利局工会女职工委员会主任。

12月16日，"省世行贷款淮河流域重点平原洼地治理工程管理信息系统培训班"在姜堰举办，江苏省世行贷款泰东河工程建设局、泰州建设处，姜堰、兴化、农业开发区项目部的工程科、财务科、项目咨询部等单位负责人和相关人员参加培训。

12月17日，"省世行贷款淮河流域重点平原洼地治理工程环境管理培训班"在姜堰举办。江苏省世行贷款泰东河工程建设局、泰州建设处，姜堰、兴化、农业开发区项目部的工程科、财务科、项目咨询部，世行项目在建、已中标（已签合同）的监理单位、各施工单位负责环境管理的人员参加培训。

12月26日，老通扬运河姜堰段（磨桥河—东兴家园）整治工程开工。

12月，泰州市姜堰区第五批小型农田水利重点县（2013—2015年）项目建设方案通过江苏省水利厅、省财政厅联合审查，总投资8007万元。

2014年

1月23日，泰东河工程赔建工程验收会在姜堰泰东河征迁办召开，泰州市泰东河工程建设处，工程设计、监理单位，沿线各镇分管负责人、水利站站长，工程施工单位及征迁办相关人员参加。

1月24日，泰州市水利局发布《关于表彰2013年度全市水利工作先进市（区）的决定》（泰政水〔2014〕37号），姜堰区水利局被表彰为"2013年度全市水利工作先进市（区）"。

3月18日，江苏省水利厅公布2014年度"水美乡镇、水美村庄"建设评选名单，溱潼镇入选"水美乡镇"，淤溪镇周庄村、沈高镇河横村、溱潼镇湖北村与溱东村及洲城村、兴泰镇西陈庄村与尤庄村、俞垛镇忘私村、华港镇葛舍村葛舍庄入选"水美村庄"。

4月1日，江苏省审计厅对姜堰区泰东河征迁安置工作进行审计。

4月25日，江苏省审计厅对姜堰区泰东河征迁安置工作进行审计。

5月4日，姜堰区政府出台《姜堰区区域供水工程建设与运营管理考核办法》，明确了奖补措施及标准，区政府对镇属内部管网改造实行以奖代补，在完成目标任务和规定标准的前提下，奖补比例为工程审计额的60%。

5月25日，姜堰区水政监察大队组织对老通扬运河排污口进行了调查摸底。此次调查共登记排污口155个（老通扬运河东部因河道整治未纳入统计）。

5月，泰州市水利局、泰州市财政局对《姜堰区2014年度中央财政小型农田水利重点县实施方案》进行批复（泰政水复〔2014〕32号）。建设地点为桥头、溱潼、兴泰3个镇。项目需完成土方140.25万立方米。总投资2703.94万元，其中河道疏浚1675.28万元、新建挡墙982.39万元、配套建筑物46.27万元。

6月2日，姜堰区水政监察大队组织对新通扬运河入河排污口进行调查摸底，调查登记排污口70个。

6月3日，姜堰区水政监察大队组织对中干河排污口进行调查摸底，调查登记排污口61个。

6月4日，中共姜堰区委书记李伟检查防汛准备工作，强调思想认识要到位，工作措施要扎实，责任落实要强化，确保全区安全度汛。区委副书记何光胜，区委常委、宣传部长薛金林参加活动。

6月6日，老通扬运河姜堰段（磨桥河—

东兴家园）整治工程全面完成。

7月18日，江苏省水利厅副厅长张劲松检查泰东河工程土建十二包读书址大桥建设现场，省世行贷款泰东河工程建设局局长何勇、局长助理王蔚等陪同检查。

7月10日，世行贷款泰东河溱潼镇新开航道正式通航，省世行贷款泰东河工程建设局局长助理王蔚现场察看通航情况。

7月24日，姜堰区人大常委会组成人员、部分人大代表，以及相关部门负责人，对姜堰区加快引长江水工程进展情况进行视察。代表们听取了沈高镇引长江水工程介绍，实地走访了该镇万众村管网改造施工现场。

8月20—21日，江苏省水利厅厅长李亚平一行到世行贷款泰东河工程现场检查指导，察看泰东河工程土建七包新航道通航、老航道封堵情况和土建十二包读书址、溱潼北大桥工程。

9月22日，姜堰区水利局开展周山河入河排污口调查工作，此次调查登记排污口29个。

10月13日，江苏省水利厅副厅长叶健率队检查指导泰东河工程建设情况，听取工程进展情况汇报。

10月，泰州市水利局、泰州市财政局对《姜堰区2013年度中央财政小型农田水利重点县实施方案》进行批复（泰政水复〔2014〕3号）。建设地点为张甸、梁徐、沈高3个镇，工程项目概算总投资2670.34万元，资金筹集措施为：申请中央财政补助800万元、省级配套800万元、省级以下财政1070.24万元。工程于2014年4月开工，10月完工。

11月，泰州市水利局、泰州市财政局对《姜堰区2013年中央财政统筹从土地出让收益中计提的农田水利建设资金项目实施方案》进行批复（泰政水复〔2014〕16号）。该项目位于张甸镇张前村，工程项目概算总投资400万元。2014年8月开工，11月完工。

11月8日，泰州市水利局在泰州组织召开《姜堰区农田水利规划（修编）》审查会。会议成立专家组。与会专家和代表审阅规划文本及图件资料，听取编制单位扬州大学工程设计研究院的汇报，同意该规划通过审查。江苏省水利厅，泰州市发改委、财政局、农委、国土局，姜堰区水利局，编制单位的代表和特邀专家参加。

11月30日，姜堰区全区15个镇（街道）引长江水工程实现以行政村为单位全覆盖。据统计，各镇（街道）管网改造投入资金3.8亿元左右（不包含回收水厂），区级以奖代补9500万元左右，供水管网改造5250.5千米。

12月3日，姜堰区水利局完成泰东河入河排污口调查工作，此次调查登记排污口16个。

12月4日，是首个国家宪法日，也是第14个全国法制宣传日，姜堰区水利局参加姜堰区法治部门组织的全区大型广场法律咨询服务活动。

12月18日，泰州市水利局、财政局主持召开姜堰区2010—2012年中央财政小型农田水利重点县建设项目市级验收会。会议成立验收小组，验收组认为：姜堰区2010—2012年中央财政小型农田水利重点县建设项目按照国家、省有关法律法规和管理办法组织实施，建设程序规范，工程质量合格，实现预期效益，同意通过市级验收。

12月，许陆河南段整治工程竣工。该工程总长1.2千米，涉及姜堰开发区南石村，工程总投资370万元。

12月，江苏省发展和改革委员会、江苏省水利厅对《泰州市姜堰区2013年新增千亿斤粮食产能规划田间工程建设项目（灌区末级渠系）实施方案》进行批复（苏发改农经发〔2014〕72号），该项目位于泰州市姜堰区蒋垛镇、娄庄镇、兴泰镇。2014年3月开工，12月完工。项目总投资1000万元。

12月，泰州市水利局、泰州市财政局对《姜堰区2014年农村河道疏浚整治工程实施方案》

进行批复（泰政水复〔2014〕19号），该项目涉及娄庄、白米、大伦3个镇，工程总投资904万元，其中省级财政补助500万元、区级财政配套404万元。

12月，泰州市水利局、泰州市财政局对《姜堰区2014年省级村庄河塘疏浚整治项目实施方案》进行批复（泰政水复〔2014〕25号），该项目涉及沈高、桥头、白米3个镇，2014年9月开工，2014年底完工。工程总投资632.81万元，其中省级财政补助350万元，区财政配套282.81万元。

12月，泰州市发展和改革委员会、泰州市水利局对《姜堰区2014年度水土保持项目实施方案》进行批复（泰发改发〔2014〕415号，泰政水复〔2014〕34号），该项目区涉及梁徐、黄村、双墩、桥林、张甸5个行政村，总面积16.70平方千米。工程概算静态总投资501.11万元。2014年11月开工，2014年底完工。

2015年

1月20日，江苏省水利厅下发《省水利厅关于省沙集闸站管理所等单位通过省级水利工程管理单位复核的通知》（苏水管〔2015〕13号），姜堰区城区河道管理所通过省二级水利工程管理单位复核。

2月16日，中共姜堰区委发布《关于命名表彰2013—2014年度姜堰区文明镇、文明村、文明社区、文明行业、文明单位的决定》（泰姜发〔2015〕11号），姜堰区水利局为"2013—2014年度姜堰区文明行业"，姜堰区水政监察大队、姜堰套闸管理、姜堰城区河道管理所为"2013—2014年度姜堰区文明单位"。

3月10日，姜堰区政府发布《区政府关于表彰2014年度人力资源和社会保障工作先进集体和先进个人的决定》（泰姜政发〔2015〕28号），姜堰区水利局为先进集体，徐立康为先进个人。

3月30日，吴舍河整治工程正式开工。该

工程概算总投资498万元。施工内容主要包括河道清淤1100米，新建吴舍河泵站1座，三水大道西侧新建箱涵1座，三水大道至吴舍河泵站GES生态袋挡墙护岸，三水大道至天目桥生态挡墙护岸，天目桥至单塘河木桩挡墙护岸。

4月1日，姜堰区编委下发《关于泰州市姜堰区姜堰镇经济服务中心等事业单位更名的通知》（泰姜编办〔2015〕62号），"泰州市姜堰区姜堰镇水利管理服务站"更名为"泰州市姜堰区罗塘街道办事处水利管理服务站"。

5月4日，姜堰区召开防汛防旱工作会议，部署防汛防旱工作。

5月18日，泰州市团委发布《关于2014年度"泰州市五四红旗团委""泰州市五四红旗团支部""泰州市优秀共青团员""泰州市优秀共青团干部"的决定》（团泰委〔2015〕23号），姜堰区水利局团支部获2014年度"泰州市五四红旗团"称号。

5月19日，中共泰州市委、泰州市政府发布《关于命名表彰2013—2014年度泰州市文明行业标兵、文明单位标兵、文明村镇标兵、文明社区标兵和文明行业、文明单位（机关）文明村镇、文明社区的决定》（泰委〔2015〕63号），姜堰区水利局为"泰州市文明单位"。

6月24日，江苏省水利厅、省财政厅发出《关于2014年度小型农田水利重点县项目绩效考评情况的通报》（苏财农〔2015〕117号），姜堰区小型农田水利重点县工程被评为江苏省水利厅绩效考核优秀等次。

7月9日，姜堰区水利局完成张甸支河入河排污口调查工作。登记排污口43个，其中生活排污口35个、工业排污口1个、混合排污口7个。

9月，泰州市水利局、泰州市财政局对《泰州市姜堰区"中央财政统筹资金"建设项目实施方案》进行批复（泰政水复〔2014〕63号）。工程主要涉及顾高镇，项目总投资1122.12万元，中央财政1000万元。2015年3月开工，9月建成投产。

10 月 21 日，江苏省发展改革委、江苏省水利厅对《姜堰区 2015 年新增千亿斤粮食产能规划田间工程（末级渠系）建设项目实施方案》（苏发改农经发〔2015〕1027 号）进行批复。该项目涉及俞垛镇角墩村、姜茅村和华港镇刘庄村、董潭村、港口村。项目总投资 1500 万元。

10 月 30 日，马厂路中干河桥开工。工程建设内容为：在项目原址拆除老桥进行重建，新桥长 57 米，宽 18 米，桥梁上部结构采用 16M+25M+16M 先张预应力混凝土空心板，下部结构采用桩柱式桥墩台、钻孔灌注桩基础，沥青混凝土桥面，设计荷载为城 B 级，项目估算总投资 800 万元。

10 月，泰州市水利局、泰州市财政局对《姜堰区 2015 年农村河道疏浚整治工程实施方案》进行批复（泰政水复〔2015〕15 号）。该项目主要涉及蒋垛、大伦两镇。工程总投资 1760.15 万元，其中省级财政补助 975 万元，其余由地方财政配套。

11 月，泰州市水利局、泰州市财政局对《姜堰区 2015 年度中央财政小型农田水利重点县实施方案》进行批复（泰政水复〔2015〕31 号）。该项目涉及娄庄、淤溪、俞垛 3 个镇。工程总投资 2671.49 万元，其中中央财政补助 800 万元、省级补助 800 万元、市级配套 533.3 万元，其余由区级财政配套。

11 月，江苏省水利厅对《农业综合开发泰州市姜堰区溱潼灌区节水配套改造项目初步设计》进行批复（苏水农〔2015〕47 号）。该项目涉及兴泰、桥头、沈高 3 个镇。工程总投资 2200 万元，其中中央财政资金 1000 万元、地方各级财政资金 1000 万元、地方财政水利资金及自筹 200 万元。

11 月 28 日，时庄河闸站工程正式开工。工程建设内容为：新建闸站 1 座。项目总投资 380 万元。

12 月，泰州市水利局、泰州市财政局对《2012 年度泰州市姜堰区小型农田水利重点县结余资金增做项目实施方案》进行批复（泰政水复〔2015〕41 号）。涉及沈高、白米、大伦、蒋垛 4 个镇。总投资 854.95 万元，为 2012 年中央财政小型农田水利重点县工程结余资金。中央补助 203.2 万元、省级补助 304.8 万元、县级补助 346.95 万元。

12 月 22 日，溱湖湿地科普馆通过水利部门验收，正式挂牌。

12 月 30 日，时庄河综合整治工程竣工。

2016 年

1 月 18 日，姜堰区政府发布《区政府关于表彰 2015 年度安全生产先进集体和先进个人的决定》（泰姜政发〔2016〕7 号），姜堰区水利局为"安全生产先进单位"，陈俊宏为"安全生产先进个人"。

2 月 2 日，中共姜堰区委、姜堰区政府发布《关于表彰 2015 年度区级机关效能建设先进集体的决定》（泰姜发〔2016〕7 号），水利建设科被评为机关效能建设先进科室。

3 月 9 日，姜堰区政府发布《区政府关于表彰 2015 年度人力资源和社会保障工作先进集体和先进个人的决定》（泰姜政发〔2016〕48 号），姜堰区水利局为先进集体，施威为先进个人。

4 月，泰州市水利局下发《关于泰州市周山河姜堰段治理工程设计变更的批复》（泰政水复〔2015〕73 号），该项目位于张甸镇，增做工程 1.54 千米，工程总投资 470.75 万元。

4 月，泰州市水利局下发《泰州市水利局关于转批〈省水利厅关于泰州市茅山河姜堰段治理工程设计变更的批复〉的通知》（泰政水〔2015〕272 号），对该工程增补项目做出设计变更批复。该项目位于淤溪镇和俞垛镇，茅山河的支河口上。工程内容为圩口闸 7 座，排涝站 5 座，工程总投资 368.88 万元。

4 月 15 日，中共泰州市姜堰区委区级机关工作委员会发布《关于表彰 2015 年度先进基层党组织、党建工作创新先进单位、优秀党务工作者和优秀共产党员的决定》（泰姜机委〔2016〕17 号），顾爱民被评为优秀共产党员。

6 月 13 日，江苏省水利厅、江苏省财政厅发出《省财政厅 省水利厅关于 2015 年度小型农田水利重点县项目及小型农田水利工程管理绩效考评情况的通报》（苏财农〔2016〕50 号），姜堰区小型农田水利重点县工程、河道管护工作分别被江苏省水利厅绩效考核评为优秀等次。

6 月 29 日，泰州市姜堰区农业资源开发局、泰州市姜堰区财政局下达《关于 2016 年度国家农业综合开发存量资金土地治理项目计划的补充通知》（泰姜农开〔2016〕22 号），该项目位于淤溪镇、张甸镇，总投资 1515 万元，财政投资 1500 万元，其中中央补助 750 万元、省级补助 637.5 万元、市级补助 56.25 万元、区级补助 56.25 万元、群众自筹 15 万元。

6 月，泰州市水利局对《姜堰区俞垛镇防洪工程实施方案》进行批复（泰政水复〔2015〕63 号），该项目位于俞垛镇，工程内容为拆建北陈东闸、薛庄后闸、仓场闸、两仓圩闸。对角西南闸、角西西闸、角西涵管闸、角西 5 米闸、角西六组闸 5 座圩口闸实施电启闭改造。新建隔猪头闸、后庙闸 2 座圩口闸。新建隔猪头站、后庙站 2 座排涝站。该项目投资 254 万元，省级补助 100 万元，其余部分地方自筹。该项目于 3 月开工，6 月竣工。

7 月 5 日，中共姜堰区委（泰姜发〔2016〕146 号）免去黄莉中共泰州市姜堰区水利局纪律检查委员会书记职务。

7 月 13 日，姜堰区政府发布《区政府关于对 2015 年度区镇机关年度考核优秀人员给予记功、嘉奖的决定》（泰姜政发〔2016〕107 号），曹亮记三等功，许健、华丽、王丽芳为嘉奖人员。

7 月 29 日，泰州市姜堰区农业资源开发局、泰州市姜堰区财政局下达《关于下达泰州市姜堰区 2016 年度省级沿江高沙土农业综合开发项目计划的通知》（泰姜农开〔2016〕26 号），该项目位于蒋垛、梁徐镇，项目总投资 600 万元，均为省级财政投资。

7 月 29 日，泰州市姜堰区农业资源开发局、泰州市姜堰区财政局下达《关于下达泰州市姜堰区 2016 年度市级高标准农田建设专项资金项目计划的通知》（泰姜农开〔2016〕27 号），该项目位于蒋垛镇、梁徐镇，项目财政总投资 300 万元，其中市级财政 180 万元、区级财政 120 万元。

7 月，泰州市姜堰区发展和改革委员会对《溱潼风景区河道疏浚整治工程》项目进行核准批复（泰姜发改核〔2016〕30 号），该项目涉及溱潼镇湖南村，该项目投资 1500 万元，由姜堰区水利局自筹。

7 月，顾爱民被中共泰州市姜堰区委评为优秀共产党员。

8 月 8 日，姜堰区政府下发《区政府关于张兆海职务任免的通知》（泰姜政发〔2016〕118 号），黄莉任泰州市姜堰区水利局主任科员。

8 月 22 日，泰州市水利局对《姜堰区 2016 年中央特大防汛抗旱项目工程实施方案》进行批复，该项目涉及俞垛镇、桥头镇、沈高镇，工程主要内容是对俞垛镇、桥头镇、沈高镇共 8 座手动圩口闸门进行电启闭改造，项目投资概算 90 万元。

8 月，泰州市姜堰区发展和改革委员会发布《关于四支河（黄村河至杭州路）整治工程项目核准的批复》（泰姜发改核〔2016〕34 号），该项目位于三水街道，该项目投资 350 万元，由姜堰区水利局自筹。

8 月，泰州市水利局、泰州市财政局对《姜堰区 2016 年小型农田水利工程维修养护项目实施方案》进行批复（泰政水复〔2016〕24 号），该项目涉及各镇，项目总投资 264 万元。

9 月，顾爱民当选中国共产党泰州市第五次党代会代表。

9 月 24 日，顾爱民经江苏省水利工程技术高级职务任职资格评审委员会评审通过，具备高级工程师资格。

10 月 9 日，泰州市发展和改革委员会对《泰州市姜堰区 10 万亩高标准农田建设试点项目（2016 年新增千亿斤粮食产能规划田间工程）实施方案》进行批复（泰发改发〔2016〕310 号），该项目位于姜堰区娄庄、白米、大伦、蒋垛 4 个镇，涉及 48 个行政村。该项目总投资 4 亿元，其中中央预算内资金 1.2 亿元（千亿斤粮食项目资金），专项建设基金 0.6 亿元，农发行跟进贷款 1.5 亿元，其余为市、区自筹。建设时限为 1 年，2016 年 8 月—2017 年 8 月。

11 月 25 日，泰州市水利局、泰州市财政局对《姜堰区 2017 年小型农田水利重点县工程实施方案》进行批复（泰政水复〔2016〕60 号），该项目涉及梁徐镇、张甸镇、顾高镇。该工程总投资 2716.26 万元，其中中央财政补助 1000 万元，省级补助 900 万元，市、区级建设资金 816.26 万元。

11 月，泰州市水利局、泰州市财政局对《2013 年重点县项目结余资金增做工程项目实施方案》进行批复（泰政水复〔2016〕51 号），该项目位于张甸镇，项目总投资 287.36 万元，利用结余资金 145.83 万元，不足部分由姜堰区补足。

12 月，泰州市水利局对《姜堰区 2015 年中央特大防汛抗旱补助费项目实施方案》进行批复（泰政水复〔2015〕49 号），该项目位于华港镇下溪村，项目投资 102.2 万元，省级补助 90 万元，其余部分由地方自筹。该项目 3 月开工，12 月竣工。

12 月，泰州市水利局、泰州市财政局对《姜堰区 2016 年小型农田水利重点县工程实施方

案》进行批复（泰政水复〔2016〕1 号），该项目涉及沈高、溱潼、桥头 3 个镇，项目总投资 2715.45 万元，其中中央补助 1000 万元、省级补助 900 万元、市级建设资金 407.14 万元、区级建设资金 408.31 万元。该工程于 2 月开工，12 月竣工。

12 月，泰州市水利局对《姜堰区防汛应急指挥系统建设方案》进行批复（泰政水复〔2015〕64 号），同意姜堰水利局建设防汛应急指挥系统，建设标准数据库并进行数据的接入。建设应用支撑平台，包括 GIS 平台和 RIA 平台；建设业务应用系统，包括实时雨情、实时水情、台风路径、卫星云图、基础信息、视频监控、应急管理、后台管理等功能模块。项目投资概算 56.4 万元，经费渠道为省级补助 50 万元，其余部分由姜堰区水利局自筹。该项目于 2 月开工，12 月竣工。

12 月，江苏省财政厅、江苏省国土资源厅下达 2014 年第三批省以上投资土地整治项目计划和预算的通知，项目位于张甸镇严唐村、花彭村、张甸村、张桥村、朱顾村、甸头村、魏家村 7 个行政村，项目总投资 3662 万元，全部为省级投资。该项目于 2 月开工，12 月竣工。

12 月，泰州市水利局、泰州市财政局对《2014 年重点县结余资金及奖补资金增做工程项目实施方案》进行批复（泰政水复〔2016〕52 号），该项目位于桥头镇、溱潼镇，项目总投资 591.9 万元，其中结余资金 291.9 万元、2014 年绩效考核优秀奖补资金 300 万元。

2017 年

1 月 20 日，中共姜堰区水利局党委下发《关于中共泰州市姜堰区水利局老干部支部换届选举结果的批复》（泰姜水委〔2017〕2 号），施元龙任支部书记。

1 月，陈俊宏被姜堰区人民政府表彰为"2016

年度全区安全生产工作先进个人"。

3月24日，中共姜堰区委下发《关于殷玉进等职务任免的通知》（泰姜委〔2017〕32号），俞扬祖任姜堰区水利局党委书记，免去陈永吉中共姜堰区水利局党委书记职务。

3月24日，中共姜堰区组织部下发《关于黄莉免职的通知》（泰姜组发〔2017〕41号），免去黄莉姜堰区水利局党委委员职务。

3月31日，姜堰区人大下发《关于陆锋等任职的通知》（泰姜人发〔2017〕14号），俞扬祖为姜堰区水利局局长。

3月，据泰财基层〔2017〕4号文件要求，姜堰区2017年度组织实施43座省级农桥，其中项目库外1座。3月完成图纸设计工作，4月陆续进入招标程序，5月进入施工阶段，12月底工程完工。工程投资987万元，省级补助399万元、市级补助76万元、县乡财政512万元。

3月，姜堰区人民政府对《姜堰区农业水价综合改革实施方案》进行批复（泰姜政复〔2017〕3号），该项目涉及姜堰全区。项目资金来源为2017年中央农田水利维修养护第一批补助资金66万元、2017年中央农田水利维修养护第二批补助资金128万元以及中央农业水价综合改革补助资金62万元，合计256万元。中央农业水价综合改革16个乡（镇）成立农民用水协会，16个镇安装计量实施，出台农业水价核定管理办法，节水奖励、绩效评价、精准补贴相关办法。

4月24日，姜堰区政府下发《区政府关于陆锋等职务任免的通知》（泰姜政发〔2017〕61号），陈永吉任区水利局主任科员。

4月，顾爱民被中共泰州市姜堰区委区级机关工作委员会评为"2016年度优秀共产党员"。

5月26日，江苏省水利厅、江苏省财政厅发出《省水利厅 省财政厅关于2016年度小型农田水利重点县项目及小型农田水利工程管理绩效考评情况的通报》（苏水农〔2017〕17号），

姜堰区小型农田水利重点县工程、河道管护工作、小型水利工程管理工作分别被江苏省水利厅绩效考核评为优秀等次。

6月，泰州市水利局、财政局对《姜堰区2017年农村河道疏浚整治工程实施方案》进行批复，该项目涉及姜堰区顾高镇、大伦镇，工程总投资867万元，其中省级财政补助780万元，市、区财政投入87万元。

6月30日，中共泰州市委组织部发布《中共泰州市委组织部关于表彰第五届第一批"我最喜爱的共产党员"的决定》（泰组发〔2017〕4号），顾爱民被评为廉洁奉公先锋"我最喜爱的共产党员"。

8月16日，姜堰区妇联下发《关于同意成立姜堰区水利局妇女联合会的批复》（泰姜妇〔2017〕24号）。

9月8日，中共姜堰区组织部下发《关于查敬飞任职的通知》（泰姜组发〔2017〕122号），查敬飞任姜堰区水利局党委委员。

9月18日，姜堰区团委下发《关于同意共青团泰州市姜堰区水利局总支第四次团员大会选举结果的批复》（团泰姜发〔2017〕54号），徐林任团委书记，钱影、焦力任副书记。

9月20日，姜堰区总工会下发《关于姜堰区水利局工会第四届委员会换届选举结果的批复》（泰姜工组〔2017〕25号），王丽芳任工会主席，黄明华、廖治清为工会副主席。

9月22日，中共姜堰区水利局党委下发《关于同意姜堰区水利局妇女联合会第一届大会选举结果的批复》（泰姜水委〔2017〕21号），柳存兰任主席，宋桂明、金小燕任副主席。

9月，泰州市姜堰区发展和改革委员会（泰姜发改投〔2017〕5号）对四支河河道绿化工程项目进行批复，四支河绿化工程整治范围位于新通扬运河以南、黄村河东侧、中干河西侧。工程于4月6日开工，9月26日项目全部竣工，中标合同价300万元。投资全由区级自筹。

9月，泰州市港口管理局对《泰州市内河

姜堰港区姜堰开发区许陆河作业内码头工程初步设计》进行批复（泰港发〔2015〕40号）。工程于2016年6月开工，2017年9月底完工，项目中标价3103.63万元。投资全由市级补助。

12月4日，姜堰区编委下发《关于建立泰州市姜堰区三水街道办事处水利管理服务站的批复》（泰姜编〔2017〕35号），姜堰区三水街道办事处水利管理服务站为股级全额拨款事业单位，额定编制3人。

12月11日，中共姜堰区委下发《关于章惠明等职务任免的通知》（泰姜委〔2017〕155号），游滨滨任区水利局党委副书记。

12月27日，姜堰区编委下发《关于建立泰州市姜堰区河长制工作协调服务中心的批复》（泰姜编〔2017〕43号），泰州市姜堰区河长制工作协调服务中心为公益一类事业单位，全额拨款，负责河长制办公室日常工作和相关协调服务工作。核定编制4人。

12月27日，姜堰区编委（泰姜编〔2017〕44号）核减姜堰区城区河道管理所编制4人。

12月27日，泰州市史志档案办下发《市史志档案办关于公布2017年度档案工作通过规范测评和复查单位名单的通知》（泰史志档〔2017〕80号），姜堰区水利局为三星级，姜堰区城区河道管理所为二星级。

12月29日，江苏省里下河湖区考核小组发布《关于表彰2017年度里下河湖区管理与保护工作先进集体的决定》（里下河湖区考核〔2017〕2号），姜堰区水利局被表彰为先进集体。

12月29日，江苏省里下河湖区考核小组发布《关于表彰2017年度里下河湖区管理与保护工作先进个人的决定》（里下河湖区考核〔2017〕3号），周同乔被表彰为先进个人。

2018年

1月30日，泰州市水利局发出《市水利局关于2017年度市水利市区水利工作考核的通报》（泰政水〔2018〕45号），水政水资源科为先进管理单位。

2月1日，中共姜堰区委组织部下发《关于于健等职务任免的通知》（泰姜组发〔2018〕29号），于健任区水利局党委委员，免去殷新华党委委员职务。

3月10日，中共姜堰区委下发《关于郑迎军等职务任免的通知》（泰姜委〔2018〕51号），许健任姜堰区水利局党委书记，免去俞扬祖姜堰区水利局党委书记职务。

3月10日，中共姜堰区组织部下发《关于纪马龙任职的通知》（泰姜组发〔2018〕57号），纪马龙任区水利局党委委员。

3月23日，泰州市水利局发出《关于2017年度泰州市水利工程文明工地考核结果的通报》（泰政水〔2018〕80号），江苏三水建设工程有限公司"靖江市东天生港和雅桥港整治工程施工03标项目"为文明工地。

3月28日，中共姜堰区委发布《关于给予姜堰区深化全国文明城市创建突出贡献集体个人记功嘉奖的决定》（泰姜发〔2018〕16号），姜堰区水利局获嘉奖，王根宏获三等功，于健获嘉奖。

3月，据泰姜水发〔2018〕36号文件要求，姜堰区2018年度组织实施30座省级农桥建设。工程投资834.34万元，省级补助285万元、市级补助106.5万元、县乡财政442.84万元。

4月4日，姜堰区政府下发《区政府关于缪卫东等同志职务任免的通知》（泰姜政发〔2018〕2号），纪马龙任水利局副局长（正科级，列许健之后）。

4月18日，姜堰区人大下发《关于何剑等职务任免的通知》（泰姜人发〔2018〕13号），许健任姜堰区水利局局长，免去俞扬祖姜堰区水利局局长职务。

5月21日，姜堰区政府发布《区政府关于对2017年度区镇机关年度考核优秀人员给予记功、嘉奖的决定》（泰姜政发〔2018〕102号），许健、华丽获记功，黄宏斌获嘉奖。

6月25日，江苏省水利厅、江苏省财政厅《省水利厅 省财政厅关于2017年度农田水利建设管护、农村饮水安全巩固提升和生态清洁型小流域项目绩效考评情况的通报》（苏水农〔2018〕22号）；姜堰区小型农田水利重点县工程、河道管护工作、小型水利工程管理工作分别被江苏省水利厅绩效考核评为优秀等次。

6月30日，姜堰区水利局对《蒋垛镇2017年中央财政农业生产救灾及特大防汛抗旱项目实施方案》进行批复（泰姜水发〔2018〕6号），该项目位于蒋垛镇，工程内容为对西刘闸进行手动改电动，拆建蒋东排涵。工程投资20万元，由中央财政补助。该项目于5月10日开工，6月30日完工。

7月18日，泰州市水利局发出《市水利局关于2017—2018年度全市水利建设质量工作考核结果的通报》（泰政水〔2018〕67号），姜堰为B级。

7月26日，中共泰州市委发布《关于命名表彰2015—2017年度泰州市文明行业、文明单位、文明校园、文明村镇、文明社区的决定》（泰委〔2018〕54号），姜堰区水利局获"文明行业、文明单位"。

7月30日，泰州市水利局对姜堰区2017年省级防汛应急度汛项目工程实施方案进行批复（泰政水复〔2017〕48号），工程位于俞垛镇、溱潼镇，主要建设内容：对俞垛镇田管村12组闸、南野村中圩闸、溱潼镇湖北村老坑闸3座圩口闸改电启动，对俞垛镇田管村12组排涝站进行拆建。项目估算投资100万元，全部由省级补助。

8月2日，姜堰区政府下发《区政府关于陆峰等职务任免的通知》（泰姜政发〔2018〕153号），免去曹亮姜堰水利局副局长职务。

8月8日，中共姜堰区委组织部下发《关于曹亮免职的通知》（泰姜组发〔2018〕170号），

免去曹亮中共姜堰区水利局党委委员职务。

8月，泰州市财政局、泰州市水利局对《姜堰区2018年度小型农田水利重点县工程实施方案》进行批复（泰政水复〔2017〕38号），该项目涉及白米镇、桥头镇、蒋垛镇、大伦镇，该工程总投资2714.58万元，其中中央财政补助1000万元，省级补助900万元，市、区建设资金814.58万元。该工程于3月2日开工，8月30日完工。

9月29日，姜堰区水利局党委发出《关于游滨滨任职的通知》（泰姜水委〔2018〕20号），游滨滨任中共姜堰区水利局机关支部书记。

9月，泰州市姜堰区发展和改革委员会对桥头镇小杨村特色田园乡村建设项目进行批复（泰姜发改投〔2017〕143号），该项目位于桥头镇小杨村，项目估算总投资2330万元，资金由泰州市姜堰区城市水利投资开发有限公司自筹。

10月11日，姜堰区发改委下发《关于水利局行政大楼局部改造工程项目的批复》（泰姜发改投〔2018〕125号），对行政大楼进行内部改造，安装电梯一部（6层）。

10月20日，姜堰区委组织部下发《关于李兵等职务任免的通知》（泰姜组发〔2018〕209号），李兵任中共姜堰区水利局党委委员，免去查敬飞中共姜堰水利局党委委员职务。

11月10日，泰州市防汛防旱指挥部办公室对《姜堰区2018年度农村基层防汛预报预警体系建设项目实施方案》进行批复（泰防办〔2018〕2号），该项目涉及全区，主要建设内容为：①调查评价。②防汛会商及视频展播系统。③区级会商室建设。新建区级会商室无纸化会议平台及会议设备。④软件平台由市防办统一建设。该项目投资187.46万元，其中中央财政补助90万元，其余由市、区自筹。

11月10日，泰州市姜堰区发展和改革委员会对兴泰镇西陈庄村、淤溪镇周庄村河道整治和景观打造建设项目进行批复（泰姜发改投〔2018〕40号）。该项目位于兴泰镇西陈庄村、

淤溪镇周庄村。项目总投资 480 万元。由泰州市姜堰区城市水利投资开发有限公司实施。

11 月 12 日，泰州市水利局、泰州市财政局对《姜堰区 2018 年省级农村河道疏浚整治工程实施方案》进行批复（泰政水复〔2018〕18 号），该项目涉及溱潼镇湖南村、沈高镇河横村和桥头镇小杨村，工程总投资 944.99 万元，其中省级财政补助 848 万元，市、区财政投入 96.99 万元。

11 月，姜堰区 2018 年农田水利工程维修养护工程由镇（街道）自行实施。项目投资 58 万元，全部由中央财政补助。

12 月 15 日，泰州市姜堰区发展和改革委员会对圩口闸电控启闭改造工程建设项目进行批复（泰姜发改投〔2018〕12 号）。该项目涉及淤溪、娄庄、桥头、沈高、溱潼、兴泰、俞垛、华港、蒋垛、罗塘等 10 个镇（街道）。主要改造内容为：拆除原有闸门及支架，重新建造启吊式组合闸门及支架，安装电启闭设备系统。该项目投资 2060 万元，资金由泰州市姜堰区城市水利投资开发有限公司自筹。

12 月 20 日，姜堰区发改委（泰姜发改投〔2018〕33 号）文，批复同意实施改造姜堰区河滨广场。工程总投资 1200 万元，全部由姜堰区自筹。

12 月，泰州市姜堰区发展和改革委员会对姜堰区 2019 年度"新风行动"农村水环境综合整治一期工程项目进行批复。该项目对大伦镇、白米镇境内 4 条河道进行疏浚整治，项目估算总投资 100 万元，资金从姜堰区水利局河道管护项目结余资金中列支。

2019 年

1 月 11 日，江苏省里下河湖区管理工作考核小组发出《关于里下河腹部地区湖泊湖荡管理与保护工作考核情况的通报》（里下河湖区考核〔2019〕1 号），姜堰区水工程管理处被评定为 2018 年里下河湖泊湖荡管理与保护工作任务完成好的单位。

1 月 11 日，江苏省里下河湖区管理工作考核小组发布《关于表彰 2018 年度里下河湖区管理与保护工作先进个人的决定》（里下河湖区考核〔2019〕2 号），周同乔为先进个人。

1 月 21 日，江苏省水利厅下发《关于公布 2018 年度省级"水美乡镇""水美村庄"名单位的通知》（苏水农〔2019〕7 号），顾高镇张庄村、华港镇董潭村、罗塘街道三园村获评"水美村庄"。

1 月 25 日，泰州市姜堰区政府办发布《关于表彰 2018 年度应急管理工作先进单位和先进个人的决定》（泰姜政办〔2019〕3 号），宋鑫为先进个人。

1 月 29 日，泰州市姜堰区政府发布《区政府关于表彰 2018 年度安全生产工作先进集体和先进个人的决定》（泰姜政发〔2019〕12 号），陈俊宏为安全生产工作先进个人。

2 月 19 日，中共姜堰区委下发《关于保剑等任职的通知》（泰姜委〔2019〕14 号），撤销中共泰州市姜堰区水利局委员会，建立中共泰州市姜堰区水利局党组，许健任党组书记，游滨滨任党组副书记，纪马龙、王根宏、沈军民、李兵任党组成员。

2 月 20 日，泰州市妇联发布《关于表彰泰州市"三八"红旗手（集体）的决定》（泰妇〔2019〕10 号），施威为泰州市"三八"红旗手。

3 月 26 日，中共姜堰区委办、姜堰区政府办关于印发《泰州市姜堰区水利局承职能配置、内设机构和人员编制规定》的通知（泰姜办〔2019〕39 号），姜堰区水利局内设机构：办公室（人事科）、水利建设管理科（生态河湖科）、水政水资源科（政策法规科）、财务审计科、河湖长制工作科（监督科）。姜堰区防汛防旱指挥部办公室整建制划转给姜堰区应急管理局。

3 月 29 日，泰州市姜堰区机关工委下发《关于成立中共泰州市姜堰区水利局机关委员会的批复》（泰姜机委〔2019〕45号）。

4月4日，泰州市大走访大落实新风行动办发出《关于2018年度新风行动先进集体的通报》（办发〔2019〕6号），姜堰区水利局获新风行动先进市（区）机关部门。

4月14日，泰州市姜堰区发展和改革委员会（泰姜发改投〔2019〕2号）将项目建设计划下达给泰州市姜堰区城市水利投资开发有限公司，该工程位于罗塘街道城北村、工联村、河西社区交接处，计划铺设主排水管道长度约200米，回填土方约3000万立方米，项目估算总投资80万元。该投资由泰州市姜堰区城市水利投资开发有限公司筹集。

4月17日，泰州市姜堰区机关工委下发《关于同意中共泰州市姜堰区水利局机关委员会选举结果的批复》（泰姜机委〔2019〕65号），游滨滨任书记，田启龙任副书记，于健任组织委员，许庆任宣传委员，陆晓斌任统战委员，张亮任群团委员，沙庆任生活委员。

4月28日，泰州市姜堰区人民政府发布《区政府关于对2018年度区镇机关年度考核优秀人员给予记功嘉奖的决定》（泰姜政发〔2019〕52号），嘉奖人员：沈军民、于健、黄宏斌。

5月5日，中共姜堰区委发布《关于命名表彰2017—2018年度姜堰区文明行业、文明单位、文明校园、文明社区、文明镇、文明村的决定》（泰姜发〔2019〕24号），姜堰区水利局获评文明行业，姜堰区水利局、姜堰区水工程管理处、姜堰区水政监察大队、姜堰区套闸管理所、姜堰区淤溪镇水利管理服务站获评文明单位。

5月10日 姜堰区编委（泰姜编〔2019〕23号）增加姜堰区水资源办公室编制2名。

5月10日 姜堰区编委（泰姜编〔2019〕24号）核减华港镇水利管理服务站编制2名。

5月30日，泰州市水利局对《姜堰区2018年省级防汛防旱项目工程实施方案》（泰政水复〔2018〕59号）进行批复，工程位于俞垛镇。

工程总投资150万元，全部由省级补助。

6月29日，中共泰州市姜堰区委发布《关于表彰先进基层党组织和优秀共产党员、优秀党务工作者的决定》（泰姜发〔2019〕30号），中共姜堰区水政监察大队党支部荣获先进基层党组织。

6月30日，泰州市姜堰区发展和改革委员会对《2019年度"新风行动"农村水环境综合整治工程可行性研究报告》进行批复（泰姜发改投〔2018〕49号）。该项目涉及大伦镇、白米镇、梁徐街道、张甸镇、华港镇、三水街道。项目总投资597.35万元，资金由区水利局自筹解决。

8月6日，泰州市水利局批准泰东河淤溪人行便桥工程为2018—2019年度泰州市水利优质工程。

8月27日，江苏省水利厅、江苏省财政厅发出《关于2018年度省级水利发展资金（农村水利）绩效评估情况的通报》（苏水农〔2019〕24号），姜堰区水利局获得农村河道长效管护一等次、农田水利工程管护优秀等次。

10月20日，泰州市姜堰区发展和改革委员会（泰姜发改投〔2019〕44号）将项目建设计划下达给泰州市姜堰区水利局负责实施。该工程位于城区姜堰区砖桥河、鹿鸣河、吴舍河、三水河、汤河等城区河道，绿化面积33570平方米，项目估算总投资180万元。投资由区水利局自筹。

11月24日，泰州市水利局对《姜堰区2019年省级防汛抗旱项目工程实施方案》进行批复（泰政水复〔2019〕25号），该工程位于俞垛镇，对房庄村窑厂排涝站、仓场村加林河东站、叶甸村三里港站、宫伦村瓦厂西站4座泵站进行拆除重建。项目投资概算100万元，均由省级补助。

12月4日，泰州市姜堰区编委下发《关于调整镇（街道）水利管理服务站机构编制及职数的批复》（泰姜编〔2019〕48号），撤销桥头镇、兴泰镇水利管理服务站，设立天目山街道水利管理服务站；罗塘街道办事处水利管理服务站更名为"罗塘街道水利管理服务站"，梁徐水利管理服务站更名为"梁徐街道水利管理服务站"，重新核定编制及职数。

12月6日，泰州市姜堰区发展和改革委员会对《2019年度圩口闸电控启闭改造工程可行性研究报告》进行批复（泰姜发改投〔2019〕12号），该项目需对全区186座圩口闸进行电控启闭一体化改建。该项目估算总投资3243.63万元，所需资金由泰州市姜堰区城市水利投资开发有限公司自筹解决。

12月6日，泰州市水利局、泰州市财政局对《姜堰区2019年省级农村河道疏浚整治工程实施方案》进行批复（泰政水复〔2019〕30号），该项目涉及蒋垛、张甸、梁徐、娄庄及桥头镇等5个乡（镇）。核定项目总投资565万元，其中省级财政补助505万元，其余60万元由市、区两级财政配套。

12月7日，江苏省精神文明委员会发布《关于命名表彰2016—2018年度江苏省文明行业和江苏省文明单位、文明校园的决定》（苏文明委〔2019〕15号），姜堰区水利局获评"2016—2018年度江苏省文明单位"。

12月13日，陈俊宏、朱凯2人经江苏省水利工程技术高级职务任职资格评审委员会评审通过，具备高级工程师资格。

12月30日，姜堰区水利局下达2019年度农村桥梁建设任务（泰姜水发〔2019〕50号）33座，总投资950万元，由姜堰区、镇两级财政承担。

12月，泰州市姜堰区人民政府办公室下达2019年度农村水利建设任务（泰姜政办〔2018〕106号），全区全年计划疏浚整治镇村河道127条。该项目投资1500万元。

第一章 自然概况

　　姜堰区位于江苏省中部，是泰州市下辖区。地处亚热带北缘，地跨长江三角洲和里下河平原。境内地势平坦，南高北低，地面真高（废黄河高程系，下同）6.5~1.8米。属于亚热带季风气候，季风环流气候影响显著，四季分明，冬夏较长，春秋较短。气候温和，光照充足，雨水充沛，农业气候条件优越，素有"鱼米之乡"之称。

第一节　位置　区划

一、位置

姜堰区位于江苏省中部，江淮之间，北纬32°20′~32°43′，东经119°48′~120°17′，东邻海安市，南接泰兴市，北与兴化市、东台市接壤，西连扬州市江都区，泰州市海陵区、高港区。

二、区划

姜堰区原为古海陵的一部分，崇祯《泰州志》载："《禹贡》（泰州）淮海为扬州，言北据淮，东距海为扬州之域。周武王封泰伯于吴，其地属吴。元王三年（公元前473年）越灭吴而不能正江淮之地，遂属楚……"

春秋战国时历属吴、越、楚。楚时为海阳邑地，秦代属东海郡（一说九江郡），汉武帝元狩六年（公元前117年）置海陵县，唐高祖武德三年（620年）改海陵为吴陵，武德七年复称海陵，南唐昇元元年（937年）年升为泰州。

民国初年废州设县，县治泰州。

1949年4月，泰州市成为苏北行署区驻地，泰县则隶属于泰州专区。1950年初，苏北行署区移治扬州市，扬州专区并入泰州专区，泰州市、泰县均为泰州专区所辖，泰州市为其驻地，同年泰州市短暂并入泰县。

1953年，苏南、苏北两行署区合并成立江苏省，泰州专区撤销，泰县、县级泰州市隶属于江苏省扬州专区。1959年至1962年，泰州市、泰县曾合并为泰州县。1962年1月复称泰县，县治姜堰镇，隶属扬州专区。

1983年，扬州地区撤销后均隶属于扬州市。

1994年，撤县建立姜堰市，隶属扬州市。

1996年，姜堰市由扬州市代管划归泰州市代管。

1997年，区划调整，寺巷、鲍徐、野徐、白马、塘湾划归泰州市区。

2000年3月，调整乡镇行政区划，原有31个乡（镇）合并调整为18个乡（镇）。

2008年，罡杨、苏陈两镇划归海陵区。

2009年，大泗镇划归高港区。姜堰区辖有罗塘街道、三水街道、蒋垛镇、顾高镇、大伦镇、张甸镇、梁徐镇、白米镇、娄庄镇、沈高镇、溱潼镇、兴泰镇、华港镇、淤溪镇、俞垛镇、桥头镇。

2012年12月，经国务院和省政府批准，撤销县级姜堰市，设立泰州市姜堰区，以原县级姜堰市的行政区域为姜堰区行政区域。

2019年10月，泰州市部分行政区划调整：

（1）将姜堰区华港镇整建制划归海陵区管辖。

（2）姜堰区内部行政区划调整：

撤销溱潼镇、兴泰镇，设立新的溱潼镇；

撤销三水街道、桥头镇，设立新的三水街道；

设立天目山街道。

撤销梁徐镇，设立梁徐街道；

姜堰区由原下辖14个镇、2个街道，面积928平方千米、人口78.25万人，调整为下辖10个镇、4个街道，面积858.3平方千米、人口73.58万人。

第二节　地质　地貌

一、地质

全境均为新生界第四系所覆盖的平原地区，没有岩石露头。南部属古长江、古淮河及古黄河水系下游的冲积平原，岩性为棕灰色、灰白色中粗砂层和砂砾层；北部为湖沼及局部浅湖环境交互，时有海水浸入的滨海泛滥洼地及滨海平原沉积。

（一）地层

大量石油普查勘探资料显示，地层层序（中生界浦口组以上地层资料系统完整，浦口组以下地层仅在个别构造部位零星钻遇）自下而上为白垩系上统浦口组、白垩系上统赤山组、下第三系泰州组、下第三系阜宁组、下第三系戴南组、下第三系三垛组、上第三系盐城组、第四系东台组。

（二）构造

姜堰区处于二级构造单元东台凹陷东南部，主要跨溱潼凹陷、泰州凸起、海安凹陷3个构造单元。

二、地貌

姜堰区地貌以老328国道为界分为南北两个区域。

老328国道（老328国道城区段改道后现称姜堰大道）以南地区为长江三角洲平原北部边缘部分，为长江泥沙堆积形成的高沙土平原区，该区域地势平坦，绝大部分属于微凸状高沙土平原，地面真高4.5~6.5米。包括蒋垛、顾高、大伦、罗塘、张甸、梁徐等镇（街道）及区果林场。其中，蒋垛东荡地区和蔡官梅花网地区属于微凹高沙土平原，面积28.76平方千米，地面真高4米左右。

老328国道沿线地区曾是古河道，后经冲积和沉积作用成陆，范围包括罗塘、天目山、三水、白米、娄庄等镇（街道）部分地区，地面真高3.5~5.5米，地势较高，为南北地区的过渡地带。

老328国道以北为里下河地区，范围包括沈高、溱潼、俞垛、淤溪、娄庄、三水、天目山等镇（街道）以及区种猪场、区渔业社等场圃。该区域地势低洼平坦，地面真高3米以下，溱湖及泰东河钥匙湖一线，地面真高1.8~2.0米，是里下河"三大洼地"之一。新通扬运河北岸的部分地区地面真高在3.5米左右，属圩区高地。

第三节　土壤　植被

一、土壤

姜堰区为冲积和湖积土壤，分潮土和水稻土两大类。潮土占总面积的47.3%，有灰潮土、盐化潮土两大亚类，7个土属。水稻土占总面积的52.7%，分潮渗育型、潴育型、脱潜型、潜育型水稻土四大亚类，7个土属。土壤分布由南往北从潮土类向水稻土类过渡，土质也由沙土逐渐过渡到

黏土。通南地区，潮土类占耕地面积92.5%，高沙土土属又占潮土类的87.99%。里下河地区，水稻土类占耕地面积的98.82%，主要土种为勤泥土。里下河地区的垛田，土壤属潮土类的垛田土。中部新、老通扬运河之间，多水稻土，其中小粉浆土、勤泥土分布较广，潮土中多高沙土。

二、植被

境内植被以人工植被为主，主要为农田植被和绿化植被。

（一）农田植被

夏熟作物主要为三麦、油菜。秋熟作物主要为水稻、杂谷、油料，20世纪90年代前里下河则有大面积棉花种植。

（二）绿化植被

中华人民共和国成立后，特别是20世纪90年代以后，大搞植树造林，全面推进公路沿线、圩堤、河道、集镇、村庄绿化。2018年，全区成片造林面积304.66公顷，森林覆盖率26.2%。

第四节　气候　水文

姜堰区属于亚热带季风气候。季风环流气候影响显著，四季分明，冬夏较长，春秋较短。气候温和，光照充足，雨水充沛。通南地区常年河流平均水位在真高2.2米左右，里下河常年河流平均水位真高1.2米左右。

一、气候特征

（一）春季

3月26日至6月5日（根据姜堰多年气象资料，按气候平均气温划分四季，下同），历期72天。冷暖气流活动交替频繁，气温回升，但不稳定。4月最低气温 -1.9℃（1995年4月3日），最高气温32.5℃（2004年4月21日），变幅34.4℃。雨水逐渐增多，时有连阴雨天气。

（二）夏季

6 月 6 日至 9 月 15 日，历期 102 天。6 月下旬至 7 月上旬为初夏梅雨期（一般 6 月 20 日入梅，7 月 14 日出梅）。雨量集中，且多为大雨、暴雨，常年雨量 238 毫米左右。7 月下旬至 8 月上旬为盛夏期，常受太平洋副热带高压控制，多局部雷阵雨，雨量差别大。温度高，日照多，蒸发量大，是一年中相对干热期。8 月下旬至 9 月中旬为夏末期，年平均有一次台风，最多的 2000 年有 5 次台风（8 月中下旬连续有 3 次台风），过程总雨量 149.1 毫米。

（三）秋季

9 月 16 日至 11 月 20 日，历期 66 天。多受北方冷空气影响，冷暖气流再次交替，气温渐降，多晴少雨，昼夜温差大。

（四）冬季

11 月 21 日至翌年 3 月 25 日，历期 125 天。受北方冷空气频繁南下影响，气温急剧下降，多晴冷天气。常年 12 月比 11 月平均气温下降 6.1℃，降幅最大的是 2005 年，为 9.9℃。

二、气象要素

（一）日照

1995—2019 年，平均日照 1888.5 小时。最多的 1995 年 2200.1 小时，最少的 2019 年 1721.1 小时。日照时数最多的 8 月，为 189.9 小时，日照时数最少的 2 月，为 126.3 小时。

（二）气压

1995—2019 年，平均气压 1016.0 百帕。年平均气压最高 1016.8 百帕，出现在 1996 年。年平均最低气压 1015.0 百帕，出现在 2007 年。

（三）气温

1995—2019 年，年平均气温 15.9℃，年际变动 14.6~16.9℃，变幅 2℃。常年最热为 7—8 月，7 月平均气温 27.9℃，8 月平均气温 27.5℃，极端最高气温 39.8℃（2017 年 7 月 24 日），年际变动 33.4~38.7℃。常年大于等于 35℃的高温日

数 11 天。90％年份出现高温日，其中，大于 10 天高温日的年份占 52％，最多的 2013 年为 44 天。1 月温度最低，平均气温 2.8℃，最低气温 –3.2℃，极端最低气温 –10.1℃（2016 年 1 月 24 日），年际变动在 –5.8~14.2℃。

三、水文特征

（一）降水

1995—2019 年，年均降水量 1057 毫米。最少的 2001 年为 750 毫米，最多的 2016 年为 1726 毫米，变幅 976 毫米。1—7 月降水量呈逐月递增趋势，从 44.8 毫米增至 211.7 毫米。8—12 月呈逐月递减趋势，从 157.6 毫米减至 7.1 毫米。汛期（6—9 月）雨量集中，年均雨日 111 天。其中，最多的 2016 年为 138 天，最少的 2013 年为 80 天。历年最长连续降雨日数 11 天，总雨量 234.5 毫米。连日（2016 年 7 月 1 日至 7 月 7 日）最大降雨量 296.5 毫米。6—9 月为暴雨（日雨量大于 50 毫米）集中期，年均暴雨日 3 天，最多的 2016 年 8 天。一天中最大降雨量出现在 1995 年 9 月 8 日，为 153.1 毫米。

（二）蒸发

境内多年平均蒸发量 1361 毫米，7—8 月蒸发量最大，平均 175~178 毫米。1 月蒸发量最小，平均 46 毫米。除 7 月外，一般月份蒸发量大于降水量，平均差值 35.4 毫米，5 月差值最大，为 74.4 毫米。

（三）水位

通南地区常年平均河水位在真高 2.2 米左右，有记录以来最高河流水位为真高 4.96 米（1954 年），最低河水位为真高 0.98 米（1968 年），设计最低灌溉河水位真高 1.5 米，防洪警戒河水位真高 3.8 米，防洪最高河水位真高 5.0 米；里下河常年平均河水位真高 1.2 米左右，最低设计河水位真高 0.8 米，防洪警戒河水位真高 2.0 米，防洪最高河水位真高 3.5 米。有记录以来最高河水位为真高 3.4 米（1991 年），最低河水位真高 0.6 米（1979 年）。历年来最高河水位出现的主要月份为 7 月、8 月。

1995—2019年姜堰地区河水位一览表见表1-1-1。

表1-1-1　　　　　　　　　　　　　　1995—2019年姜堰地区河水位一览表

老通扬运河姜堰站水位				泰东河溱潼站水位				
年份	年最高（米）	日期（月－日）	年最低（米）	日期（月－日）	年份	年最高（米）	日期（月－日）	年最低（米）	日期（月－日）
1995	3.35	09-09	1.58	12-18	1995	1.92	08-11	0.82	04-14
1996	3.68	07-19	1.29	02-03	1996	2.27	07-06	0.77	03-14
1997	3.28	08-21	1.48	06-17	1997	1.72	08-02	0.83	06-02
1998	3.61	07-01	1.59	12-31	1998	2.09	07-04	0.88	12-28
1999	3.29	07-08	1.18	02-08	1999	2.22	09-06	0.66	04-03
2000	3.01	06-29	1.59	06-14	2000	1.8	07-15	0.8	04-12
2001	2.71	07-14	1.47	06-17	2001	1.8	08-03	1.02	03-25
2002	3.08	09-16	1.60	02-26	2002	2	08-17	0.88	02-14
2003	4.01	07-06	1.79	06-26	2003	3.12	07-11	0.99	02-07
2004	3.23	06-25	1.56	03-06	2004	1.68	06-25	0.85	03-03
2005	3.12	09-13	1.71	12-29	2005	2.08	08-09	0.9	01-23
2006	2.87	07-27	1.82	03-26	2006	2.8	07-05	1.05	03-27
2007	3.98	07-09	1.68	06-12	2007	3.07	07-01	0.89	02-07
2008	3.02	08-02	1.77	04-05	2008	1.86	08-02	0.93	03-17
2009	3.69	08-11	1.77	06-21	2009	2.24	08-11	0.94	01-28
2010	3.98	07-13	1.79	01-25	2010	2.33	07-13	1.04	01-28
2011	3.74	07-14	1.61	04-30	2011	2.66	07-17	0.85	05-10
2012	3.35	07-14	1.81	01-20	2012	2.4	07-15	1.07	06-15
2013	3.06	06-26	1.86	09-01	2013	1.79	06-26	1.01	12-15
2014	3.08	08-09	1.84	01-21	2014	2.23	08-15	0.98	02-02
2015	3.8	06-28	1.46	05-14	2015	2.64	08-13	1.03	02-11
2016	4.5	07-05	2.03	09-13	2016	2.88	07-07	0.93	06-13
2017	3.61	09-26	1.93	03-10	2017	1.89	09-26	0.98	06-06
2018	3.26	08-18	2.01	04-27	2018	1.73	07-03	1.01	02-18
2019	2.82	07-11	2.21	11-11	2019	1.82	07-29	1.09	12-11

第二章　水系　水资源

2

　　姜堰由水而生，古时，长江、淮河、黄海三水在姜堰汇聚，故称"三水"。又因三水汇聚，冲击成塘，塘水多旋涡，形似人指罗纹，又名"罗塘"。北宋年间，洪水泛滥，姜仁惠、姜谔父子仗义疏财，率领民众筑堰抗洪，保护了一方百姓生命财产，古镇由此名为姜堰，至今流芳千年。

　　境内河流众多，水资源丰富，水面面积175.82平方千米。水系发达，以老328国道（城区段现为姜堰大道）为界分属两大水系，南部属长江水系，北部属淮河水系。

　　历史上姜堰水系紊乱，引排不畅。中华人民共和国成立后，开挖、整治骨干河道和镇级河道，建成能引能排能降的新水系。

第一节 长江水系

姜堰区老 328 国道以南为长江三角洲平原，称通南地区，属长江水系。地面真高 4.5 ~ 6.5 米，集水面积 499.1 平方千米。主要河道构成通南地区"四横七纵"水网布局，横向为老通扬运河、周山河、生产河、南干河，纵向为张甸支河、葛港河、中干河、西姜黄河、运粮河、大伦河、东姜黄河。136 条镇级河道与 11 条区级骨干河道相互贯通（见表 2-1-1）。

一、骨干河道

（一）南干河

该河是姜堰区通南地区重要的引排航骨干河道，西接鳅鱼港，穿西姜黄河，交于东姜黄河，全长 22 千米，流经蒋垛、顾高、张甸等镇。该河于 1971 年 11 月开挖，1972 年 1 月竣工，动员 3 万民工，实做 190.1 万工日，完成土方 401 万立方米。开挖标准：河底宽 10 米，河底真高 –1 米，真高 2.5 米处设平台，平台宽 3 米，上下坡均为 1∶3。配套公路桥 2 座，人行便桥 10 座，工程总经费 93 万元，其中国家补助 55 万元。

（二）生产河

中华人民共和国成立后，拓浚沿鸭子河向东的多条相互浅隔的沟河而成，因对南部引水排水，发展农业生产的作用突出，故名生产河。西起与高港区交界处，东入东姜黄河。其中西起与高港区交界，东至中干河段称生产河西段，也称老生产河，流经张甸、顾高等镇，设计标准：河道底宽 8 米，内坡坡比 1∶4，河底真高 –0.5 米；生产河东段蜿蜒曲折，引排不畅，需要进行改造。共分 3 段开挖而成，称新生产河东段，1978 年 11 月至 1979 年 1 月，动员民工 1.2 万人，开挖东段，由中干河挖至运粮河，工长 6.9 千米。标准：底宽 8 米，底高 –0.5~–1.0 米，河坡坡比 1∶3，实做 75 万工日，完成土方 154 万立方米，建公路桥 1 座、便桥 6 座。国家补助 27.4 万元。

1987 年 11 月，续建运粮河至运粮东四沟段，长 2.6 千米，动员顾高区劳力 1.2 万人投入 22 台泥浆泵施工，至 1988 年 4 月结束。完成土方 60.5 万立方米，新建电灌站 6 座，配套机耕桥 1 座、人行便桥 2 座。使用经费 64 万元，其中国家补助 40 万元，其余由顾高区 6 个乡（镇）集资。

1990 年 11 月，续建从运粮东四沟至东姜黄河一段，1991 年 1 月竣工，工长 4.2 千米，底宽 6 米，底高 –0.5 米，真高 3.0 米以下坡比为 1∶4，以上坡比为 1∶3。完成土方 105.7 万立方米，新建公路桥 1 座、机耕桥 1 座、人行便桥 2 座、下水道 12 座，拆建电灌站 5 座。投资 435 万元，其中配套建筑物经费 238.34 万元，除国家补助 70 万元外，县财政投入 23 万元，其余均由乡村筹集。至此，生产河东段经 3 次续建，方告完成。

新生产河开挖后，老生产河西姜黄河至东姜黄河段仍保留利用。

2019 年境内全长 22.1 千米，流经张甸、顾高、梁徐、大伦等镇（街道）。设计标准：河道底宽 4 ~ 8 米，内坡坡比 1∶4，河底真高 0 ~ –0.5 米。

（三）周山河

中华人民共和国成立后，为开发通南实心地带、改造盐碱地和低产田而新开挖的东西向干河。西起周家庄与南官河汇合，东迄土山村与东姜黄河衔接，故命名为周山河。

该河于 1958 年 12 月开工，动员民工 8.0 万人，先开挖从南官河起至西姜黄河一段，工长 26.5 千米，至次年 5 月竣工。原设计标准为底宽 30 米，底高 –2 米，河坡 1∶4。因土方量过大，难以一次完成任务，致工程标准一再变更，最后缩小为底宽 14 米，底高 –1 米，河坡 1∶4，实做 396 万工日，完成土方 919 万立方米，建人行便桥 3 座、机耕桥 1 座、公路桥 3 座，国家补助经费 102.3 万元。1967 年冬至翌年 1 月，又动员民力 1.2 万人开挖东段，由西姜黄河至东姜黄河止，工长 8.9 千米，工程标准：底宽 8 米，底高 –0.5 米，河坡坡比 1：3，实做 43 万工日，完成土方 110.03 万立方米，建人行便桥 6 座，国家补助 22 万元。

2019 年境内全长 24.7 千米，流经张甸、梁徐、罗塘、白米、大伦等镇（街道）。

（四）老通扬运河

老通扬运河即通扬运河，旧称运盐河、上河、上官河、上官运盐河。《宋史·河渠志》载："汉吴王濞开邗沟（公元前 179 年至前 141 年），通运海陵"，从扬州茱萸湾（今扬州湾头）起，经泰州到达如皋县的蟠溪（今东陈镇汤家湾），为该河的起始。道光《泰州志》载："西运河自江都湾头镇而东，抵通州各盐场入于海"，记录了该河的历史延伸。区境内长 23.5 千米，流经张甸、三水、梁徐、罗塘、白米等镇（街道），是南部地区航运交通、灌溉排水的主要干河。原设计标准：河底宽 15 米，坡比 1：4，河底真高 –0.5 米。

（五）东姜黄河

东姜黄河旧称老龙河、白眉河，是与海安市的界河。旧志载，光绪年间，通江淤浅，蒋垛孟锦光曾助资浚挖。该河起自白米镇，出老通扬运河南行，交周山河、生产河、南干河后入泰兴县境，在黄桥镇与西姜黄河汇合入季黄河，再由夏仕港入长江，全长 62 千米，境内长 21.5 千米，流经白米、大伦、蒋垛 3 镇，历来为灌、排、航重要干河之一。

（六）大伦河

该河位于大伦镇。南起大伦镇境内的跃进河，北接周山河，全长 6.44 千米。于 1992 年建成，设计标准：河道底宽 8 米，内坡坡比 1：3~1：4，河底真高 –0.5 米。

（七）运粮河

该河是中华人民共和国成立后连接和拓浚张沐乡的野沐河、运粮乡的太平河及仲院的二港河而成的。南起南干河，北行穿生产河、周山河，交于老通扬运河，流经白米、大伦、蒋垛等镇，全长 15.4 千米。其中新开段长 8.2 千米，拓浚段

长 7.1 千米。设计标准：河道底宽 6 米，内坡坡比 1：3~1：4，河底真高 –0.5 米。

（八）西姜黄河

西姜黄河旧称官沟。民国《泰县志》载："官沟在姜堰南，经顾高乡南行入泰兴县之黄桥，由靖江县新港出口，延袤 120 千米，在境内者 40 里，今皆淤浅。"其中姜堰至黄桥段，即今之西姜黄河。该河北通老通扬运河，南穿周山河、南干河入泰兴境，在黄桥与东姜黄河汇合。境内长 17.9 千米，流经罗塘、梁徐、大伦、蒋垛、顾高 5 镇（街道）。原设计标准：平均河道底宽 10 米，内坡坡比 1：3，平均河底高程 –0.5 米。

（九）中干河

中干河开发于 1975—1976 年，系姜堰区灌、排、航骨干河道之一。北起新通扬运河，南行过姜堰套闸，穿老通扬运河、周山河、生产河，在桥梓头汇入南干河。流经三水、罗塘、梁徐、顾高等镇（街道），全长 17.8 千米，连接内河及通江诸航道，是大江南北通向里下河的主要航道之一。设计标准：新通扬运河至老通扬运河段，底宽 20 米，河底真高闸上 –1.0 米、闸下 –1.5 米，闸下真高 1.5 米处设平台，平台宽 3 米，上下河坡比均为 1：3；老通扬运河至南干河段，底宽 15 米，底高 –1.0 米，坡比 1：3。

（十）葛港河

葛港河明代称葛罡，有汛兵驻守。北起老通扬运河葛港村，南行经梁徐、张甸等镇（街道）入黄桥镇通江，境内全长 13.1 千米。设计标准：周山河至老通扬运河，河底宽 8 米，坡比 1：3，河底真高 –0.5 米；南干河至周山河，河底宽 6 米，坡比 1：3.5，河底高 –0.5 米。

（十一）张甸支河

张甸支河位于张甸镇。南起南干河，北穿生产河，交于周山河，全长 8.4 千米。1970 年建成。设计标准：河道底宽 8 米，内坡坡比 1：3~1：4，河底真高 –0.5 米。

表2-1-1　　　　　　　　　　　　　　姜堰区长江水系骨干河道一览表　　　　　　　　　　　　单位：千米

河道名称	长度	走向	起　点	讫　点	流经区域（镇、街道）
南干河	22.0	东西	东姜黄河	张甸与高港交界	蒋垛、顾高、张甸
生产河	22.1	东西	东姜黄河	张甸与高港交界	大伦、蒋垛、顾高、梁徐、张甸
周山河	25.5	东西	东姜黄河	张甸与海陵交界	大伦、白米、罗塘、梁徐、张甸
老通扬运河	27.5	东西	白米与海安交界	苏陈与海陵交界	白米、罗塘、梁徐、三水、张甸
东姜黄河	21.5	南北	老通扬运河	泰兴交界	白米、大伦、蒋垛
大伦河	6.4	南北	周山河	跃进河	大伦
运粮河	15.3	南北	老通扬运河	南干河	白米、大伦、蒋垛
西姜黄河	12.0	南北	老通扬运河	南干河	罗塘、梁徐、大伦、蒋垛、顾高
中干河	17.7	南北	新通扬运河	南干河	罗塘、三水、天目山、梁徐、顾高
葛港河	13.0	南北	老通扬运河	南干河	梁徐、张甸
张甸支河	8.4	南北	南干河	周山河	张甸

二、镇级河道

通南地区历史上水系紊乱，废沟呆塘多，仅有少量乡级河道，引水困难，排水不畅。20世纪70年代，在大力开挖骨干河道的同时，开挖或拓浚乡级河道，使之与干河相连，乡级河道间距保持在1千米左右。至20世纪80年代初，开挖乡级河道149条，长达323.9千米。河道标准：乡级主要河道，河底真高-0.5米，底宽6~8米。一般河道，河底真高0米左右，底宽4~6米，河坡坡比均为1:3。到2019年，姜堰区通南地区现有镇级河道104条（见表2-1-2）。

表2-1-2　　　　　　　　　　　　　通南地区2019年末镇级河道一览表

镇（街道）	河　名	起讫地点	长度（千米）	底宽（米）	底高（米）	坡比	开挖时间
蒋垛	盐泥河	南干河—花灯	2.8	4	0	1:3	1971年
	曹野河	跃进河—东姜黄河	3.1	4	0	1:3	1974年
	跃进河	东姜黄河—丁沟河	4.8	4	0	1:3	1975年
	花灯河	盐泥河—花灯	0.86	4	0.5	1:3	1975年
	胜利河	丁沟河—引水河	1.81	4	0	1:3	1976年
	康陈河	鹊桥河—丁沟河	2.98	4	0	1:3	1976年
	团结河	盐泥河—二港河	2.2	4	-0.5	1:3	1976年
	大寨河	东姜黄河—界河	3.1	4	0	1:3	1977年
	红野河	南港河—界河	2.0	4	0	1:3	1977年
	蒋东河	兴盛—蒋东	1.6	4	0	1:3	1978年
	鹊桥河	东姜黄河—跃进河	2.05	4	0	1:3	1979年
	南港河	东姜黄河—蒋东河	2.49	4	0	1:3	1979年
	光华河	北港河—东姜黄河	1.25	4	0.2	1:3	1980年
	仲马沟	运粮河—南干河	2.4	4	0.2	1:2.5	1978年
	仲院河	运粮河—顾高	3.3	6~8	-0.5	1:2.5	1978年
	幸福河	运粮河—西姜黄河	2.9	6	0	1:2.5	1978年
	西港河	运粮河—西港	1.65	4	0	1:3	1998年
	二港河	团结河—南干河	1.2	6	0	1:2.5	1980年
	丁沟河	南干河—胜利河	2.78	3	0.5	自然坡	1973年

续表 2-1-2

镇（街道）	河 名	起讫地点	长度（千米）	底宽（米）	底高（米）	坡比	开挖时间
蒋垛	小姜黄河	曹野河—东姜黄河	2.0	3	0.5	自然坡东姜黄河	1975 年
	金港河	南港河—界河北桥	0.7	4	0	1:3	1986 年
	北港河	东姜黄河—新河	5.15	4	0.5	自然坡	1972 年
	蒋南河	东姜黄河—盐泥河	0.7	4	0.5	1:3	1996 年
	朱高河	运粮河—益众	2	3	0	自然坡	1976 年
	小朱河	运粮河—小朱	0.8	3	0	1:2.5	1974 年
顾高	芦庄河	东芦—复兴	1.68	3	0	1:3	1962 年
	七里河	申洋—双利	2.4	3	0.5	1:3	1965 年
	文革河	申南—靖盐河	2.6	3	0	1:3	1966 年
	丰产河	东—野庄	5.1	4	0	1:3	1970 年
	界 河	镇南—靖盐河	1.2	5	0	1:3	1970 年
	大寨河	南干河—丰产河	2.3	4	0.3	1:3	1974 年
	跃进河	刘塘—大寨河	2.6	4	0	1:3	1977 年、1978 年
	钱野河	生产河—钱野	0.68	3	0	1:3	1978 年
	夏庄河	生产河—夏庄	0.3	3	0	1:3	1978 年
	镇南河	西姜黄河—镇南	0.65	4	0	1:3	1987 年
	镇北河	西姜黄河—农民公园	0.32	4	0	1:3	1994 年
大伦	响堂河	土山—运粮	3.75	4	0	1:3	1974 年
	伦北河	东姜黄河—运粮	4.96	4	0	1:3	1974 年、1975 年
	跃进河	东姜黄河—运粮	3.52	4	0	1:3	1976 年
	大桥河	跃进河—蒋垛	1.41	4	0	1:3	1976 年
	伦南河	东姜黄河—运粮	3.57	4	0	1:3	1977 年
	黄花河	朱宣—东野	1.52	4	0	1:3	1967 年
	钱家河	钱家—钱家	0.41	3	0	1:3	1973 年
	朱宣河	朱宣—跃进河	2.22	3	0	1:3	1975 年
	运北河	西姜黄河—运粮	1.11	3	0	1:3	1975 年
	增产河	西姜黄河—运粮	2.31	3	0	1:3	1975 年
	池口河	尤池—运粮河	0.73	3	0	1:3	1975 年
	运东河	朱宣河—顾野	3.4	3	0	1:3	1976 年
	运西河	老生产河—运北河	2.55	3	0	1:3	1976 年
张甸	沙梓河	葛港河—袁垛村	1.7	2.5	0	1:3	1968 年
	四五一河	张甸支河—杨家村	1.9	3	0	1:3	1970 年
	四五四河	张东河—庙彭村	2.3	4	0	1:3	1970 年、1974 年
	小丁河	张东河—小丁	0.5	4	0	1:3	1974 年
	张东河	南干河—袁垛村	7.5	4	0	1:3	1974 年、1976 年
	高庄河	南干河—单 庄	2.0	3	0	1:3	1975 年
	张白河	张甸支河—钱垛村	3.3	3.5	0	1:3	1975 年
	钱垛河	张白河—钱垛村	0.8	4	0	1:3	1976 年
	花彭河	鳅鱼港—花彭	0.8	4	0	1:3	1976 年
	冯陈河	张东河—冯陈	0.6	4	0	1:3	1976 年
	前进河	张白河—生产河	2.0	4	0	1:3	1977 年
	四五二沟	张甸支河—油厂河	0.6	4	0	1:3	1977 年

续表 2-1-2

镇（街道）	河 名	起讫地点	长度（千米）	标 准			开挖时间
				底宽（米）	底高（米）	坡比	
张甸	张西河	张白河—严家村	1.4	4	0	1:3	1978 年
	岭家河	岭家—周山河	1.5	4	0	1:3	1971 年
	缪野河	生产河—缪野	0.6	3	0	1:3	1971 年
	胜利河	南干河—生产河	5.4	7	0	1:3	1972 年
	跃进河	胜利河—葛港河	1.8	8	0	1:3	1973 年
	杨尹河	胜利河—葛港河	4.0	4	0	1:3	1974 年
	联合河	胜利河—葛港河	1.8	4	0	1:3	1975 年
	杨北河	葛港河—杨北河	1.1	4	0	1:3	1978 年
	大丁河	葛港河—大丁	0.7	4	0	1:3	1979 年
	北野河	葛港河—北野	0.8	3	1	1:3	1981 年
	备战河	葛庄河—三兴	5.2	7	0	1:3	1969 年
	梅网河	老通扬运河周山河	4.3	8	-0.3	1:3	1971 年、1985 年
	翻身河	葛庄河—东网	2.9	4	0	1:3	1972 年
	葛庄河	老通扬运河—周山河	3.4	4	-0.5	1:3	1973 年、1982 年
梁徐	跃进河	周山河—邢北	0.9	4	0	1:3	1973 年
	周杨河	周山河—七里沟	2.7	5	0	1:3	1976 年
	中心河	石家垛—中干河	4.5	4	0	1:3	1978 年
	冯垛河	老通扬运河—冯垛	0.8	3	0	1:2.5	1981 年
	双林河	老通扬运河—双林三队	0.6	3	0	1:2.5	1983 年
	西巷河	中心河—李野河	1.4	3	0	1:3	1974 年
	中心河	中干河—前进河	4.2	3	0	1:3	1975 年
	李野河	中干河—东林	2.5	4	0	1:3	1976 年
	东林河	生产河—李野河	1.2	4	0	1:3	1976 年
	东林河（北）	李野河—王石河	3.0	4	0	1:3	1978 年
	王石河	中干河—西姜黄河	4.9	6	-0.5	1:3	1979 年
	姜塘河	中干河—西塘	2.2	4	0	1:3	1980 年
罗塘	院子河	老通扬运河—院子	1.9	5	0	1:3	1972 年
	新河	院子河—唐营村	1.9	5	0	1:3	1973 年
	革命河	西姜黄河—殷西村	2.0	5	0.6	1:3	1975 年
	丰产河	革命河—孔园村	0.8	5	0	1:3	1976 年
三水	三支河	中干河—化肥厂	3.15	6	0	1:3	1976 年
	一支河	中干河—西陈	1.73	5	0	1:3	1980 年
	西一支河	黄村河—南石	1.15	5	0	1:3	1980 年
	四支河	中干河—东寿	4.07	3	-0.5	1:3	1975 年
白米	朱舍河	甸家河—翻营沟	1.05	3	0	1:2.5	1965 年
	白南河	老通扬运河—新河	1.5	3	0	1:2.5	1971 年
	唐联河	新河—大伦交界	1.47	3	-0.5	1:3	1975 年
	民主河	拜官河—民主村	0.8	4	0	1:3	1976 年
	小新河	周山河—蛙庄河	3.8	4	0	1:3	1977 年
	沐南河	拜官河—后安村	3.4	4	0	1:3	1977 年
	胜利河	老通扬运河—蛙庄河	1.0	3	0	1:2.5	1977 年
	建设河	小新河—倪家村	0.8	4	0	1:3	1978 年
	孔庄河	老通扬运河—蛙庄河	2.2	4	0	1:3	1978 年

第二节 淮河水系

姜堰区老 328 国道以北里下河地区为江淮湖洼平原，属淮河水系，地面真高 1.8~3 米。境内有喜鹊湖、喜鹊湖北湖、夏家汪、北大泊、西大泊、龙溪港 6 处湖泊湖荡，总面积 6.654 平方千米。横向有新通扬运河，斜向有泰东河、茅山河，纵向有卤汀河、姜溱河、黄村河、白米河、俞西河、龙叉港等骨干河道与 102 条镇级河道构成里下河地区"一横二斜六纵"水网布局（见表 2-2-1）。

一、骨干河道

（一）新通扬运河

新通扬运河东起娄庄镇，西至桥头镇（三水街道），长 19.5 千米，原设计标准：河底宽 20~25 米，坡比 1:3~1:3.5，河底真高 -1.5 ~ -4.5 米。该河道为引、排、航主要骨干河道之一。

（二）泰东河

泰东河旧称下运盐河、北运河、下官河，因起迄于泰州、东台之间，习称泰东河。自泰州穿新通扬运河东北行，经淤溪、俞垛、溱潼 3 镇，至溱潼镇交姜溱河入东台，通入串场河。境内长 20 千米，河面宽处 150 米，窄处 50 米，分支水路密如蛛网，是里下河地区主要的引、排、航干河。

（三）茅山河

茅山河起自港口，为卤汀河支流，东北行经叶甸入兴化县境，通边城，直抵茅山，境内长 12.4 千米。民国《泰县志》载："茅山河自淤溪镇北流，经雅（野）下庄、俞家垛、忘私庄，通东台茅山。"志所称"茅山河。"

（四）白米河

民国《泰县志》载："大白米河流经杜家庄、马家湾、徐家舍、红桥、朱家舍通东台"。白米河曾经是上下河主要输水通道之一。1978 年在新、老通扬运河之间开挖新白米河，老河填平，旧白米闸遂废，新通扬运河以北的老河维持旧貌，现称红桥河。今白米河，在白米镇境内新扬运河以南段长 3.8 千米。

（五）姜溱河

姜溱河旧称罗塘河、下坝河、姜堰草河、草河。起自姜堰，止于溱潼。该河在夏朱庄北分成两支：一支北流，称东大河，入河横河，北通溱潼；一支西北流，称西大河，流入河横河与东大河汇合。20 世纪 70 年代在西大河上建公路桥，孔窄桥低，大船难以通行，东大河遂成姜溱河的主航道。

（六）黄村河

黄村河民国《泰县志》载："黄村闸河，在黄村闸下，流经田家舍、北石家岱、寿圣寺，又北分二，一支西行通淤溪之西官河，一支东行为正干，至东舍折而北经杨家舍，又北七里，汇泰东分界之新河，又三里至王家舍，又北三里入东台境通溱潼。"民国初期，黄村河是溱潼粮市至上河和江南的粮运通道。今黄村河由老通扬运河支出后，过黄村闸北流，经新通扬运河折东北行，是沈高镇与桥头镇的界河，到达溱潼。

（七）龙叉港

龙叉港因河港支叉如龙爪而得名。该河南起新通扬运河，北接泰东河，长 12.7 千米，流经桥头、溱潼等镇，是里下河地区的引、排骨干河道之一，开挖于 1974 年，设计标准：河道底宽 15 米，内坡坡比 1:2，河底真高 -1.5 米。

（八）俞西河

俞西河南起淤溪镇泰东河，北行经俞垛镇入兴化境内。俞西河境内长 10.4 千米。

（九）卤汀河

卤汀河旧称浦汀河、海陵溪。起自泰州市，穿新通扬运河北行至港口交茅山河，再北行过华港、淤溪、俞垛三镇，入兴化境后称南官河。境内长 13.3 千米，是姜堰西部引、排干河之一，又是通往兴化的主要航道。

表 2-2-1　　　　　　　　　姜堰区淮河水系骨干河道一览表（2019 年）

河道名称	长度（千米）	走向	起 点	讫 点	流径区域
新通扬运河	29.3	东西	白米与海安交界	三水与海陵交界	白米、娄庄、沈高、天目山、三水
泰东河	20.0	西南东北	新通扬运河	溱潼与东台交界	淤溪、俞垛、溱潼
白米河	10.2	南北	老通扬运河	新通扬运河	白米
姜溱河	19.4	南北	三水河	泰东河	天目山、沈高、溱潼
黄村河	15.3	南北	老通扬运河	喜鹊湖	罗塘、三水、沈高、溱潼
龙叉港	12.7	南北	新通扬运河	泰东河	三水、溱潼
俞西河	10.0	南北	泰东河	俞垛与兴化交界	淤溪、俞垛
茅山河	11.5	西南东北	卤汀河	俞垛与兴化交界	淤溪、俞垛
卤汀河	13.4	南北	与海陵交界	俞垛与兴化交界	淤溪、俞垛

二、镇级河道

姜堰里下河圩区内河流众多，但疏密不均，深浅不一，部分乡镇为便利交通运输和改善引排条件，开挖乡村级分圩河（见表 2-2-2）。

表 2-2-2　　　　　　　　　里下河圩区新开挖乡村级河道一览表（2019 年）

镇（街道）	河名	起讫地点	长度（千米）	底宽（米）	底高（米）	坡比	开挖时间
娄庄镇	大寨河	新通扬运河—娄庄	2.1	8	-1.5	1:3	1971 年
	一号河	白龙河—蔡港	0.5	5	-0.5	1:2	1974 年
	三号河	红桥河—娄西	3.7	5	-0.5	1:2	1975 年
	五号河	一心村，东至西	1.0	5	-0.5	1:2	1975 年
	六号河	黄家套—先烈	4.2	8	-1	1:2	1975 年
	八号河	沙家套村，东至西	1.5	1	-0.5	11:2	1976 年
	新洪河	新通扬运河—洪杨村	4.0	9	-1	1:2	1970—1974 年
	向阳河	新沟—尤南	2.5	7	-0.5	1:1.7	1975 年
	光明河	光明村—姜洪河	4.25	7	-0.5	1:1.7	1972 年
	国庆河	海阳村—尤河	2.5	7	-1	1:1.7	1973 年
	洪南河	邱舍—尤北	2.0	8	-1	1:1.7	1974 年
	庄前河	洪东—竹园	2.5	14	-1	1:1.7	1971 年
天目山街道	官庄河	黄村河—十字港	7.0	3	-0.5	1:1.5	1973 年
三水街道	桥头河	新通扬运河—柳庄	3.0	6	-1.0	1:3	1974 年
俞垛镇	祝庄河	祝庄北圩	2.25	0	-1.0	1:1.5	1974 年
	叶溱河	叶甸—俞垛	3.5	15	-1.0	1:1.5	1974 年
淤溪镇	马南河	马庄	4.0	11	-0.5	1:1	1974 年

位于老通扬运河与新通扬运河之间的狭长地带和新通扬运河以北东南角部分高田，历史上靠老通扬运河沿岸涵闸引水。民国《泰县志》载：沿河北岸有涵洞72处（包括现海安境内），每当淮水小，江水大时，则开南岸各坝，引江水向下河调节。1954年，通扬运河沿岸建有水泥涵洞及木质涵洞26处，每遇旱季则感涵洞太少，引量不足。自新通扬运河开挖后，水源虽有了保证，但原有河道稀少，且狭浅。为解决引排灌航矛盾，沿线各乡（镇）先后开挖了乡级河道8条，村级河道10条，总长58.02千米，使干支交叉，引排自如，航运畅通。

第三节 水资源

一、水资源分区

按照全国水资源综合规划的统一分区，姜堰区境内分属于淮河区和长江区2个一级区；中渡以下和湖口以下干流2个二级区；二级区以下划分出2个三级区，在三级区以下再划分出2个四级区（见表2-3-1）。老328国道是姜堰区境内江、淮流域的分水岭，它既是全市一级水资源区的分界线，也是全区二、三、四级水资源区的分界线。

表2-3-1 姜堰区境内水资源四级分区

一级区	二级区	三级区	四级区	计算单元
淮河区	中渡以下区	里下河区	里下河腹部区	里下河地区
长江区	湖口以下干流区	通南及崇明岛诸河区	通南沿江区（扬）	通南地区

二、水源

（一）地表水

姜堰区地表水资源主要由大气降水形成。结合1956—2010年雨量资料系列计算成果，姜堰区多年平均年降水量1011.5毫米，降水总量9.38亿立方米，地表径流深253.4毫米，水资源量2.35亿立方米（见表2-3-2）。其中里下河地区多年平均年降水量1011.8毫米，降水总量5.27亿立方米，地表径流深260.7毫米，水资源量1.36亿立方米；通南地区多年平均年降水量1010.8毫米，降水总量4.11亿立方米，地表径流深244.1毫米，水资源量0.99亿立方米。

2017年，姜堰降水量1038.2毫米，径流深337.1毫米，水资源量为3.126亿立方米。2018年，姜堰降水量1118毫米，径流深252毫米，水资源量为2.338亿立方米。2019年，姜堰降水量657.3毫米，径流深21.1毫米，水资源量为0.181亿立方米（见表2-3-3）。

表2-3-2 地表水资源量计算成果表

地区	项目	面积（平方千米）	1956—2010年（毫米）	1956—2010年（亿立方米）
里下河地区	雨量	520.67	1011.8	5.27
	蒸发		880.8	
	径流		260.7	1.36
通南地区	雨量	406.86	1010.8	4.11
	蒸发		801.0	
	径流		244.1	0.99
姜堰区	雨量	927.53	1011.5	9.38
	蒸发		845.8	
	径流		253.4	2.35

表 2-3-3　　　　　　　　　　　　　　姜堰区地表水资源量（2017—2019 年）

年度	计算面积（平方千米）	降水量（毫米）	当年径流量		多年平均径流量（亿立方米）	地表水资源量（亿立方米）
			亿立方米	毫米		
2017	927.5	1038.2	3.126	337.1	2.29	3.126
2018	927.5	1118	2.338	252	2.29	2.338
2019	857.76	657.3	0.181	21.1	2.29	0.181

（二）地下水

姜堰地下水包括浅层和深层地下水两部分，自上而下分为潜水、微承压水及Ⅰ、Ⅱ、Ⅲ、Ⅳ承压水。根据含水砂层的空间分布规律、沉积分布特征、地下水流场、径流条件等因素，可将全区分为 3 个沉积区：长江三角洲沉积区、里下河沉积区及介于两沉积区之间的过渡区。

长江三角洲沉积区分布于蔡官—大伦以南，其特征为厚度大（多在 30 米以上）、富水性好（单井涌水量多大于 2000 米³/天）。里下河沉积区主要分布在叶甸—溱潼以北，过渡区范围在两沉积区之间。姜堰区浅层地下水资源量主要是潜水层地下水资源量，包括降雨入渗补给量、灌溉入渗补给量，其中主要为降雨入渗补给量。城市潜水层普遍遭到地表水不同程度的污染，水质不好。受晚更新世海侵和部分区域各含水层间缺失隔水层的综合影响，第Ⅰ承压水以微咸水为主，第Ⅱ、Ⅲ承压水部分区域分布有微咸水。里下河沉积区分布于叶甸—溱潼以北，含水层厚度薄，涌水量多小于 1000 米³/天，兴泰俞垛靠近兴化一带为微咸水和咸水，第Ⅱ、Ⅲ承压水为淡水。过渡区分布于两沉积区之间，厚度在 10~40 米，单井涌水量多为 1000~2000 米³/天，各含水层均为淡水区。第Ⅳ承压含水砂层是由上第三纪盐城组河湖堆积 2~3 层砂层组成，据已有凿井孔资料揭示，在 500 米以浅区内广泛分布，顶板埋深自南往北渐深，多在 300~430 米，岩性以细中砂及粉细砂为主，累计最大厚度可达近 100 米，富水性较好，单井涌水量在 1000~3000 米³/天，水质优良。

姜堰区地下水资源可开采量为 2874 万米³/年，其中第Ⅰ承压水可开采量为 557 万米³/年，第Ⅱ承压水可开采量为 650 万米³/年，第Ⅲ承压水可开采量为 1280 万米³/年，第Ⅳ承压水可开采量为 387 万米³/年（见表 2-3-4）。

姜堰区自 20 世纪 70 年代末开始开采地下水。90 年代末农村水改工程实施后，农村地区也广泛利用承压地下水作为主要的饮用水来源，全区形成区域性开发格局。根据 2004—2015 年地下水开采量统计，姜堰区地下水开采在 2005 年达顶峰后，随着产业结构调整、节水型社会创建及区域供水工程的实施，其后各年总体呈下降趋势，开采量由 2005 年的 2075 万立方米下降至 2019 年的 103 万立方米。

表 2-3-4　　　　　　　　　　　　　　　姜堰区地下水资源可开采量

层位	第Ⅰ承压水	第Ⅱ承压水	第Ⅲ承压水	第Ⅳ承压水	合计
可开采量（万米³/年）	557	650	1280	387	2874

三、用水

2015 年，泰州市水利局、泰州市发改委下发《关于下达 2015 年实现最严格水资源管理制度目标任务的通知》（泰政水〔2015〕79 号），下达姜堰区 2015 年用水总量 5.24 亿立方米。2015 年，全区总供水量为 4.4922 亿立方米，其中地表水资源供水量 4.453 亿立方米，占总供水量的 99.13 %；地下（主要为深层）水源供水量 0.0392 亿立方米，占总供水量的 0.87%。2015 年，全区总用水量 4.4922 亿立方米，其中工业用水量 0.2178 亿立方米，占全区用水量的 4.85%；农业用水量 3.9179 亿立方米，占全区用水量的 87.22%；居民生活用水量 0.338 亿立方米，占全区用水量的 7.52%；生态环境用水量 185 万立方米，占全区用水量的 0.41%。2015 年，全区人均用水量 615 米^3/人，单位国内生产总值用水量为 86 米^3/万元，农田灌溉亩均用水量 510 米^3/亩，单位工业增加值用水量 10.9 米^3/万元。

2016 年，泰州市水利局和市发改委下发《关于下达 2016 年实现最严格水资源管理制度目标任务的通知》（泰政水〔2016〕72 号），下达姜堰区 2016 年用水总量 5.24 亿立方米，2016 年，全区总供水量 4.386 亿立方米，其中地表水资源供水量 4.453 亿立方米，占总供水量的 99.64 %；地下（主要为深层）水源供水量 0.0158 亿立方米，占总供水量的 0.36%。2016 年，全区总用水量 4.386 亿立方米，其中工业用水量 0.1962 亿立方米，占全区用水量的 4.47%；农业用水量 3.8205 亿立方米，占全区用水量的 87.11%；居民生活用水量 0.3498 亿立方米，占全区用水量的 7.98%；生态环境用水量 195 万立方米，占全区用水量的 0.44%。2016 年，全区人均用水量 600 米^3/人，单位国内生产总值用水量为 75.2 米^3/万元，农田灌溉亩均用水量 509 米^3/亩，单位工业增加值用水量 8.9 米^3/万元。

2017 年，泰州市水利局和市发改委下发《关于下达 2017 年实现最严格水资源管理制度目标任务的通知》（泰政水〔2017〕92 号），下达姜堰区 2017 年用水总量 5.3 亿立方米。2017 年，全区总供水量 4.1926 亿立方米，其中地表水资源供水量 4.1835 亿立方米，占总供水量的 99.66 %；地下（主要为深层）水源供水量 0.01425 亿立方米，占总供水量的 0.34%。2017 年，全区总用水量 4.1926 亿立方米，其中工业用水量 0.2155 亿立方米，占全区用水量的 5.14%；农业用水量 3.6241 亿立方米，占全区用水量的 86.44%；居民生活用水量 0.3334 亿立方米，占全区用水量的 7.95%；生态环境用水量 196 万立方米，占全区用水量的 0.47%。2017 年，全区人均用水量 573 米^3/人，单位国内生产总值用水量为 62.7 米^3/万元，农田灌溉亩均用水量 485 米^3/亩，单位工业增加值用水量 8.6 米^3/万元。

2018 年，泰州市最严格水资源管理考核联席会议下发《关于下达 2018 年实现最严格水资源管理制度目标任务的通知》（泰水资联〔2018〕3 号），下达姜堰区 2018 年用水总量 5.35 亿立方米。2018 年，全区总供水量为 4.1598 亿立方米，其中地表水资源供水量 4.453 亿立方米，占总供水量的 99.73 %；地下（主要为深层）水源供水量 0.0112 亿立方米，占总供水量的 0.27%。2018 年，全区总用水量 4.1598 亿立方米，其中工业用水量 0.2226 亿立方米，占全区用水量的 5.35%；农业用水量 3.5823 亿立方米，占全区用水量的 86.12%；生活用水量 0.3348 亿立方米，占全区用水量的 8.05%；生态环境用水量 201 万立方米，占全区用水量的 0.48%。2018 年，全区人均用水量 570 米^3/人，单位国内生产总值用水量为 58.1 米^3/万元，农田灌溉亩均用水量 480 米^3/亩，单位工业增加值用水量 8.3 米^3/万元。

2019 年，泰州市最严格水资源管理考核联席会议《关于下达 2019 年实现最严格水资源管理制度目标任务的通知》（泰水资联〔2019〕1 号），下达姜堰区 2019 年用水总量 5.35 亿立方米。2019 年全区总供水量为 3.6201 亿立方米，其中地表水资源供水量 3.6098 亿立方米，占总供水量的 99.72%；地下（主要为深层）水源供水量 0.0103 亿立方米，占总供水量的 0.28%。2019 年全区总用水量 3.6201 亿立方米，其中工业用水量 0.2059 亿立方米，占全区用水量的 5.69%；农业用水量 3.0858 亿立方米，占全区用水量的 85.24%；生活用水量 0.3083 亿立方米，占全区用水量的 8.52%；生态环境用水量 0.0201 亿立方米，占全区用水量的 0.55%。2019 年，全区人均用水量 523 米^3/人，单位国内生产总值用水量为 54.4 米^3/万元，农田灌溉亩均用水量 428 米^3/亩，单位工业增加值用水量 8.5 米^3/万元。

四、水质

（一）地表水

随着经济的发展和城市化水平的日益提高，工业废水量和生活污水量逐年增加，姜堰的工业废污水处理量和投入治理污染的资金逐年增长，工业污水排入地表水体之前绝大部分进行处理，工业污水一些控制指标达标排放率呈逐年提高态势。污水治理水平和工艺仍然不能满足日益增加的城镇化水平和排污的增加，改善工业结构、改革工艺流程、合理规划城镇布局、加快产业结构调整、发展绿色经济同样是遏制水质恶化的基本措施。

根据《泰州市水功能区水质通报》(2018 年)，姜堰区主要骨干河道断面水质状况如下：

（1）新通扬运河。

新通扬运河位于里下河南部地区，水功能区划为排污控制区和农业用水区，常年水质为 III ~ V 类，主要超标项目为五日生化需氧量和氨氮。

（2）泰东河。

泰东河位于里下河腹部地区东南部，常年水质以 II 类为主，部分时段为 III ~ IV 类，主要超标项目为高锰酸盐指数、氨氮和五日生化需氧量超标。作为里下河东部的输水干线，需严格控制河道两岸面源污染物的汇入。

（3）周山河。

周山河是泰州市通南地区主要的区域性骨干河道之一，常年水质以 III ~ IV 类为主，主要超标项目为五日生化需氧量和氨氮。

（4）中干河。

中干河南起顾高镇，北至新通扬运河，其中顾高镇至周山河段为姜堰区应急备用水源地，常年水质 III 类，部分时段为 II 类。

（5）通扬运河。

通扬运河姜堰段常年水质以 IV 类为主，主要超标项目为氨氮、五日生化需氧量和高锰酸盐指数。

2015 以来，姜堰区通过实施最严格水资源管理制度，严格控制"三条红线"，突出抓好工业污染防控，持续开展化工企业专项整治，全域推进畜禽养殖污染专项治理，组织实施水生态建设、河道整治，推进节水减排，河道主要污染源得到了有效控制，姜堰区地表水环境质量有了明显改善。2018 年监测重点水功能区 8 个，达到和优于 III 类水质标准的比例为 86.4%，重点水功能区水质达标率由 2015 年的 33.3% 提高到 2018 年的 87.5%。

（二）地下水

浅层地下水天然属性以重碳酸盐钠钙型居多。由于浅层地下水与地表水交换频繁，其水质状况直接受到地表水的影响，总体上浅层地下水质量也比较差，据监测资料分析，一般在 IV ~ V 类。

随着 I、II、III、IV 承压水埋藏深度的增加，水质超标项目的种类、超标率及幅度均逐步递减。第 I 承压水超过饮用水标准的项目有矿化度、总硬度、Cl^-、铁及 NH_4^+，超标率不高于 50%；第 II 承压水中超标项目矿化度和 Cl^-，超标率在 20% 以内；第 III 承压水有个别点 Cl^- 和 NH_4^+ 略超标，超标率在 10% 以内；第 IV 承压水无项目超标。除第 I 承压水和南部局部地段第 II、第 III 承压水水质稍差外，其余深层承压水水质优良，均可作为生活饮用水开采利用，区内第 III、IV 承压水富含多种微量元素，具有良好的天然优质饮用矿泉水开发前景。

第三章　水利规划

3

　　规划是水利事业发展的基础。中华人民共和国成立后，姜堰水利工作坚持规划先行。根据不同时期水利特点制定发展规划，确定发展目标，明确工作重点。20世纪90年代，水利规划的目标任务是在防治水旱灾害的同时，合理开发利用水土资源，确保水利建设稳步发展。21世纪以后，为适应社会经济的发展，水利规划不断丰富、完善，将水利作为姜堰基础设施建设的优先领域，把严格水资源管理作为加快转变经济发展方式的战略举措，把农田水利作为农村基础设施建设的重点任务，统筹水安全、水资源和水环境综合治理，进一步提升防洪减灾、民生保障能力。先后制定"十五""十一五""十二五""十三五"水利发展规划，同时制定多项专项规划。

第一节 综合规划

一、《姜堰市水利发展"十一五"规划》

2005年4月，姜堰市水利局编制完成《姜堰市水利发展"十一五"规划》。

（一）"十一五"期间水利发展目标

建设高标准的防洪除涝减灾、水资源合理配置和有效供给、维持良性循环的水生态环境保护、与市场经济体制相适应的水利产业发展四大体系。

（二）"十一五"期间水利建设标准

1. 通南区域治理

达到20年一遇排涝标准，排涝模数达0.6米^3/（秒·千米^2）。

2. 里下河区域治理，区域外围防洪

328国道沿线按100年一遇防洪标准，防通南水位5.0米；区域外排排涝模数达0.3米^3/（秒·千米^2）。即在遭遇1991年型雨情水情不破圩沉圩的情况下，外河水位不提高。

3. 圩区治理及河道疏浚

圩堤（按4~5级堤防）防洪：防中华人民共和国成立以来最高水位。圩内排涝：排涝模数达0.7~1.0米^3/（秒·千米^2）。

4. 工程管理

对市级河道进行确权，探索河道管理与水土保持治理的最佳结合方式，提高管理的自动化水平。

5. 区域供水

工业用水保证率95%，农业用水保证率75%，生活用水保证率95%。

6. 城市防洪

姜堰城区按50年一遇标准，控制性建筑物按100年一遇标准。

7. 水资源配置

按照水资源综合规划提出的目标，围绕水资源优化配置，研究水污染防治，积极推行节水措施。

（三）"十一五"期间水利主要任务

（1）加快骨干河道整治步伐。

（2）大力推广节水灌溉新技术。

（3）加强工程管护，实施水土保持工程。

（4）巩固农田水利基本设施建设。

（5）切实推进城市防洪工程建设。

（6）加强水资源优化配置。

二、《姜堰市水利发展"十二五"规划》

2011年2月，姜堰市水利局编制完成《姜堰市水利发展"十二五"规划》。

（一）"十二五"期间水利发展总体思路

全面贯彻科学发展观，以经济建设为中心，坚持可持续发展，围绕安全水利、资源水利、环境水利和民生水利四大任务，着力提高现代水利防洪保安、防灾减灾的能力，优化水资源配置、保障水资源供给的能力，强化水环境保护，做到除害与兴利结合、治标与治本兼顾、开源与节流并举，实现城乡水利统筹发展，为社会经济又好又快发展提供更加有力的水利基础保障和社会服务。

（二）"十二五"期间水利建设主要发展目标

1. 防洪保安

继续实施里下河外围防洪屏障328国道沿线建筑物的加固、改建。继续对里下河圩区进行整治，消灭圩堤活口门，对不达标圩堤按"四五四"式标准进行建设，庄台段可建设防洪墙。逐步对病险圩口闸和圩内固定排涝进行建设。对县乡级河道按河道疏浚规划进行疏浚。

加大区域治理力度。对一些骨干河道，特别是一些通航骨干河道逐步进行整治，恢复骨干河道引排能力，区域除涝能力得到巩固，通南区域排涝基本达到20年一遇，里下河区域排涝基本达到10年一遇。

城市防洪工程做到与城市发展同步，同时结合改善城市水质，营造水环境的需要，探索城市水利管理的体制、方式，落实管理经费。城区基本达100年一遇防洪标准。

2. 水资源管理

进一步完善水资源统一管理体制，实行用水与排污总量控制，初步形成合理的水价形成机制和水资源与水生态保护的运行机制。初步建成水资源管理信息系统，初步实现水资源实时监控、优化调度和数字化管理。

3. 水环境保护和改善

要把清水通道建设，城区活水、水环境保护和改善工程，河道水景观营造作为一项重要的任务来抓。城区河道的水质优于现状水平，水环境承载能力明显提高。初步实现水系网络化，水功能区水质指标达标率为 80%，饮用水源水质指标达标率为 100%，水环境恶化势头得到遏制。

4. 农村水利

围绕粮食安全、饮水安全、农村水环境改善、农村水利基础设施能力提高，围绕区域农村水利综合能力的提高，开展河道（塘）整治、饮水安全、灌区改造、灌溉（排涝）泵站改造、小型水利设施等在内的农村水利工程。

规划还提出了骨干工程建设规划设想和水利改革与管理规划设想。

三、《姜堰区水利发展"十三五"规划》

2016 年 4 月，姜堰区水利局编制完成《姜堰区水利发展"十三五"规划》，明确"十三五"期间水利发展的指导思想、目标、重点任务：遵循中共中央总书记习近平新时期治水思路，按照"四个全面"战略布局，坚持创新、协调、绿色、开放、共享的发展理念，紧扣"经济强、百姓富、环境美、社会文明程度高"目标要求，围绕"打造生态宜居的旅游度假养生基地"功能定位，以"三大主题工作"为抓手，聚焦"决胜全面小康、加速崛起振兴"核心任务，努力构建具有姜堰特色的水利综合保障体系。将水利作为姜堰基础设施建设的优先领域，把严格水资源管理作为加快转变经济发展方式的战略举措，把农田水利作为农村基础设施建设的重点任务，统筹水安全、水

资源和水环境综合治理，进一步提升防洪减灾、民生保障能力。在姜堰区骨干水系布局的基础上，结合现代化姜堰区的发展需要，加快水利基础设施建设，逐步形成完善的防洪减灾工程体系、水资源保障体系、水生态保护体系、农村水利体系、水管理服务体系、水利发展支撑体系，建立保障有力、调配科学、服务规范、管理高效的现代水利，挖掘姜堰水利历史与水文化资源，倾力赋予姜堰水利以更深厚的文化内涵，重现"三水文明"特色，实现具有姜堰特色的水利现代化，服务"三水城市"建设，进一步提升城市综合竞争力。

第二节　专项规划

一、《姜堰市水利现代化规划》

2012 年，姜堰市水利局与河海大学组成编制工作组，开始《姜堰市水利现代化规划》编制工作，经过研究讨论、专家咨询、多次修改完善后，于 2012 年 9 月，通过泰州市水利局审查，会后进行修改完善后定稿。该规划在系统分析姜堰市水利发展现状与存在问题的基础上，提出包括防洪减灾、水资源保障、水生态保护、农村水利、水工程管理服务、水利发展支撑等水利现代化"六大体系"的建设任务、主要目标、重点工程及相关保障措施，对提升姜堰市水利现代化水平提供坚实保障。

二、《泰州市姜堰区农田水利规划》

2014 年，姜堰区水利局与扬州大学组成农田水利规划修编工作组，开始《泰州市姜堰区农田水利规划》的修编工作。在修编过程中，根据江苏省水利厅下发的"关于开展《县级农田水利规划》修编工作的通知"以及《县级农田水利规划编制指导大纲》要求，对姜堰区农田水利工程现状进行详细调查。本着统一规划、突出重点，集中连片、突出规模效益，尊重民意、民办公助，

整合资源、完善机制的规划原则，结合姜堰区实际，修编姜堰区县级农田水利发展规划。

该规划明确主要发展目标、建设标准、建设内容。

三、《姜堰市节水型社会建设规划》

2006年，姜堰市被江苏省政府确定为省级节水型社会建设11个试点市之一。2008年与江苏省水利科学研究所共同编制完成《姜堰市节水型社会建设规划》，2008年6月，该规划通过江苏省发改委、水利厅组织的专家评审。该规划分析研究姜堰市水资源及其开发利用现状、节水现状、节水潜力和存在问题，结合社会经济发展要求进行水资源需求预测，明确节水型社会建设指导思想、目标、指标体系和任务，提出发展重点和对策，制订了节水型社会制度建设和重大工程的实施计划。2008年12月，泰州市人民政府批复同意实施姜堰市节水型社会建设规划。

2008年，江苏省水利厅将姜堰市定为水资源信息化管理试点市，批准成立信息系统一期工程建设项目处，并编制《江苏省水资源信息系统一期工程姜堰市实施方案》，为宏观经济决策和区域经济发展布局提供科学、客观的依据，对促进姜堰市经济发展和缓解资源环境压力具有十分重要的意义。工程于2011年4月按照设计方案完成建设任务，对姜堰市83个站点实施远程监控，其中水量监测点72个、水位监测点11个，在所有新批准的取水口以及年取用地表水10万吨、地下水5万吨的取水户全部安装了在线监测设备，纳入信息系统管理，实现水资源管理的实时化、精确化。

随着地方经济建设的快速发展，姜堰市地下水资源的开采利用也发生了变化，为合理开发利用地下水资源、保护地下水环境，落实中央和省政府"一号文件"精神，2011年姜堰市水利局与江苏省地质调查研究院共同开展姜堰范围内的新一轮地下水资源调查评价研究工作，2012年编制完成《姜堰市地下水资源调查评价报告》，报告查明市区域内各含水层开采现状，研究分析姜堰地下水开采动态、水质变化情况，重新评价核定各取水层开采量，为姜堰水资源管理提供科学依据。

第四章 防汛防旱

4

姜堰区位于江淮之间，地处南北气候过渡带，特殊的自然地理环境决定了姜堰是个水旱灾害多发的地区。每年梅雨季节，降雨集中，加之客水压境，北部里下河地区地势低洼易涝成灾；南部高沙土地区土壤保水性差，降水少的年份或季节易形成旱灾。

中华人民共和国成立以来，姜堰区一直把防汛防旱作为水利工作的重点。在工程措施方面，进行大规模的水利基础设施建设，开挖、疏浚引排河道，实施圩区治理，构筑防洪屏障，不断增强抗灾能力；在非工程措施方面，各级党委政府加强对防汛防旱工作的组织领导，健全防汛防旱组织体系，落实防汛抗旱经费，储备一定数量的防汛抗旱物资，组织抗灾救灾。区水利局根据不同时期的水情特点，编制防汛防旱应急预案，实施水情调度。

自2001年成立防汛防旱指挥部办公室以来，在区防汛防旱指挥部领导之下，区、镇两级成立防汛防旱指挥机构，落实防汛责任；开展防汛各项检查、隐患整改及河湖清障；建立防汛抢险队伍，开展防汛抢险演练；设专用仓库，储备防汛抢险物资；完成编制防汛抗旱应急预案、防洪预案、抗旱预案、防御抗击台风预案、城市防洪预案、水利工程度汛调度运行方案6项预案；建立省、市、区、镇四级视频会商系统，有效抵御水旱灾害。

第一节 组织领导

为加强对防汛防旱工作的组织领导，姜堰区人民政府设立防汛防旱指挥部，负责全区防汛防旱工作，凡有人事变动，每年汛前都及时调整区防汛防旱指挥部组成人员，由区人民政府专门发文通知各镇人民政府、区级机关各部门、区各直属单位。各镇人民政府、姜堰经济开发区和溱湖风景区管委会设立防汛防旱指挥部，在姜堰区防汛防旱指挥部（简称区防指）和本级人民政府（管委会）的领导下，组织和指挥本地区的防汛防旱工作。全区大中型企业、街道办，汛期也成立防汛组织机构，如遇重大突发事件，可以组建临时指挥机构，具体负责应急处理工作。

姜堰区防汛防旱指挥部，总指挥由区政府主要负责人担任，副总指挥由区委、区政府分管负责人、区人武部部长、区水利局局长担任。区委办公室、区政府办公室、农工办、发改委、经信委、教育局、公安局、民政局、财政局、国土分局、住建局、交通运输局、水利局、农委、卫计委、环保局、安监局、供销总社、广电台、粮食局、气象局、通信部门、供电公司等为指挥部成员单位。其日常办事机构区防汛防旱指挥部办公室（简称区防办）设在区水利局。

区防汛防旱指挥部办公室，核定事业编制2人，财政全额拨款。主要任务是在指挥部领导下，负责防汛防旱的组织协调、灾害统计、督查值班等工作。水利局负责防洪排涝抗旱工程的行业管理，处理防汛防旱指挥部日常工作。为适应职能工作的开展，注重基础设施体系建设，积极筹措资金，于2000年建成防汛指挥调度中心大楼，工程总投资516万元，建筑面积2763平方米。同时，积极运用高科技，为实行全省调度指挥信息联网，建立"防汛会商系统、决策支持系统、涵闸远程控制系统、雨情测报系统、信息管理系统"，实现防汛指挥决策现代化。

表4-1-1　　　　　　　　　　姜堰市（区）防汛防旱指挥机构及领导人一览表

年度	机构名称	总指挥	副总指挥
1995	姜堰市防汛防旱指挥部	谢树敏	吴正雪、石如寿、严宏生、许书平、储新泉
1996	姜堰市防汛防旱指挥部	谢树敏	范德富、王厚贵、严宏生、许书平、储新泉
1997	姜堰市防汛防旱指挥部	丁士宏	范德富、王厚贵、高永明、周昌云
1998	姜堰市防汛防旱指挥部	丁士宏	李仁国、高永明、吉敏成、周昌云
1999	姜堰市防汛防旱指挥部	丁士宏	李仁国、陈刚、高永明、周昌云
2000	姜堰市防汛防旱指挥部	丁士宏	李仁国、高永明、杨雷、周昌云
2001	姜堰市防汛防旱指挥部	王振南	周绍泉、钱娟、蒋旭东、周昌云
2002	姜堰市防汛防旱指挥部	王振南	高永明、钱娟、杨雷、周昌云
2003	姜堰市防汛防旱指挥部	杨杰	高永明、钱娟、樊明书、周昌云
2004	姜堰市防汛防旱指挥部	杨杰	高永明、钱娟、樊明书、周昌云
2005	姜堰市防汛防旱指挥部	杨杰	高永明、钱娟、樊明书、周昌云
2006	姜堰市防汛防旱指挥部	王仁政	高永明、钱娟、刘秀泰、周昌云
2007	姜堰市防汛防旱指挥部	王仁政	高永明、戚才俊、史军、周昌云
2008	姜堰市防汛防旱指挥部	蔡德熙	高永明、张红霞、汪亚强、陈永吉
2009	姜堰市防汛防旱指挥部	蔡德熙	高永明、张红霞、汪亚强、周如勇、陈永吉

续表 4-1-1

年度	机构名称	总指挥	副总指挥
2011	姜堰市防汛防旱指挥部	邹祥凤	高永明、朱国金、张红霞、陈永吉
2012	姜堰市防汛防旱指挥部	邹祥凤	朱国金、张士林、张红霞、陈永吉
2013	姜堰区防汛防旱指挥部	张长平	何光胜、王萍、张荣进、陈永吉
2014	姜堰区防汛防旱指挥部	张长平	何光胜、王萍、徐俊、陈永吉
2015	姜堰区防汛防旱指挥部	张长平	戚才俊、肖延川、徐俊、王萍、陈永吉
2016	姜堰区防汛防旱指挥部	李文飙	孙靓靓、邓肯、王萍、陈永吉
2017	姜堰区防汛防旱指挥部	李文飙	孙靓靓、邓肯、王萍、俞扬祖
2018	姜堰区防汛防旱指挥部	李文飙	孙靓靓、邓肯、王萍、许健
2019	姜堰区防汛防旱指挥部	方针	孙靓靓、戴兆平、邓肯、王萍、许健、窦华泰

第二节　防灾措施

一、物资保障

姜堰区防汛抗旱指挥机构按规定储备一定数量的防汛抗旱物资，由本级防汛抗旱指挥机构负责调用。区防办储备的区级防汛物资，主要用于解决遭受特大洪涝灾害地区防汛抢险物资的不足，重点支持遭受特大洪涝灾害地区防汛抢险救生物资的应急需要。

姜堰区、镇（街道）防指、重点防洪工程管理单位和受洪水威胁的其他单位应按规定储备防汛抢险物资，做好生产流程和生产能力储备的有关工作。防汛物资管理部门掌握新材料、新设备的应用情况，调整储备物资品种，提高科技含量。

防汛防旱经费纳入政府防汛防旱和救灾经费预算，由区财政局负责审核下拨经费并监督使用。同时，区财政、发改委、民政、水利等有关部门和单位负责救灾资金的筹措，救灾资金、捐赠款物的分配、下拨指导，督促灾区做好救灾款的使用、发放，以及相关金融机构救灾、恢复生产所需信贷资金的落实。

二、水情调度

建立预防和预警信息库，含气象水文信息、工程信息、洪涝灾情信息、旱情信息、滞涝区信息，为下一步预警行动提供依据。预警行动包括：思想准备、组织准备、工程准备、预案准备、物料准备、通信准备、防汛防旱检查、防汛日常管理。根据灾害的严重程度，实行应急响应，具体分为4级，实行指挥和调度。

（一）通南地区

当上河水位达到真高3.8米时，蒋东荡、梅花网等低洼圩区要关闸闭口，开机排涝，如水位达到真高4.0米，要组织抢险队上堤，分段防守，加固险工患段。当通南出现1975年型"6·24"暴雨，水位达到真高4.68米时，各镇以路渠做圩，在排降沟上打坝，架机抽排田间积水，使农田不受淹。

（二）里下河地区

当溱潼水位达到警戒水位真高2.0米时，各镇、村、组防汛人员上岗到位，低洼地区要事先关闸闭口，开机排水，腾空预降。

当溱潼水位达到真高2.3米时，各镇、村干部都要深入防汛抢险第一线指挥战斗，所有圩口要全部关闭闸口，堵闭敞口、"六口"，开机排涝预降圩内水位。低洼圩口要组织抢险队，一般圩口组织巡逻队。

当溱潼水位达到真高2.8米时，里下河地区要全力以赴，投入防汛抗洪斗争，抢险队到第一线日夜看守，险工患段要指派得力干部坐镇指挥，组织所有的社会动力机械设备投入抗洪排涝。

按照《江苏省里下河腹部地区滞涝、清障规划意见》以及江苏省防指1999年验收时的要求，淤溪镇的2号圩作为滞涝区，不得再圈圩，淤溪、华港两镇龙溪港的渔场圩按1999年江苏省防指验收的要求，开足口门并常年保持，各镇不得在圩外的河、湖荡以及河道滩地上圈圩，保持行洪、蓄洪和滞涝面积。

（三）老328国道沿线

在汛期，老328国道沿线所有涵闸要加强管理，当里下河水位达到警戒水位真高2.0米时，老328国道沿线所有涵闸全部关闭。

当通南水位达到真高4.0米时，老328国道沿线所有涵、闸、坝所在镇必须组织人员日夜看守，黄村闸、储家涵、老通扬运河亮桥段等险工患段的抢险队要备好物资、上岗到位。

沿线套闸、节制闸（姜堰、白米）在汛期要听从区防指统一指挥调度，当水位达到真高4.0米时，姜堰套闸关闸断航。

当通南遭受突发性暴雨袭击，险情紧张，而在里下河水位允许的情况下，可启用老328国道沿线涵闸调度，泄排部分涝水入里下河；当里下河水位高于通南水位或者里下河洪涝灾害严重，而通南水位允许的情况下，可开启老328国道沿线控制口门向通南放水，或启动姜堰翻水站，抽排里下河涝水经通南入江；当通南水位低于真高1.5米需要抗旱时，姜堰翻水站开机翻水补给通南；当里下河地区遭遇干旱，通南水位允许的情况下，可开启老328国道控制口门向里下河送水。上、下河的水情调度，均必须经上级防指批准后，在防指统一指挥下进行，任何单位和个人都不得自行其是。

第三节　防汛防旱应急预案

为做好水旱灾害突发事件防范与处置工作，使水旱灾害处于可控状态，保证抗洪抢险、防旱救灾工作高效有序进行，最大程度地减少人员伤亡和财产损失，保障政治经济社会全面、协调、可持续发展，姜堰区编制《防汛防旱应急预案》（以下简称《预案》）。

《预案》明确姜堰区防汛防旱指挥部组织机构及职责、各镇（街道）防汛防旱指挥机构及职责和其他防汛防旱指挥机构职责。

《预案》确定预防和预警机制，包括预防预警信息、预防预警行动、预警支持系统。

《预案》明确应急响应的总体要求：

（1）按洪涝、旱灾的严重程度和范围，将应急响应行动分为四级。

（2）进入汛期，区、镇（街道）防指应实行24小时值班制度，全程跟踪汛情、旱情、灾情、工情，并根据不同情况启动相关应急程序。

（3）区防指负责里下河滞涝圩的启用、老328国道沿线各控制建筑物及城区防洪工程的调度。其他水利、防洪工程的调度，由各镇（街道）防指负责，必要时视情况由区防指直接调度。区防指各成员单位应按照指挥部的统一部署和职责分工，组织开展工作并及时报告工作情况。

（4）洪涝、干旱等灾害发生后，区、镇（街道）人民政府（办事处）和防指负责组织实施抗洪抢险、排涝、防旱减灾和抗灾救灾等方面的工作。

（5）洪涝、干旱等灾害发生后，受灾镇（街道）防指向镇（街道）人民政府（办事处）和区防指报告情况。造成人员伤亡的突发事件，可越级上报，并同时报区防指。任何个人发现堤防、涵闸等防洪工程发生险情时，应立即向区、镇（街道）防指报告。

（6）对跨区域发生的水旱灾害，或者突发事件将影响到邻近县（市、区）的，在报告镇（街道）人民政府（办事处）和区防指的同时，应及时向受影响地区的人民政府及防汛防旱指挥机构通报情况。

（7）因水旱灾害而衍生的疾病流行、水陆交通事故等次生灾害，区、镇（街道）防指应组织有关部门全力抢救和处置，采取有效措施切断灾害扩大的传播链，防止次生或衍生灾害的蔓延，并及时向上级防汛防旱指挥机构报告。

《预案》明确应急保障和善后工作。

第四节　水旱灾害

据历史资料不完全统计，姜堰区境内自明英宗正统十四年（1449年）至中华人民共和国成立前（1948年）的500年中，发生水灾110次，旱灾63次，平均约每5年有1次水灾，每8年有1次旱灾。

中华人民共和国成立后至1994年的46年中，发生水灾12次，其中以1954年、1962年、1965年、1991年最为严重，旱灾11次，风雹灾14次。

1995—2019年25年间，发生了1997年旱灾、1997年风雹灾、2003年水灾（涝灾）、2007年水灾（涝灾）。

一、水灾（涝灾）

（一）2003年（涝灾）

自6月21日入梅以来，姜堰市连续遭受暴雨袭击，里下河水位迅速上涨，至7月11日下午4时，溱潼水位3.12米，比1991年溱潼最高水位低0.29米，全市累计降雨量449毫米。里下河水面面积达2.27万公顷，受淹面积1.33万公顷，其中成灾0.67万公顷，几乎绝收。直接经济损失1.5亿元。7月7日下午5时30分左右，位于芦滩管理所境内的农林场圩自建闸整体垮塌，主要原因是建设时标准低，维修时经费限制，只更换了排架、闸门，隐蔽工程难以掌握，该闸桥面原只按机耕桥标准建造，后因闸北大型农窑每天装运砖头的大型车辆频繁通行，该闸不堪重压失事，致使近0.07公顷农田、0.07公顷精养鱼塘、一座大型农窑受淹，家禽、家畜被淹死2500头，紧急转移群众300人，直接经济损失600万元。

（二）2007年（涝灾）

7月8日8时至9日8时，姜堰市降雨量113.2毫米。里下河水位持续上涨，溱潼水位平均每天上涨40多厘米，7月10日下午3时，溱潼水位最高3.07米，超过警戒水位1.27米，比2003年低5厘米，是中华人民共和国成立以来的第四高水位，防汛形势十分严峻。全市水稻面积3.87万公顷，淹水没顶的0.13万公顷，接近没顶的0.17万公顷，心叶淹于水中的1.93万公顷，其余1.63万公顷为一般受淹；棉花面积0.18万公顷，其中圩外田及地势较低的田块0.04公顷，积水深度30厘米以上，其余0.14万公顷积水10~20厘米；大豆0.27万公顷，其中0.03万公顷积水深度30厘米，0.21万公顷积水10厘米左右，其余0.02万公顷严重受渍，部分镇近1/4大豆受风力影响倒伏；花生面积0.15万公顷，其中0.10万公顷积水深度10厘米左右，其余0.05万公顷严重受渍；玉米0.27万公顷，其中积水面积0.21万公顷，严重受渍0.05万公顷，0.08万公顷倒伏；在田蔬菜0.53万公顷，积水受淹面积0.4万公顷，0.13万公顷严重受渍，其中0.07万多公顷瓜类和苗期蔬菜绝收。水产养殖受灾面积0.18万公顷，其中池塘面积0.06万公顷，河沟面积0.12万公顷，部分鱼塘出现溢水逃鱼，全市逃鱼量1876吨。畜禽养殖也受到一定的损失，全市淹水畜禽舍600处，受淹畜禽舍23500平方米，其中倒塌畜禽舍8处，面积500平方米，淹死生猪25头、家禽13000羽，转移受淹生猪2800头、家禽30万羽。

河横园区葡萄设施由于地势不平、降水过快，排水速度跟不上，其中20.01公顷葡萄积水较深，水位接近葡萄串；大棚西瓜全部严重受淹。溱潼镇千亩果园积水较深，超过30厘米。华港镇万亩蔬菜园区，由于大风影响，造成2个圩堤断电3小时，133.4公顷蔬菜全部淹于水中。桥头镇大杨村养殖小区严重积水受淹。兴泰镇圩外地区畜禽舍受淹较为严重。

二、旱灾

1997年5月上旬后，姜堰市久旱不雨，到6月16日，上河水位跌到1.37米，里下河水位跌到0.95米，全市348座电灌站抽不到水或基本抽不到水，78条乡级中沟河道引不到水或引水不畅。全市水稻田栽插1万公顷，其中80%无水灌溉。

三、风雹灾

1997年6月4日凌晨1时至3时半，姜堰市有20个乡（镇）遭受暴风雨和冰雹的袭击，姜堰地区4小时降雨45.7毫米，风力8级以上，局部地区伴有20分钟左右的冰雹袭击，一般冰雹如蚕豆，大的如乒乓球，由于暴风雨和冰雹的袭击，部分地区灾情严重。

秋熟在田作物受损较重。棉花受灾0.25万公顷，其中断头、掉叶、破叶、打成光秆的占20%，严重地块30%以上；蔬菜受灾0.13万公顷，严重受灾0.04万公顷；水稻秧苗受损面积0.1万公顷，其中严重受损0.03万公顷；旱谷受损0.14万公顷，其中严重受损0.03万公顷；未收夏熟作物损失严重，其中未收小麦0.27万公顷，平均损失10%，重的田块20%以上。已收未进仓小麦也有部分流失。里下河地区收割在田未脱油菜0.03万公顷，绝收60%。部分多种经营项目受损。通南地区受灾乡镇银杏掉果22000多株，其中株掉果15千克以上的9000多株；吹断、吹倒树17000多棵；家禽死伤58000多只。房屋倒塌82间，受损主房137间、附房1082间，损坏砖坯1100万多块。部分村组"三线"中断。

姜堰市全市直接经济损失4000多万元。

第五节　抗灾纪实

一、抗洪排涝

2003年6月21日至7月11日，姜堰市连续3次遭受暴雨袭击，累计降雨量449毫米，超出常年梅雨期雨量平均值75%。7月11日下午，里下河溱潼水位3.12米。全市发生崩堤165处，农作物受淹面积7万公顷，水产受灾面积0.36万公顷，溢水逃鱼面积0.40万公顷，流失鱼、虾、蟹1.38万吨，3358间房屋倒塌。

灾情发生后，中共姜堰市委、姜堰市政府负责人到第一线靠前指挥，姜堰市四套班子负责人全部挂钩到各镇督查。组建12支小分队分赴里下河圩区、通南圩区、城区和通扬路沿线，驻扎一线指导各地抗洪排涝。各乡镇领导干部全部分工到圩区，所有机关干部和村组干部实行包圩、包段、包站、包闸、包险工患段，严防死守。7月6日上午5时，溱湖风景区翻身圩东闸右侧出现裂缝，发现险情后，风景区全体负责人立即赶到现场研究对策，20分钟后，两艘堵坝用水泥船、1000只装泥土用编织袋、200多名抢险队员全部到位。巨大的水压将闸门冲开一条裂口，水流奔泻而下。临时抢险指挥部命令将一艘6吨水泥船侧沉在闸外，减缓水流速度。紧急打桩、挖土、垒坝，两个多小时筑成一道高3米、宽4米的大坝，险情排除。

7月7日下午5时30分左右，芦滩管理所所属农林场圃自建闸整体垮塌，致使66.7公顷农田、66.7公顷精养鱼塘、1座大型轮窑受淹，淹死家禽、家畜2500只，紧急转移群众300人，直接经济损失600万元。事故发生后，中共姜堰市委、市政府负责人急赴现场指挥抢险。姜堰市人武部20多名官兵及白米镇30多名民兵应急分队队员以及地方干部群众，经过两天抢险筑坝，使闸坝露出水面。在抗洪紧要关头，全市3000多名民兵奋战在抢险最前线。姜堰市交通局建立应急调运小组，抽调应急客货车33辆，负责防汛物资应急调运。姜堰市交通航运有限公司组织两家船队，以应付特殊险情；姜堰市卫生防疫站建立防病抗灾专业队，从防疫、防病治病、抗灾药品供应等方面保证一线需要。

至7月12日，全市投入抗洪救灾人员45万人次，清除阻水障碍600多处，抢做土方30万立方米，排涝5万公顷。7月13日，市政府召开农业抗灾救灾工作会议，要求各地一手抓防汛救灾，一手抓恢复生产。动员通南地区各乡镇与里下河各乡镇对口支援，号召灾区人民生产自救，将洪涝灾害带来的损失降至最低限度。

二、抗旱

1997年5月至6月中旬，姜堰久旱不雨，旱情严重。灾情发生后，市委、市政府先后召开5次抗旱救灾会议，提出"抗大旱、抢季节、保面积""不惜一切代价抗旱保苗"等口号。市委、市政府负责人带领市水利、农机、供电、石油、财政等部门负责人赶往各地现场，分析灾情，现场办公，指挥抗灾。乡（镇）干部全部分工到村，村干部蹲点到组，组干部包干到户，层层落实任务，明确责任。姜堰翻水站开动，按15米³／秒向通南翻水，6月13—20日，开机606个台时，翻水3337.8万立方米。向泰州抗排站借调几十台抽水机泵和市水利物资储运站自备机泵，突击组织从市骨干河道向通南地区中沟进行二级送水。经过持续5个多月抗旱奋斗，2.67万公顷农作物仍然获得丰收。

▶ 第五章 农村水利

5

　　姜堰区历史上自然条件较差。北部地区地势低洼，易洪易涝，一年只能种植一熟水稻，还得靠天收；南部地区多高垛田、龟背田，水系紊乱，死沟呆塘多，缺乏灌溉水源，只能种植旱谷杂粮，产量低而不稳。中华人民共和国成立后，开展大规模的水利建设。在里下河地区通过联圩并圩、建设圩堤，实施沤改旱；在通南高沙土地区，20世纪60年代起，进行高垛田、龟背田、盐碱地改造，实施旱改水。20世纪70年代开挖整治了众多的骨干河道和镇级河道，至20世纪90年代初，基本建立起引、排、灌新水系。20世纪90年代后，农村水利建设重点是进一步提高抗灾能力。里下河地区实施圩堤、圩口闸、排涝站建设等项圩区治理；通南地区实施以改造低产田为重点的农田基本建设。

　　2000—2019年，姜堰农村水利进入新的发展时期，提升防灾抗灾能力，实施综合治理，重点进行河道疏浚整治和水环境治理；全面改造中低产田，兼顾水土保持；在加固整治圩堤的同时，对圩口闸、排涝站、电灌站进行全面改造升级；实施以高效节水灌溉、田间工程配套为重点的高标准农田建设。

第一节　河道工程

一、骨干河道

中华人民共和国成立后，在江苏省总体规划下，同时根据资料分析，长江潮位是西高于东，而潮差则东大于西，即泰兴口岸闸的潮位高于靖江夏仕港，而前者的潮差则低于后者。确定以南官河、马甸港为境内引江口门，夏仕港为唯一的排水出路。确定"灌排面向长江，以自引自排"的指导思想。20 世纪 60—70 年代，在姜堰区境内横向南端开挖南干河，中部开挖周山河，纵向自东向西开挖大伦河、运粮河、中干河、张甸支河、西干河、前进河，拓浚旧有河道，形成蓄泄通连、相互调节、引排皆利的"四横九竖"河道新布局，干河间的距离一般为 4~5 千米，基本上沟通乡与乡之间的航运交通。

（一）新通扬运河

该河于 1958 年冬至翌年春动工开挖。当时施工标准：河底宽 60 米，河底真高 -3.0 米，河坡坡比 1∶3~1∶4。5.7 万人涌上境内全段，终因工程标准偏高，对民工功效估计过头，只开挖土方 600 万立方米，仅占计划任务的 24%，就临春耕季节，被迫下马，留下"半拉子"工程，造成土地废损、水系破坏、交通受阻等遗留问题。

1960 年，续建泰州市森庄至泰东河口段，动员 1.4 万名民工，实做 67.6 万工日，完成土方 137.6 万立方米。

1962 年，江苏省逐年拨款，用于疏浚沿线支河和修建桥梁，当年拨给 1.2 万元，用于恢复水系。1963 年拨款 7.8 万元，用于建桥修桥。1964 年拨款 5.62 万元，疏浚界沟等河道 19 条，疏浚沿线支河土方 28.9 万立方米。1965 年拨款 5.94 万元，其中建桥经费 4.51 万元，疏浚支河 1.43 万元。1966 年拨款 5.7 万元，用于疏浚通扬运河沿线支河。

1968 年 10 月至 1969 年 1 月，续建泰东河口至郁家圩段，全长 30.57 千米。动员 2.9 万名民工，实做 140 万工日，完成土方 353.7 万立方米，至此，

新通扬运河境内段全面告成。配建公路桥 3 座，机耕桥 6 座。国家总投资 264 万元。

（二）姜溱河

2012 年对姜溱河（新通扬运河至龙王庙河）进行整治，该段长 4050 米，清淤疏浚土方约 12 万方米，总投资约 350 万元。2014 年，对姜溱河沿线 3.94 千米进行浆砌块石护坡，投资 750 万元。

2017 年，对姜溱河沈高段（龙王庙西侧拐角向北—四洪河）进行疏浚整治，疏浚长度 2.435 千米，浆砌块石墙护砌长度 4.87 千米，疏浚标准：河道宽度 30~50 米，河底真高 -1.5 米，边坡坡比 1∶4。

（三）黄村河

2002 年 11 月至 2003 年 9 月，姜堰市结合市化肥有限责任公司扩建船坞港池，组织对黄村河南段进行疏浚整治。2003 年 3 月，港池施工结束，6 月河道主体工程结束。完成土方 4 万立方米、石方 11.89 万立方米。工程总投资 150 万元。

2003 年，对黄村河中段黄村闸至新通扬运河段进行疏浚整治，全长 2.8 千米，完成土方 3.8 万立方米，新建块石驳岸 1000 米，改造电灌站 5 座，排水涵洞 4 座，工程总投资 1245 万元。

2006 年 4—6 月，结合溱湖大道治理，从新通扬运河向北疏浚 1500 米，完成土方 3.4 万立方米。工程总投资 32.7 万元。

2007 年，对黄村河中段（黄村闸至新通扬运河段）进行疏浚，长 2.5 千米，疏浚标准：河底真高 -1.5 米，底宽 15 米，坡比 1∶2~1∶3。土方 15 万立方米。

2010 年，对黄村河（姜堰大道至陈庄路段）进行疏浚，长 1.2 千米，整治标准为：河道底宽 12 米，河底真高 -0.5 米，河底至护坡墙间坡比为 1∶5，护坡墙之间的间距为 31 米。墙顶真高 2.8 米，墙后设 2.5 米宽平台，坡比 1∶3 至现状地面。工程内容：疏浚全段河道并实施工程护坡，疏浚采用打坝排水，泥浆泵机组冲填进行施工，总土方约 4.2 万立方米，工程护坡采用浆砌块石挡土墙，块石总方量约为 6000 立方米，工程总投资约 500 余万元。

2015 年，对黄村河（三水街道状元河至溱潼喜鹊湖段）进行疏浚，长 15.97 千米，土方 29.95

万立方米。

（四）龙叉港

1974 年开挖，北段系老河道改造而成，河底存有暗埂、暗坎，南段处于沙土地区，水土流失严重，加之船行波影响，河床普遍淤积，失去引、排功能。

2004 年 1—6 月，对该河道进行全面疏浚整治，河道恢复原设计标准：河底宽 12 米，真高 -1.0 米，边坡坡比 1:2，总土方 36.5 万立方米。工程内容：拆建三洲公路桥、房庄生产桥各一座。该工程总投资 351.31 万元。

2012 年，疏浚新通扬运河至状元油脂厂段，工长 3.4 千米，土方 19 万立方米。

（五）南干河

1983 年冬疏浚顾高段，西自顾高的桥梓头，东至顾高郜家电灌站之东，工长 4.65 千米，投入民力 6000 人，实做 13.6 万工日，完成正河土方 16.34 万立方米。疏浚标准：底宽 10 米，底高 -1 米，真高 2 米处设平台，平台以下坡比 1:3，以上坡比西姜黄河以西 1:4，以东 1:3。西姜黄河以西平台宽 5 米，以东平台宽 3 米。

1989 年 11 月至 1990 年 2 月，泰县动员顾高、仲院、蒋垛 3 个乡（镇）劳动力 3500 人，投入泥浆泵 44 台，疏浚顾高郜家电灌站至蒋垛东姜黄河段，全长 7.15 千米，实用 4.19 万个工日，完成土方 36 万立方米，新建排水涵洞 7 座、电灌站 2 座，结合送土填平废沟塘增加面积 13.14 公顷。工程总投资 66.2 万元，其中国家补助 22 万元，其余由乡镇自筹。

1994 年冬，疏浚与中干河交汇处向东至西姜黄河段长 2.55 千米、西姜黄河南干河向南至顾高镇南段长 0.92 千米，合计全长 3.74 千米。采用泥浆泵疏浚，疏浚标准：底宽 15 米，河底真高 -1 米，河坡坡比 1:4，完成土方 30.52 万立方米。采用仰斜式块石挡土墙护坡，挡土墙标准：基础底真高 0.5 米，厚 0.4 米，宽 0.9 米，迎水坡比 1:0.6，背水坡比 1:0.35，墙顶真高 3.0 米，顶宽 0.4 米。工程总投资 535.7 万元。

1997 年，对南干河与中干河交汇处至鳅鱼港段进行疏浚，全长 12.3 千米，完成土方 48.59 万立方米，

新建机耕桥 2 座、排水涵洞 10 座，维修机耕桥 4 座、排水涵洞 12 座。工程总投资 338.94 万元。

2002 年冬至 2003 年春，对南干河与西姜黄河交汇处至顾高郜家段进行疏浚整治，全长 1.9 千米，完成土方 10.93 万立方米。工程总投资 65 万元。

2016 年，对南干河（西姜黄河以东—蒋垛养牛场）进行疏浚护坡，疏浚长度 3.4 千米，采用模块挡墙护坡 6.4 千米，完成土方 10.45 万方。投资 468.49 万元。

2017 年，对南干河蒋垛段进行疏浚整治，疏浚长度 6 千米，模块墙护砌长度 9.6 千米，投资 1051 万元。

（六）生产河

生产河西段，20 多年未经整治，河底淤高在真高 1 米以上，过水断面占设计断面 30% 左右，低水位时经常断流。1993 年 11 月至 1994 年 1 月，寺巷、野徐 2 个乡（镇），集资 23 万元，用泥浆泵施工疏浚鸭子河入口段。长 2.6 千米，土方 7.0 万立方米。

1994 年 11 月，继续疏浚自鸭子河口至中干河段，长度 24.65 千米，土方 89.64 万立方米。疏浚标准：河底真高 -0.5 米，底宽 8 米。

2002 年 11 月至 2003 年 6 月，对新生产河西段（中干河至运粮段）河道进行疏浚整治。该段工长 10.2 千米，涉及梁徐、顾高、蒋垛、大伦 4 个镇。河道恢复原设计标准：河底宽 8 米，高程 -0.5 米，真高 3.0 以下，坡比 1:4 以上接原河坡。总土方 39.5 万立方米。工程内容：拆建公路桥 1 座，拆建交通桥 2 座，新建下水道 10 座，维修下水道 8 座，改建电灌站 6 座。

2010 年，疏浚运粮河至东姜黄河段，工长 6.55 千米，土方 23 万立方米。

2015 年、2016 年，对新生产河西段（中干河至西姜黄河）进行疏浚护坡（真高 2.0 米以下素混凝土挡墙，真高 2.0~3.0 米是生态联锁块护坡）。

2018 年，对新生产河（运东河至东姜黄河段）进行疏浚，疏浚长度 5.15 千米，模块墙护砌长度 10.3 千米。概算投资 985.78 万元。

（七）周山河

1974 年 11 月动员鲍徐、野徐、蔡官、寺巷、塘湾、白马、张甸、大泗、太宇 9 个公社民力

9140 人，疏浚周山河西段（西起南官河东止西干河以西 700 米处），长 8.9 千米。疏浚标准：河底高 -1 米，底宽 14 米，河坡 1∶4，1975 年 1 月完成，实做 29.15 万工日，完成土方 47.8 万立方米。国家补助 32 万元。

1975 年 11 月，在开挖中干河一期工程的同时，动员太宇、梁徐、蒋垛 3 个公社 5000 人民力，对周山河从葛港河至西姜黄河一段进行原河疏浚，长 7.45 千米。实做 15.4 万工日，完成土方 34.7 万立方米。以后十余年未疏浚，又无较好的防护措施，河床淤淀严重，一般已淤高 1.5 米左右，沿线电灌站进水池和支河口门全部淤塞。

1989 年，按原设计标准疏浚周山河西段南官河至中干河段，包括周山河与 16 条支河交汇口，全长 22.1 千米。1989 年 11 月开工，39 台泥浆泵投入施工，1990 年 2 月竣工，完成土方 130 万立方米。维修加固电灌站 13 座，新建排水涵洞 15 座、水码头 2 座、桥梁 3 座，以及前进河、西干河交汇口块石护坡 770 米。工程总投资 241.9 万元，其中省、扬州市补助 55 万元，县财政拨款 22 万元，通南 12 个乡（镇）集资 164.9 万元。

1990 年 11 月，疏浚中干河至东姜黄河段。标准：中干河至西姜黄河段 4.4 千米，底宽 14 米，底真高 -1 米，河坡坡比 1∶4；西姜黄河至东姜黄河段 8.9 千米，底宽 8 米，底真高 -0.5 米，河坡坡比 1∶3。全长 13.3 千米，采用泥浆泵机械施工，完成土方 67.71 万立方米，1991 年 6 月竣工。工程总投资 255.13 万元。

2010 年，该河葛港河至西姜黄河段列入省中小河流治理项目，工程于 2010 年 10 月开工建设，按防洪 20 年一遇、排涝 10 年一遇标准进行疏浚治理，工程分两期实施，一期工程中干河以西至葛港河段长 4.6 千米，二期工程中干河以东段至西姜黄河段长 4.3 千米。共疏浚河道长 8.97 千米，新建护坡长 17.7 千米，完成土方 27.67 万立方米，2011 年 5 月完成工程建设。完成投资 2689 万元。

2017 年 4 月 25 日，泰州市发展和改革委员会下发《泰州市发展改革委关于姜堰区周山河整治工程初步设计报告的批复》（泰发改发〔2017〕146 号），对姜堰区周山河整治工程初步设计报告予以批复，核定工程概算为 6995 万元。2018 年，泰州市周山河整治工程建设处对泰州市姜堰区周山河剩余段进行整治。整治工程 01 标主要建设内容为：周山河海陵与姜堰交界处—葛港河段 5.24 千米（桩号 13+850~15+920，17+460~20+630）河道疏浚及 5 条支河口拉坡。01 标海陵与姜堰交界处至稳泰桥段，设计河底真高为 -1.5 米，河底宽 20 米，边坡 1∶6。对张甸镇稳泰桥—兴旺桥进行了疏浚、块石护坡，筑顺河围堰施工，总长 1000 米。兴旺河桥至葛港河段，设计河底真高 -1.0 米，河底宽 16 米，边坡 1∶5。周山河海陵与姜堰交界处—葛港河段两侧及沿线各支河口门两侧共 10.98 千米，河坡防护，其中河道防护长度 10.48 千米，各支河口门防护长度 0.50 千米。02 标主要建设内容为：疏浚整治周山河（西姜黄河—东姜黄河段）河道 8.31 千米，两岸护坡 18.02 千米。02 标西姜黄河至东姜黄河段，设计河底真高 -0.5 米，河底宽 10 米，边坡 1∶4。泰州市姜堰区周山河剩余段整治工程完成 13.55 千米的河道疏浚。主要完成工程量为：01 标，混凝土挡墙 27923.88 立方米，河道疏浚 197425 立方米，土方回填 107104 立方米，排水沟 1062.1 立方米；02 标，生态模块挡墙完成 21278.47 平方米，C25 混凝土 10558.68 立方米，河道疏浚 8.4 万立方米，土方量 143541 立方米，钢筋 1089 吨，边坡整理 136240 平方米，生活码头 175 座。工程于 2017 年 9 月 16 日开工建设，01 标工期为 12 个月，02 标工期为 9 个月。

老通扬运河（通扬运河） 2001 年 10 月至 2002 年 6 月，采用泥浆泵疏浚方式，对老通扬运河中部（姜堰与海陵交界处至中干河段）进行整治，全长 14.2 千米，完成土方 74.8 万立方米，新建公路桥 1 座，维修加固桥梁 2 座，维修电灌站 12 座，新建涵洞 16 座，维修涵洞 20 座。工程总投资 5872.52 万元。

老通扬运河城区段

2011年10月，对老通扬运河姜堰段黄村河至宁盐公路段，全长7.75千米，按排涝10年一遇排标进行整治。

2013年冬至2014年春，对老通扬运河磨桥河至东兴家园段进行整治，工程批准总概算投资2995万元，省以上投资1497万元，地方配套1498万元。主要建设内容有：疏浚河道长7.1千米，新建挡墙护砌14.102千米，恢复挡墙墙后排水口80处。

2016年，对老通扬运河姜堰段西段进行疏浚，长度8.5千米，土方30万立方米，护坡17千米，涉及张甸镇、梁徐街道、三水街道。

（八）东姜黄河

1999年冬至2000年春，姜堰市与海安县共同组织对东姜黄河进行疏浚，全长21.5千米，涉及白米、大伦、蒋垛及海安县李庄、雅周共5个镇。海安县组织实施北段工程。姜堰市组织实施南段工程，南段工程全长10.65千米，即从与泰兴交界处至大伦跃进河北侧，完成土方59.85万立方米，新建公路桥2座，拆建桥梁2座，维修桥梁9座，新建排水涵洞15座，维修排水涵洞14座、电灌站8座。工程总投资312.4万元，其中省拨款130万元。

（九）大伦河

1991年11月至1992年1月，大伦乡开挖生产河至跃进河段，全长2千米，采用人与机械相结合的施工方法，投入泥浆泵20台（套），组织劳动力6000人次，进行人工翻盖土，完成土方25万立方米，建机耕桥1座、人行便桥2座。

1999年，对大伦河北段生产河至周山河段进行疏浚，全长4.5千米，拆建桥梁1座，维修桥梁4座、电灌站6座、排水涵洞10座，新建排水涵洞10座，完成土方27.4万立方米。工程总投资198.92万元。

2016年，对周山河—跃进河段进行疏浚，对十字桥两侧约1000米进行生态模块砖护坡。

整治后的大伦河

（十）运粮河

1989年12月，张沐乡动员3000名劳动力，疏浚沐南河至蛙庄河段，全长1.8千米，完成土方19.5万立方米，建排水涵洞4座，改建电灌站2座、桥梁1座。县补助10万元，其余经费由张沐乡自筹。

1997年，对运粮河南干河至周山河段进行疏浚，全长10.5千米，新建排水涵洞10座，维修排水涵洞15座、电灌站8座、桥梁8座，完成土方35.3万立方米。工程总投资234.4万元。

1998年，对运粮河周山河至老通扬运河段进行疏浚，全长4.8千米，拆建桥梁1座，维修桥梁6座、电灌站6座、排水涵洞10座，新建排水涵洞8座，完成土方31.55万立方米。工程总投资227.79万元。

2014年冬至2015年春，全线疏浚，长11.21千米，完成土方14.31万立方米。

（十一）西姜黄河

1990年11月至1991年1月，泰县水利局组织16台泥浆泵，对西姜黄河老通扬运河至周山河段进行疏浚，疏浚标准：底宽10米，底真高-0.5米，河坡比1∶3，完成土方30.4万立方米。工程总投资141万元，其中国家补助17万元，县、乡筹集34万元，其余为姜堰、太宇2个乡劳动积累工投入。

2000年冬至2001年春，对西姜黄河周山河至幸福河段进行疏浚，全长8.1千米，完成土方42.47万立方米，新建桥梁1座，维修桥梁6座、排水涵洞16座、电灌站6座。工程总投资235.03万元。

2010年，对西姜黄河（药厂段—周山河）进行疏浚护坡。

2012年冬至2013年夏，对西姜黄河姜堰段（周山河—生产河、跃进河—姜堰界）长7.9千米及镇北段西姜黄河长0.5千米河道进行整治。该工程批准总概算2811万元，省以上投资1405万元，地方投资1406万元，共需完成土方106.46万立

方米、石方1.11万立方米，混凝土9900立方米。

（十二）中干河

1983年冬，疏浚老通扬运河至周山河段，长4.5千米，动员梁徐、梅垛、蔡官3个公社0.5万人，完成工日6.5万个，土方14.7万立方米。由于河床土质沙，两岸河坡植被条件差，加之船行波的影响，致使两岸河坡倒塌，河床淤塞。

1989年，经江苏省水利厅批准，疏浚中干河工程和姜堰翻水站。北自姜堰套闸下游四支河口起，南至周山河段，全长7.0千米，块石护坡5.5千米，同年11月动员梁徐、姜堰两乡劳力0.55万人，投入18台泥浆泵施工，至1990年4月竣工。疏浚标准：从姜堰套闸上闸首至通扬公路桥段，河底宽24米。公路桥至老通扬运河段河底宽由24米渐变到20米，真高2.5米以下为1∶4土坡，以上与原河坡相连。老通扬运河至周山河段河底宽15米，河底真高均为-1.0米，套闸下闸首至翻水站引河口段底宽24米；引河口至四支河段底宽20米，河底真高均为-1.5米，真高2.0米以下为1∶4土坡，以上与原河坡相连。河道护坡工程自姜堰套闸至通扬公路桥段，在离河中心21米处用仰斜式浆砌块石挡土墙护坡，迎水坡1∶0.6，背水坡1∶0.35，墙底真高-0.2米，墙顶真高为3.4米，顶宽0.5米，以上为植物护坡。姜堰套闸下闸首至翻水站引河口，亦砌仰斜式浆砌块石墙，墙迎水坡1∶0.55，背水坡1∶0.35，墙底真高-0.7米，墙顶真高为2.5米。南段自老通扬运河至周山河，块石护坡采用3种形式：一是仰斜式浆砌块石墙，墙底真高0.3米，墙顶真高3.0米。二是仰斜式浆砌块石墙和框格式混凝土板相结合，真高2.0米以下为仰斜式浆砌块石墙，真高2.0米以上为框格式混凝土板，板厚8~10厘米，横向每10米设一道浆砌块石格埂。三是框格式混凝土板，坡比1∶2.5，坡底真高0.5米，坡顶真高3.0米，3米以上为植物护坡。共完成土方45.6万立方米，混凝土及块石护坡2.82万立方米，维修电灌站12座，下水道20座，兴建生活码头94座，

维修桥梁4座。工程总投资344.69万元，其中省补助118万元，交通部门支持60万元，其余由县、乡集资。

1992年11月，对该河南段，自周山河至南干河，进行整治，长9.2千米。整个工程分两期实施，第一期完成河道疏浚土方和块石护坡至真高2.1米以下部分，至1993年1月拆坝放水，历时46天。二期工程连续施工，于当年5月全部完成。疏浚标准为：河底真高-1.0米，底宽15米。块石墙底真高0.5米，块石基础厚0.4米，自真高0.9米至真高3.0米，为1:0.6块石墙坡面。共完成土方84.0万立方米，单线护坡长度20.04千米，拆建危桥和维修桥梁9座，新建电灌站15座，累计完成混凝土0.23万立方米，石方4.2万立方米。全部工程共支出794.39万元。

2000年5—12月，由省交通部门专项补助150万元，对中干河北段（姜堰套闸—新通扬运河）双向块石护坡2786.6米。至此，中干河全线均块石护坡。

2008年，整治长度13.9千米，位于顾高、梁徐、姜堰等镇，从姜堰镇至顾高镇，疏浚标准为：河底真高-1米，底宽15米，河坡坡比1:4，工程土方35万立方米。

（十三）葛港河

1990年11月至1991年3月，泰县组织疏浚葛港河周山河至老通扬运河段，全长4.15千米。疏浚标准：底宽8米，河底真高-0.5米，河坡坡比1:3，完成土方26.7万立方米，新建配套建筑物22座。工程总投资89万元，其中国家补助9万元。

1992年11月至1993年5月，疏浚整治南干河至周山河段，全长8.8千米。其中，梅垛乡杨尹河至联合河段为新开挖段，长1.2千米。疏浚标准：河底宽6米，河底真高-0.5米，河坡坡比，真高2.5米以下1:3.5，真高2.5米以上1:3，完成土方58.52万立方米。新开河段上层采用人工翻土，沿河两岸做路，累计挖、压土地面积7.19

公顷，其余土方采用泥浆泵施工，填废沟塘面积18.14公顷，工程净增土地10.94公顷，新建机耕桥2座、涵闸29座，新建、维修电灌站6座。工程总投资144万元。

2015年，疏浚张甸、梁徐段，长度13.16千米，完成土方33.55万立方米。

（十四）张甸支河

1994年11月，蔡官、张甸2个乡（镇）集资23万元，利用泥浆泵疏浚张甸支河北段，全长5.4千米，完成土方14.3万立方米。

2005年，投资500万元，新建河道块石驳岸1000米，铺设沿河混凝土道路1000米，同时对河坡实施绿化、亮化工程，对水面漂浮物进行打捞，落实河道清洁管护措施。

2006年，疏浚工程，工长8.4千米，土方26万立方米，总投资49.66万元。

2013年，对该河道进行整治疏浚，实施长度9.06千米，完成土方15.6万立方米。

2015年，张甸镇疏浚工程，工长9.06千米，土方21.73万立方米。并对集镇段约800米进行了生态模块砖护坡。

（十五）前进河

1996年，姜堰市采用泥浆泵拓浚、疏浚前进河，全长11.3千米，其中拓浚3.4千米、疏浚7.9千米，完成土方76万立方米，新建机耕桥2座、人行便桥2座、排水涵洞12座，维修桥梁10座。工程总投资537.48万元。

2004年，疏浚工程，工长6.8千米，河底宽8米，拆建机耕桥2座，维修桥梁2座，新建下水道5座，维修下水道6座，改建电灌站5座。

（十六）西干河

2003年10月，对境内长5.6千米的西干河进行疏浚整治。主要工程内容为：河道整治长度5.6千米，土方26.9万立方米，工程整治标准为：河底真高-1.0米，河底宽8.0米，真高3.0米以下河坡为1:4，真高3.0米以上接现状自然坡。拆建机耕桥2座，维修桥梁2座，改建电灌站5

座，新建下水道 5 座，维修下水道 6 座。该工程于 2003 年 12 月底完成土方任务，2004 年 6 月前完成建筑物配套。工程总投资 485 万元，其中省级以上补助 80 万元，其余由姜堰市通过多渠道自行解决。

二、镇、村河道

（一）河道疏浚工程

1995—2002 年，各镇、村采取自筹资金的办法，对严重影响引排的村庄河道（中沟以上）进行疏浚。但由于资金不足，部分河道在用水高峰期仍存在引水困难。

2002 年，是逐步取消"两工"的第一年，县、乡河道疏浚和村庄河塘整治经费的落实成为焦点，经过对农村现状的调查研究，从 2003 年起，国家增加对农村河道疏浚经费补助，凡经地方报送的属于规划范围内的河道疏浚项目，江苏省按照 0.5 元 / 米^3 补助。2005 年调高标准，按 0.9 元 / 米^3 给予补助。从 2007 年起，按照江苏省水利厅、财政厅《2007 年江苏省农村水利和水土保持工程补助项目编报指南》文件精神，农村河道疏浚工程按完成土方数进行补助，省级补助新标准如下：县级河道 1.3 元 / 米^3，乡级河道 0.9 元 / 米^3，黄桥老区补助标准为县级河道 1.8 元 / 米^3、乡级河道 1.2 元 / 米^3。对县乡河道疏浚工程，县财政预算安排不得低于省级标准。村庄河塘疏浚整治工程，兴化市为 2.0 元 / 米^3，泰兴、姜堰市为 1.5 元 / 米^3。2013 年，通南各镇土方按 1.5 元 / 米^3 补助，里下河各镇按 1.2 元 / 米^3 补助，机械整坡按 0.5 元 / 米^3 补助。

2003 年，疏浚乡级河道 38 条，总长度 83.87 千米，疏浚土方 95.29 万立方米，总投资 714.34 万元。

2004 年，疏浚乡级河道 36 条，总长度 87.87 千米，疏浚土方 111.41 万立方米。

2005 年，疏浚乡级河道 38 条，总长度 91.3 千米，疏浚土方 116.2 万立方米，总投资 121 万元。

2006 年，疏浚乡级河道 38 条，总长度 98.18

千米，疏浚土方 185.5 万平方米，总投资 215.4 万元。

2007 年，疏浚乡级河道 57 条，总长度 115.54 千米，疏浚土方 172.01 万立方米；疏浚村级河道 550 条，总长度 237.34 千米，疏浚土方 324.75 万立方米。

2008 年，疏浚乡级河道 48 条，总长度 105.76 千米，疏浚土方 162.2 万立方米，总投资 810.98 万元；疏浚村级河道 684 条，总长度 403.58 千米，疏浚土方 308.9 万立方米，总投资 1390.05 万元。

2009 年，疏浚乡级河道 37 条，总长度 157 千米，疏浚土方 215.3 万立方米，总投资 1076.5 万元；疏浚村级河道 1050 条，总长度 455.51 千米，疏浚土方 461.25 万立方米，总投资 2357.25 万元。

2010 年，疏浚乡级河道 52 条，总长度 121.41 千米，疏浚土方 191.74 万立方米；疏浚村级河道 384 条，疏浚土方 449.7 万立方米。

2011 年，疏浚乡级河道 25 条，总长度 72.57 千米，疏浚土方 116.6 万立方米；疏浚村级河道 86 条，总长度 62 千米，疏浚土方 109 万立方米。

2012 年，疏浚乡级河道 33 条，总长度 81 千米，疏浚土方 126.76 万立方米，总投资 889.97 万元；疏浚村级河道 91 条，总长度 82.19 千米，疏浚土方 137.43 万立方米，疏浚村庄水塘 29 座，总面积 188.2 亩，疏浚土方 31.67 万立方米，总投资 1077.06 万元。

2013 年，疏浚乡级河道 27 条，总长度 71 千米，疏浚土方 137 万立方米。

2014 年，实施姜堰区 2014 年省级村庄河塘疏浚整治项目，该项目涉及沈高、桥头、白米 3 个镇，主要建设内容为：疏浚整治村庄河塘 15 条，长 25.61 千米，土方 35.57 万立方米。其中实施生态护坡 3 条，总长 5.4 千米。2014 年 9 月开工，2014 年年底完工。工程总投资 632.81 万元，其中省级财政补助 350 万元、区财政配套 282.81 万元。

2014 年，实施姜堰区 2014 年农村河道疏浚整治工程，该项目涉及娄庄、白米、大伦 3 镇，主要建设内容为：疏浚整治县、乡河道 4 条，长 16.6 千米，土方 40.4 万立方米；其中实施生态护岸 2 条，总长 5.4 千米。2014 年 9 月开工，2014 年年底完工。工程总投资 904 万元，其中省级财政补助 500 万元、区级财政配套 404 万元。

2014 年，姜堰区共疏浚乡级河道 41 条，总长度 82.84 千米，疏浚土方 116.91 万立方米；疏浚村级河道 100 条，总长度 79.54 千米，疏浚土方 123.67 万立方米。

2015 年，疏浚乡级河道 22 条，总长度 47.94 千米，疏浚土方 98.43 万立方米；疏浚村级河道 108 条，总长度 70.12 千米，疏浚土方 76.37 万立方米。

2016 年，实施姜堰区 2016 年农村河道疏浚整治工程，该项目涉及白米镇、顾高镇、蒋垛镇及罗塘街道，主要工程内容为：疏浚整治县乡河道 5 条，共长 6.62 千米，土方 6.5 万立方米。新建护岸 12.34 千米。疏浚整治村级河道 5 条，长 2.736 千米，土方 1.12 万立方米，生态护岸 2.8 千米。工程总投资 1415.26 万元，其中省级财政补助 1080 万元、市级建设资金 167 万元、区财政投入 168.26 万元。该工程于 2016 年 3 月开工，12 月竣工。

2016 年，姜堰区疏浚乡级河道 12 条，总长度 28.25 千米，疏浚土方 82.61 万立方米；疏浚村级河道 108 条，总长度 81.51 千米，疏浚土方 114.03 万方，总投资 11000 万元。

2017 年，姜堰区疏浚乡级河道 12 条，总长度 26.69 千米，疏浚土方 32.46 万立方米；疏浚村级河道 53 条，总长度 33.38 千米，疏浚土方 42.05 万立方米，总投资 11000 万元。

2018 年，实施姜堰区 2018 年省级农村河道疏浚整治工程，该项目涉及溱潼镇湖南村、沈高

镇河横村和桥头镇小杨村，主要建设内容为：整治河道 12 条，长 7.9 千米，土方 3.85 万立方米。河道两岸新建生态护岸 6.35 千米，河坡整理并绿化，河面种植水生植物。该工程总投资 944.99 万元，其中省级财政补助 848 万元，市、区财政投入 96.99 万元。该工程于 2018 年 5 月 6 日开工，2018 年 11 月 12 日完工。

2018 年，姜堰区疏浚乡级河道 14 条，总长

白米镇疏浚镇级河道

度 18.3 千米，疏浚土方 34.11 万立方米。疏浚村级河道 52 条，疏浚土方 29.62 万立方米，总投资 11854.94 万元。

2019 年，姜堰区疏浚乡级河道 4 条，总长度 6.53 千米，疏浚土方 11.1 万立方米，疏浚村级河道 123 条，总长度 57 千米，疏浚土方 88 万立方米。总投资 2999.18 万元。

（二）"河道清洁"工程

2000 年后，境内河道水面大多被水葫芦、水花生等水生作物所覆盖，河坡"脏、乱、差"，其中部分河道尤为突出。姜堰市政府决定，从 2004 年开始，实施"河道清洁"工程，每年均进行河道疏浚、清洁打捞。

在实施"河道清洁"工程的同时，实施河坡水土保持绿化工程，建立长效机制，通过河道清

洁工程与土地复垦相结合，与改造中低产田相结合，与国土绿化相结合，与城乡道路建设相结合，与开发水资源相结合，与改善人民群众生产生活条件相结合。

2007年，围绕新农村建设，按照"整村推进"的原则，完成100个村的村庄河塘整治，整治550条（处）、237千米，土方324万立方米，冲填废塘86处，复垦土地133.33公顷，全市大小河道沟塘基本实现"水清、面净、岸绿"。大泗、顾高、大伦等镇，采取由承包人"全额投资、全程管护、收益分成"的运行方式，实施河道绿化管理养护，各镇集镇中心河建成生态景观河道，一批小康示范村、村庄河道整治试点村建成农民休闲娱乐场所。

2014年3月，姜堰区出台村庄环境全域整治实施方案，要求对全区所有自然村不留整治盲区，实现全区农村环境普遍改善，建立健全长效管理机制。姜堰区水利部门把河道长效管理作为水利建设重点工作。

2018年，结合河长制巡查要求，姜堰区水利局组织4个巡查组对全区16个镇（区）的河道日常管护情况进行检查考核，将检查结果报区四套班子、各镇（区）主要负责人，督促各镇（区）落实"五清理"中的清理河道沟塘工作，按照"即治即管"要求，落实河道长效管理责任。

第二节　田间工程

田间工程起步于20世纪60年代，整体推进于20世纪70年代，到20世纪80年代初基本定型，建筑物配套由于资金问题，相对滞后，20世纪90年代前，大多建筑物配套不全且标准低。2000年后，建筑物配套成为田间工程的重点，到2019年，基本实现田间工程全面配套。

一、里下河地区

1958年以前，圩区多一熟沤田，田间无灌溉系统，三麦无冬灌、春灌习惯，稻田灌水以风脚车为主。1958年后，逐步发展流动机船，灌水时利用"圩边高、中间洼"地形，将风脚车或岸机固定在地势高的上匡田边，水由上匡田引入中匡田，再由中匡田流入下匡田。中、下匡田就形成了老沤田，也就是低产的塘心田。经过不断实践，由最初单一的沟网化，逐步建成有排有灌、排灌分开的田间工程。

第一阶段，开挖"二沟三墒"，排水爽田，适应沤改旱的要求。1956年，叶甸乡仓南村采用高垄深墒，排降结合，在面积较大或与沤田交界处开挖排水沟，圩内中心开挖穿心沟或十字沟，实现"二沟三墒"排水系统。沟分穿心沟和排水沟，墒分须墒、横墒、围墒。由于沟墒相连，沟河相通，四面排水，四面上肥，取得改制的成功。1963年，俞垛公社龙沟大队在九顷三圩上布置南北向的排灌两用干渠两条，间距110米，呈"双排"式，东西向间开挖斗渠与斗排。斗渠与斗排相间布置，间距100~110米，田块近似正方形，干渠与斗渠排灌两用。斗排单排不灌。改变仓南大队单一的沟网系统，建成初具雏形的灌排两用渠道。其排与灌呈"井"字形交错，排灌矛盾多，需要的建筑物多，未推广应用。

第二阶段，排灌分开，土地成方，建设高产稳产农田。1965年，里下河圩区推进"沤改旱"，发展电力排灌工程。兴泰公社甸北大队北河圩在泰县水利局指导下，改变龙沟式"井"字形田间工程布置为"丰"字形布置。统一标准，排灌分开，不受社队限制，原有田间排灌以改造为主。灌溉系统分干、支、斗3级，圩口小、南北短的分为干、斗2级。排水系统分河、沟、墒3级，河分内河、外河，沟分斗排沟、穿心沟和导渗沟。斗排与斗灌长150~200米，间距40~50米，均采用南北向，以利通风透光。由于布置合理，能满足灌、排、降的要求，成为泰县里下河圩区田间工程的样板。

第三阶段，除涝降渍，综合治理，田、林、路、站、桥统一安排。20世纪70年代后，田间工程由单一治理推向综合治理。1974年在沈高公社夹河圩进行土暗墒、瓦管、灰土管排水降渍试验。1976年3月19—26日，全县分片召开农田水利建设检查验收现场会，要求按照中央提出的建设旱涝保收、高产稳产"六条要求"和省提出的"六条标准"对照验收，进行"六查"，即查规划、查工程、查配套、查效益、查政策、查管理，验收结合，70%的农田面积达到和基本达到旱涝保收农田要求。1985年后，相继在娄庄、洪林、里华、罡杨等乡镇利用鼠道犁开凿鼠道，推广鼠道排水。

经过3个阶段建设，田间工程布局定型并沿用至21世纪20年代。

排灌系统的布置：

斗渠与斗排南北向，排灌相间，长150~200米，间距50米；穿心沟力求挖深一些，以满足棉田对地下水的控制，顺墒为南北向，每40米左右可挖横墒1条。

干渠底宽0.5米，地面向下挖深0.7米，地面向上填高0.7米。支渠底宽0.4~0.5米，地面向下挖深0.6米，向上填高0.6米。

斗渠底宽0.3米，地面向下挖深0.5米，向上填高0.5米。

斗排底宽0.3米，地面向下挖深0.8米，挖土结合做路。

穿心沟底宽0.4米地面向下挖深1.2~1.5米。

顺墒底宽0.25米，挖深0.3米。

横墒底宽0.25米，挖深0.4米，围墒标准与横墒相同。

二、通南地区

通南地区历史上多为高垛田、龟背田，无完整的排灌系统。中华人民共和国成立后，首先从疏浚原有沟河着手，以提高引排能力，随着沿江并港建闸，取得控制后，分期建成引、泄通连的河道新布局，疏通通江水路。在干河之间，开挖乡级河道，纵横交错，干支分明。结合河道工程，平田整地，治沙改土，改造中低产田，实施耕作制度改革。在水源和灌排条件获得改善的同时，水利建设到田头沟洫，强化水土保持，实行沟、渠、路、林综合治理，涝、旱、渍统筹兼治。

通南田间工程布置：

沟网分排降沟、农排沟和竖排沟（隔水沟）3级。排降沟在乡级河道之间，大多是南北向，也有东西向，根据各乡（镇）的地形特点而定。间距一般在500米左右，长度约1千米，控制面积为50.03公顷。沟深2.5~3.0米，底宽1米。农排沟通入排降沟，间距一般为200米左右，长度500米，控制面积为10.01公顷。沟深1.5米，底宽0.5米。竖排沟（隔水沟）通入农排沟，采用南北向。间距60~100米，沟深0.8~1.0米，底宽0.2~0.3米。两沟间建田埂1条。竖排沟的作用是分隔相邻的水田和旱田，加速田块渗水降渍。

墒网为临时性的田间工程，其布置根据田块的形状、面积、作物布局而定。顺墒为南北向。与竖排沟平行，夏熟后茬一般为花生、山芋、大豆田，其顺墒间距为3.33米，"两旱一水"的为2.66米。横墒为东西向，又称腰墒。间距根据田块长短和田面平整情况而定，一般在田块中部开挖1条，如田面不平整或田块较长，可开挖两条。围墒挖深0.3米，底宽0.3米，横墒挖深0.25~0.3米，顺墒挖深0.25米，底宽0.2米。

渠系一般分支渠、农灌渠两级。支渠与排降沟并行布置，农灌渠与农排沟相间布置。

三、配套工程

20世纪90年代，在建成灌排水系的基础上，开始注重田间排灌沟渠的建筑物配套，但由于配套工程面广量大，缺乏资金保障，配套工程标准低且不全。2000年后，各级政府加大了投入，同时，通过水利、农业开发等项目实施，加快田间沟、渠、田、林、路和建筑物的综合配套进度。推广装配式田间排灌沟渠建筑物，实施灌渠和田间机耕道硬质化。至2019年，基本实现田间工程建筑物的全面配套。

第三节 圩区治理

一、圩堤

里下河地区地势低洼，明成化十五年（1479

年），杨澄沿下运盐河筑堤，自泰州至东台一百二十里，以御客水压境，世称杨公堤。清乾隆二十三年（1758 年），盐政高恒征候增筑南堤六十里，开涵洞以利宣泄，栽苇柳以御风浪，并设堡房巡守。嘉庆十年（1805 年）、十三年（1808 年）历经两次洪水，堤遭冲圮未加修复，堤址早已荡然无存。据史载，康熙年间，岁令地方官员于农隙时，按照田亩，佃户出力，业主给食，开挖浅隘水道，挑出之土，堆成圩岸，以护田畴。嘉庆十七年（1812 年），出资挑筑下河各归海河道及民田堤岸，但由于圩口分散，圩堤战线长，标准低，抗洪御灾能力薄弱。1921 年和 1931 年两次大水，全境皆成泽国，汪洋一片。

中华人民共和国成立后，圩堤建设一直是姜堰水利建设的重点。经过大规模联圩并圩，年年加高培厚圩堤。1965 年，圩堤整修标准为：圩顶真高 4 米，顶宽 1.5 米，内坡 1:1.5，外坡 1:1。1981 年，提出圩堤整修"二三四"要求，即圩顶真高 4 米，顶宽 3 米，内外坡比 1:2。至 1988 年，全县有 249 个圩口，多数圩堤达到"二三四"标准。但有近 500 千米圩段达不到挡历史最高水位要求，有 586 个敞口、3460 个"六口"（抽水机塘口、晒场缺口、涵洞下水口、草泥塘口、码头口、渡船口）。圩堤敞口多，残缺严重，不能交圈，联圩不到位。1965 年，全县加固圩口 36 个，完成土方 96.1 万立方米。1989 年，里下河地区有圩堤的 15 个乡（镇），按照"二三四"标准，开展全面整修圩堤。全县实施 1 万 ~5 万立方米的重点工程 71 个，平均每个乡镇 2 个以上，形成乡乡有工程、村村有任务、户户挑土方的局面。是年，整修圩堤 200 千米以上，完成土方 220 万立方米。1990 年，全县围绕圩堤加高培厚开展了冬季"水利突击月"活动，取得一定成效。

1991 年 6—7 月，姜堰遭遇特大洪涝袭击，里下河大面积沉圩。大灾后，重新审视圩堤建设标准，提出"高起点规划、高标准实施、严要求验收"新思路，将加固圩堤要求定为"四二四"，即圩顶真高 4.2 米，顶宽 4 米。1991 年冬季，16

个乡（镇）的 200 个圩堤上聚集 10 多万名筑圩人员。有的地方结合乡（镇）公路建设加修圩堤，有的地方结合开挖鱼塘加固圩堤，还有的地方结合河道疏浚加固圩堤。兴泰乡完成土方量近 100 万立方米，为前 20 年总和，新筑、整修圩堤总长 150 多千米。俞垛乡在落实土方任务时，将土方预算经费纳入乡村财务统筹安排，圩堤工程按属地管理原则，一边用足用活农村义务工和劳动积累工，一边动员村民有钱出钱，没钱出力，完成新筑、整修圩堤长 185 千米，加固土方近 100 万立方米。溱潼乡调集 600 多条农用船，解决堵闭翻身大圩敞口取土难问题，确保工程如期完成。马庄乡通过联圩并圩，将 24 个圩口合并成 14 个，圩堤长度由原来的 105 千米缩短至 26 千米，敞口由原来的 76 个减少至 30 个。1991 年冬至 1992 年春，泰县完成圩堤加固土方 606 万立方米。此后，泰县圩堤建设主要实施联圩并圩和圩堤全面达标。联圩并圩中要求圩内保持一定水面面积，以便于调蓄。对圩内河网以利用为主，适当进行改造，以达到内外分开、圩内水系通畅要求。1994 年，圩内水面面积 48.98 平方千米，占圩内总面积的 13%。其中，马庄、溱潼、港口 3 个乡（镇）水面面积分别占 22.6%、20%、20%，罡杨、沈高、兴泰 3 个乡（镇）水面积占 8.3%、8.2% 和 7.4%。圩内河网一般由中心河和生产河组成，中心河两头与外河相连，以达到内外沟通，其布局有的呈"丰"字形，有的呈"井"字形。

1998 年，姜堰市实施圩堤建设全面达标工程，将圩堤标准定为"四五四"，即圩顶真高 4.5 米，顶宽 4 米，坡比 1:2。经过 3 年加固，圩堤标准普遍提高，挡洪能力显著增强。2002—2003 年，加固圩堤 169 千米，完成土方 40 万立方米。2004 年，结合沈马公路土地复垦，新开挖溱湖河道 960 米，口宽 50 米，河底真高 -1.0 米，复垦土地 7.3 公顷。1998 年，加固险段圩堤 290 处，完成土方 70 万立方米。2005 年，加固险段圩堤 25 千米，完成土方 400 万立方米。

俞垛镇加固整修圩堤

2007 年，姜堰市水利局组织专门力量，分成 4 个组，由局负责人带队，按查全、查细、查实要求，到各镇排查防汛中圩堤可能出现的隐患。对梳理出来的险段圩堤，由姜堰市防汛抗旱指挥部签发整改通知书，督促各镇整治加固。2007 年年末，全市 139 个圩口，圩堤总长 834.59 千米，其中真高 4.5 米圩堤长 347.47 千米、真高 4.5~4 米圩堤长 431.84 千米、真高 4~3.5 米圩堤长 53.4 千米、真高 3.5 米以下圩堤长 1.88 千米。 2008—2010 年，加固圩堤 28.84 千米，完成土方量 34.18 万立方米。2011—2019 年，加固圩堤 139.51 千米，完成土方量 412.31 万立方米。2019 年末，全区 145 个圩口，圩堤总长 795.6744 千米，其中真高 4.5 米圩堤长 387.192 千米、真高 4.5~4 米圩堤长 376.4764 千米、真高 4~3.5 米圩堤长 30.976 千米、真高 3.5 米以下圩堤长 1000 米（见表 5-3-1）。

表 5-3-1　　　　　　　　　　　姜堰区圩堤基本情况

镇（街道）	圩内总面积（平方千米）	圩堤长度（米）				
		总长度	顶高 4.5 米以上	4.5~4.0 米	4.0~3.5 米	3.5 米以下
蒋垛	12.6	32880	32880	—	—	—
张甸	12.34	19320	19320	—	—	—
淤溪	53.36	105760	77250	26750	1460	300
娄庄	34.29	97573	0	87893	9480	200
沈高	41.15	85425	79955	5440	—	—
溱潼	67.74	171574	160317	1275	9982	—
俞垛	62.66	178950	—	170076	8774	100

续表 5-3-1

镇（街道）	圩内总面积（平方千米）	圩堤长度（米）				
		总长度	顶高 4.5 米以上	4.5~4.0 米	4.0~3.5 米	3.5 米以下
三水	24.08	71277	—	71277	—	—
天目山	6.72	18160	14570	3590	—	—
场圃	3.82	14755.4	2900	10175.4	1280	400
合计	318.76	795674.4	387192	376476.4	30976	1000

二、圩口闸

1962 年，里下河圩区开始联圩并圩，兴建圩口闸。最初以建青砖闸为主，闸门用叠梁式木闸方，青砖就地取材，造价低，上马易。1965 年后改木闸方为钢丝网水泥一字门，1966 年在兴泰公社尤庄大圩建尤庄西闸时，闸门改用钢丝网水泥人字双扇门，使用情况良好。1970 年后，以建块石闸为主，建少量预制水泥方形涵管闸。1962 年初建闸时，孔径 4 米块石闸的用料：水泥 35 吨，黄砂 167 吨，石子 188 吨，块石 420 吨，钢材 1.1 吨，木材 5.5 立方米。1972 年以前，孔径 3.5 米块石单闸，造价为 4000 元，国家补助 1500 元，供应水泥 12 吨，黄砂 50 吨，石子 45 吨，块石 120 吨。1974 年后，底板增加深齿槛 3 道，各为 60 厘米，前后护坦各加长至 4 米，闸墙为八字式翼墙，闸孔净宽以 4 米为主，5 米为辅，底板真高为 -0.3 米，用双扇人字门，闸门放在岸墙上游面，不再建青砖结构闸。1976 年 4 米块石闸造价为 5000 元。国家补助 2000 元。1977 年造价 6000 元，国家补助 2400 元。1980 年增加两项措施：一是在建闸地基上进行轻型动力触探试验；二是经地质钻探后，底板加铺钢筋。4 米单闸造价为 1.35 万元，国家补助 1 万元左右。供应水泥 23 吨，黄砂 83 吨，块石 190 吨，石子 110 吨。1989 年，建筑材料价格上涨，加之土地承包后，需现金雇劳动力，加大了建闸的费用。每座 4 米单闸的造价为 2.5 万 ~3.4 万元，国家补助 1.4 万元，从 1992 年起，国家补助 1.8 万元。闸门由双扇门全部改用一扇直升式门。1994 年，

每座 4 米单闸需用材料：水泥 35 吨，黄砂 83 吨，块石 190 吨，钢材 1 吨，造价 4.3 万 ~5.0 万元。

20 世纪 60—70 年代，桥面板、闸门及栏杆等预制件，均由泰县水泥构件厂承担预制，因搬运麻烦，后改为现场浇筑，由泰县水利局派专职预制船组，在里下河地区轮流预制。闸门吊装及桥面板等预制件安装，由泰县水利工程队闸门安装小组负责，在汛前结束。需要建闸的社队，在获批准后，将自筹资金按期汇交泰县水利局，泰县水利物资储运站负责供应所需建筑器材，或从产区直接运至工地。20 世纪 80 年代后期，建闸补助款由局汇给各建闸乡镇水利站，建闸所有材料，由各乡镇就地采购，圩口闸的建筑施工、桥面板及闸门安装，亦由各乡镇水利站自行联系承包，圩口闸建成后，由水利局组织人员验收。

至 1994 年，里下河地区建成圩口闸 547 座，其中，涵管闸 10 座，青砖结构闸 150 座，块石结构闸 387 座。

1996 年，中共姜堰市委、姜堰市政府对里下河地区圩堤圩口闸建设提出"适当联圩并圩、缩短防洪战线"要求。姜堰市水利部门按 50 公顷左右建 1 座圩口闸设想，对里下河各乡镇圩区进行规划论证，确定建闸位置，规划新建圩口闸 315 座，全部实施后可实现"无坝市"。1996 年，建闸 71 座，1998 年，新建、改建圩口闸 48 座。有 9 个乡镇通过"无坝乡"验收。2000—2001 年，完成 63 座圩口闸改建。2002 年，改建圩口闸 28 座。2003—2004 年，通过"以资代劳、一事一议"，新建、改建圩口闸 121 座。2005—2007 年，新

建、改建圩口闸73座。至2019年，全区有圩口闸683座（不包括华港镇），其中通南地区11座。

由于传统人工手动闸仍然是依靠人工手动葫芦启闭，启闭方式落后，效率低下，在台风暴雨等恶劣天气下进行关闸操作，存在较大的安全隐患。从2011年起，结合防汛应急工程、泰东河卤汀河影响工程等项目，对里下河地区的人工手动闸进行更新改造。另外，每年各镇（街道）按照轻重缓急的原则对病险圩口闸进行更新改造，根据区政府有关文件，改造资金以镇、村自筹为主，工程竣工后，经验收，按规定给予补助；到2017年12月，全区完成344座圩口闸电控启闭改造。圩口闸电控启闭改造后，提高快速启闭闸门的能力，减少防汛时间，运行成本显著下降，减少人力、物力的调遣和支出，节约能源，提升汛期运行的安全性和操作的便捷性，改善抗洪排涝环境，切实增强圩区挡排能力。

2017年，泰州市姜堰区政府办公室（泰姜政办〔2017〕111号）要求分2018年、2019年、2020年3年对剩余人工手动圩口闸整体实施电控启闭改造，各年度工程均由姜堰区水利局统一招标，统一组织实施，资金由区统一筹措。2018年1月，姜堰区领导批示：圩口闸改造资金由泰州市姜堰区城市水利投资开发有限公司融资解决，为2018年度为民办实事项目。

2018年，姜堰区对216座圩口闸实施电控启闭一体化改造。其中水利局组织对204座进行了统一招标，统一实施，全部为改建闸，工程主要内容为上部结构改造：拆除原有闸门及排架，重新建造启吊式组合闸门及排架，安装电启闭设备系统，涉及罗塘街道及里下河淤溪镇、娄庄镇、桥头镇、溱潼镇、沈高镇、兴泰镇、俞垛镇、华港镇9个镇（街道），概算投资2060万元。各镇（街）及2017

年防汛应急项目实施圩口闸电控启闭改造12座。

2018年，姜堰区人大领导调研圩口闸改造工作后，决定加快改造进度，三年计划两年完成，除52座隔圩闸不需要改造外，剩余224座手动圩口闸计划2019年完成改造。

2019年1月，姜堰区十五届人大三次会议表决通过2019年改造所剩的224座圩口闸（改建187座，拆建37座）改造计划，列入2019年度为民办实事项目。改建闸主要内容：拆除原有闸门及排架，重新建造启吊式组合闸门及排架，安装电启闭设备系统。拆建闸的主要内容：拆除原有闸门、排架和下部结构，局部围堰排水后，重新浇筑基础和下部结构，建造启吊式组合闸门及排架，安装电启闭设备系统。概算投资3243.63万元，由泰州市姜堰区城市水利投资开发有限公司融资解决。涉及里下河淤溪、娄庄、桥头、溱潼、沈高、兴泰、俞垛、华港等8个镇。3月6日开工，12月6日完工。在工程建设过程中坚持高质量、严要求，按程序办事，定期召开例会，组织参建单位开展质量、安全检查，督查工程进展，确保按时保质完成建设任务。增强圩区挡排能力，提高闸门启闭速度，降低运行成本，提升汛期圩口闸运行安全性和操作便捷性，实现全区圩口闸电启闭全覆盖。

三水街道小扬北闸

姜堰区圩口闸统计（2019 年）见表 5-3-2。

表 5-3-2 姜堰区圩口闸统计（2019 年）

镇（街道）	闸名	所属圩区	始建时间（年）	结构形式	闸孔尺寸（米）	闸门形式	启闭方式	重建加固时间（年）
三水	罗介舍闸	前进圩	1991	块石	4	悬搁门	电启动	2015
	九十亩闸	前进圩	1993	块石	4	悬搁门	电启动	2011
	前进圩南闸	前进圩	2007	块石	4	悬搁门	电启动	2015
	庄内闸	前进圩	1999	块石	4	悬搁门	电启动	2015
	后大河闸	前进圩	1992	块石	4	悬搁门	电启动	2019
	后大河公路闸	前进圩	2000	块石	4	悬搁门	电启动	2015
	吴介舍闸	前进圩	1996	块石	4	悬搁门	电启动	2015
	大汤闸	前进圩	2003	块石	4	悬搁门	电启动	2015
	小杨南闸	前进圩	2018	块石	4	悬搁门	电启动	
	小杨北闸	前进圩	2018	块石	4	悬搁门	电启动	
	小杨村部闸	河网化圩	1992	块石	4	悬搁门	电启动	2015
	庄前河闸	河网化圩	1994	块石	4	悬搁门	电启动	2015
	东大圩河北闸	河网化圩	1995	块石	4	悬搁门	电启动	2015
	河网化东闸	河网化圩	1993	块石	4	悬搁门	电启动	2015
	河网化南闸	河网化圩	1994	块石	4	悬搁门	电启动	2015
	柳庄闸	河网化圩	1997	块石	4	悬搁门	电启动	2018
	砖瓦二厂公路闸	河网化圩	1999	块石	4	悬搁门	电启动	2018
	龙港鸡场公路闸	河网化圩	1994	块石	4	悬搁门	电启动	2018
	曹介圩公路闸	河网化圩	1997	块石	4	悬搁门	电启动	2018
	移介网闸	移介网	1994	块石	4	悬搁门	电启动	2015
	国泰闸	杨院联圩	2004	块石	4	悬搁门	电启动	2019
	文革闸	杨院联圩	1998	块石	4	悬搁门	电启动	2016
	河东闸	杨院联圩	1994	块石	5	悬搁门	电启动	2018
	薛介塘闸	杨院联圩	1999	块石	4	悬搁门	电启动	2015
	芦滩闸	杨院联圩	2004	块石	5	悬搁门	电启动	2015
	西五十闸	杨院联圩	1997	砖砌	4	悬搁门	电启动	2015
	五十三闸	杨院联圩	2003	块石	4	悬搁门	电启动	2018
	二十七闸	杨院联圩	1997	块石	4	悬搁门	电启动	2018
	老圩子闸	杨院联圩	1997	块石	5	悬搁门	电启动	2016
	东闸（龙叉港）	龙叉港圩	1994	块石	4	悬搁门	电启动	2012
	南向沟闸	龙叉港圩	1999	块石	4	悬搁门	电动	2018
	小沟东闸	英红圩	2009	块石	4	悬搁门	电动	2019
	大坎匡闸	英红圩	2009	块石	4	悬搁门	电动	2019

续表 5-3-2

镇（街道）	闸名	所属圩区	始建时间（年）	结构形式	闸孔尺寸（米）	闸门形式	启闭方式	重建加固时间（年）
三水	一 圩西闸	英红圩	2011	块石	4	悬搁门	电动	2019
	庙子生北闸	庙子生圩	1997	块石	4	悬搁门	电动	2019
	五介沟闸	庙子生圩	1997	块石	4	悬搁门	电动	2019
	花堡闸	农场圩	2005	块石	4	悬搁门	电动	2018
	夏介圩闸	农场圩	1994	块石	4	悬搁门	电动	2018
	三浪沟东闸	立华圩	1998	块石	4	悬搁门	电动	2019
	三浪沟西闸	立华圩	1997	块石	4	悬搁门	电动	2018
	二浪沟闸	立华圩	1994	块石	4	悬搁门	电动	2019
	庄前闸	1 号圩	1991	块石	4	悬搁门	电动	2017
	吴家槽闸	1 号圩	1993	块石	4	悬搁门	电动	2017
	王家沟闸	1 号圩	2007	块石	4	悬搁门	电动	2017
	汤汤闸	2 号圩	1999	块石	4	悬搁门	电动	2017
	抱口河闸	2 号圩	1992	块石	4	悬搁门	电动	2017
	果林场闸	果林场圩	2000	块石	4	悬搁门	手动	
天目山	官庄闸	官庄圩	1999	块石	4	悬搁门	电动葫芦	2017
	官庄中华东闸	官庄圩	2006	块石	4	悬搁门	电动葫芦	2017
	官庄中华闸	官庄圩	2011	块石	4	悬搁门	电动葫芦	2017
	万众刁家闸	大联圩	1990	块石	4	悬搁门	电动葫芦	2018
	天民闸	大联圩	2003	块石	4	悬搁门	电动葫芦	2017
	万众永明闸	大联圩	1989	块石	4	悬搁门	手动葫芦	2017
	单塘野河闸	冯庄圩	2000	块石	4	悬搁门	电动葫芦	2017
	单塘荷花池闸	冯庄圩	2010	块石	4	悬搁门	电动葫芦	2017
	单塘黑镇山闸	冯庄圩	2008	块石	4	悬搁门	电动葫芦	2018
	后堡北闸	其他	1992	块石	4	悬搁门	电动葫芦	2018
	后堡南闸	其他	2004	块石	4	悬搁门	电动葫芦	2017
	前堡闸	前堡圩	2003	块石	4	悬搁门	电动葫芦	2018
溧潼	河北圩闸	河北圩	1993	块石	4	悬搁门	电启动	2016
	河南圩北闸	河南圩	1993	块石	4	悬搁门	电启动	2016
	溧东二组闸	河南圩	1993	砖砌	3.6	悬搁门	电启动	2017
	农民乐园闸	河南圩	1994	块石	4	悬搁门	电启动	2017
	河南圩西闸	河南圩	1994	块石	4	悬搁门	电启动	2016
	双车闸	河南圩	1993	块石	4	悬搁门	电启动	2017
	菜队闸	中大圩	1994	砖混凝土	3.6	悬搁门	电启动	2017
	中大圩西闸	中大圩	1994	块石	4	悬搁门	电启动	2017
	六十八闸	中大圩	1993	块石	4	悬搁门	电启动	2017

续表 5-3-2

镇（街道）	闸名	所属圩区	始建时间（年）	结构形式	闸孔尺寸（米）	闸门形式	启闭方式	重建加固时间（年）
溱潼	中大圩北闸	中大圩	1994	块石	4	悬搁门	电启动	2017
	溱湖圩北闸	溱湖圩	1994	块石	4	悬搁门	电启动	2017
	溱南八组闸	溱湖圩	1993	块石	4	悬搁门	电启动	2018
	溱湖圩南闸	溱湖圩	1993	块石	4	悬搁门	手动葫芦	1900
	溱湖圩西闸	溱湖圩	1993	块石	4	悬搁门	电启动	2018
	倾零伍闸	湖东圩	1993	块石	4	悬搁门	电启动	2018
	湖东圩西闸	湖东圩	1994	块石	4	悬搁门	电启动	2018
	湖东加工厂闸	湖东圩	1994	块石	4	悬搁门	电启动	2018
	湖东圩南闸	湖东圩	1998	块石	4	悬搁门	电启动	2016
	九十三闸	湖南圩	1998	块石	4	悬搁门	电启动	2017
	忘泥沟闸	湖南圩	1993	块石	4	悬搁门	电启动	2017
	徐铁圩闸	湖南圩	2000	砖混凝土	4	悬搁门	电启动	2016
	八十八闸	湖南圩	2000	块石	4	悬搁门	电启动	2016
	湖中加工厂闸	翻身圩	1993	块石	4	悬搁门	电启动	2016
	爱国闸	翻身圩	2000	块石	4	悬搁门	电启动	2018
	窑业垛闸	翻身圩	1998	块石	3	悬搁门	电启动	2016
	三条岸闸	翻身圩	1998	块石	4	悬搁门	电启动	2016
	十八闸	翻身圩	1998	块石	5	悬搁门	电启动	2016
	伍顷伍闸	翻身圩	1993	块石	4	悬搁门	电启动	2018
	溱湖河闸	翻身圩	1998	钢混凝土	6	一字门	电启动	2018
	湖西四组闸	翻身圩	1998	块石	4	悬搁门	电启动	2017
	湖西四组北闸	翻身圩	1997	块石	4	悬搁门	电启动	2017
	铁红厂闸	翻身圩	1993	块石	4	悬搁门	电启动	2017
	龙港村一组闸	倾六圩	2000	块石	4	悬搁门	电启动	2018
	倾六圩东闸	倾六圩	2000	块石	4	悬搁门	电启动	2018
	龙港村三组闸	渔花圩	1999	块石	4	悬搁门	电启动	2018
	溱西五组闸	渔花圩	1999	钢混凝土	4	悬搁门	电启动	2018
	老坑闸	渔花圩	1993	块石	4	悬搁门	电启动	2018
	溱西一组闸	渔花圩	1999	块石	4	悬搁门	电启动	2016
	直淀港闸	渔花圩	1993	块石	4	悬搁门	电启动	2018
	溱西六组闸	渔花圩	2000	块石	4	悬搁门	电启动	2018
	马牛沟闸	湖滨圩	2000	块石	5	悬搁门	电启动	2018
	湖滨圩北闸	湖滨圩	2001	块石	4	悬搁门	电启动	2016
	三十间闸	团结圩	2006	块石	4	悬搁门	电启动	2018
	砖瓦厂闸	团结圩	2007	块石	4	悬搁门	电启动	2016

续表 5-3-2

镇（街道）	闸名	所属圩区	始建时间（年）	结构形式	闸孔尺寸（米）	闸门形式	启闭方式	重建加固时间（年）
溧潼	腰口闸	读书圩	1993	块石	4	悬搁门	电启动	2018
	庄东闸	读书圩	2008	块石	4	悬搁门	电启动	2016
	庄西闸	读书圩	2007	块石	4	悬搁门	电启动	2017
	读书二组闸	读书圩	2007	块石	4	悬搁门	电启动	2017
	三镇合建闸	读书圩	1997	块石	5	悬搁门	电启动	2017
	读书四组闸	读书圩	1997	块石	4	悬搁门	电启动	2018
	颜介圩闸	读书圩	1993	块石	4	悬搁门	电启动	2018
	溱西七组闸	联合圩	2006	块石	4	悬搁门	电启动	2018
	溱西六组北闸	联合圩	2008	块石	4	悬搁门	电启动	2016
	洲东十组闸	联合圩	2009	块石	4	悬搁门	电启动	2018
	洲城二组闸	联合圩	2008	块石	4	悬搁门	电启动	2016
	洲城四组闸	联合圩	1993	块石	4	悬搁门	电启动	2018
	洲北一组闸	联合圩	2008	块石	4	悬搁门	电启动	2016
	洲城庄西闸	联合圩	2006	块石	4	悬搁门	电启动	2018
	洲城庄东闸	联合圩	2006	块石	5	悬搁门	电启动	2018
	柳家舍闸	联合圩	1993	块石	4	悬搁门	电启动	2018
	洲东庄西闸	联合圩	2010	钢混凝土	4	悬搁门	电启动	2016
	洲东加工厂闸	联合圩	2010	块石	4	悬搁门	电启动	2018
	洲东七组闸	联合圩	1993	块石	4	悬搁门	电启动	2016
	洲北七倾闸	西北圩	2010	块石	3	悬搁门	电启动	2018
	洲北六组闸	西北圩	1993	块石	4	悬搁门	电启动	2018
	洲西一组闸	西北圩	2004	块石	4	悬搁门	电启动	2018
	洲西圩东闸	洲西圩	1993	块石	4	悬搁门	电启动	2018
	划河闸	西南圩	2004	块石	4	悬搁门	电启动	2017
	直带河闸	西南圩	1993	块石	4	悬搁门	电启动	2017
	平瓦厂闸	西南圩	2006	块石	4	悬搁门	电启动	2016
	西南圩东闸	西南圩	2006	块石	4	悬搁门	电启动	2017
	西南闸	西南圩	2006	块石	5	悬搁门	电启动	2017
	水蜜桃南闸	西南圩	2010	块石	3.5	悬搁门	电启动	2016
	水蜜桃北闸	西南圩	2010	块石	4	悬搁门	电启动	2017
	周介圩闸	西南圩	1998	块石	4	悬搁门	电启动	2016
	大小分闸	西南圩	1998	块石	4	悬搁门	电启动	2017
	溱潼闸	圩外	1993	混凝土	5	悬搁门	电启动	2015
	软介田闸	翻身圩	1993	混凝土	4	悬搁门	电启动	2016
	腰口北闸	读书圩	1993	混凝土	4	悬搁门	电启动	2016

续表 5-3-2

镇（街道）	闸名	所属圩区	始建时间（年）	结构形式	闸孔尺寸（米）	闸门形式	启闭方式	重建加固时间（年）
溱潼	倾四闸	圩外	2004	混凝土	4	悬搁门	电启动	2018
	溱湖一组闸	西南圩	1999	块石	3.2	悬搁门	电启动	2018
	溱湖二组闸	西南圩	2001	块石	3.5	悬搁门	电启动	2018
	尤庄西闸	尤庄大圩	2005	块石	4	悬搁门	电启动	2018
	尤庄北闸	尤庄大圩	2005	块石	4	悬搁门	电启动	2017
	尤庄5米闸	尤庄大圩	1993	块石	4	悬搁门	电启动	2018
	尤庄东闸	尤庄大圩	1993	块石	4	悬搁门	电启动	2016
	薛庄西闸	薛庄大圩	2016	块石	4	悬搁门	电启动	2017
	薛庄南闸	薛庄大圩	2006	块石	5	悬搁门	电启动	2017
	何庄东闸	薛庄大圩	2005	块石	4	悬搁门	电启动	2016
	何庄10组闸	何庄大圩	2005	块石	4	悬搁门	电启动	2018
	何庄西闸	何庄大圩	2005	块石	5	悬搁门	电启动	2018
	何庄南闸	何庄大圩	2002	块石	4	悬搁门	电启动	2018
	何庄庄中闸	何庄大圩	2003	块石	4	悬搁门	电启动	2018
	王介圩闸	王介圩	2004	块石	4	悬搁门	电启动	2018
	尤庄1号闸	孙甸大圩	2004	块石	4	悬搁门	电启动	2018
	尤庄2号闸	孙甸大圩	2002	块石	4	悬搁门	电启动	2018
	尤庄公路闸	孙甸大圩	1998	块石	4	悬搁门	电启动	2016
	甸南东闸	孙甸大圩	2002	块石	4	悬搁门	电启动	2017
	甸址中闸	孙甸大圩	1998	块石	5	悬搁门	电启动	2017
	化工厂闸	孙甸大圩	2003	块石	5.5	叠梁门	电启动	2017
	仲沟闸	孙甸大圩	1998	块石	4	悬搁门	电启动	2017
	王石沟闸	孙甸大圩	1998	块石	4	悬搁门	电启动	2017
	于家沟闸	孙甸大圩	2003	块石	4	悬搁门	电启动	2016
	刘家沟闸	孙甸大圩	2003	块石	4	悬搁门	电启动	2018
	东港闸	孙甸大圩	1994	块石	4	悬搁门	电启动	2017
	凡舍南闸	孙甸大圩	1994	块石	4	悬搁门	电启动	2017
	恒利油坊闸	孙甸大圩	1994	块石	4	悬搁门	电启动	2017
	凡舍闸	大河西	1994	块石	4	悬搁门	电启动	2018
	孙庄闸	储楼大圩	2004	块石	4	悬搁门	电启动	2016
	储楼中闸	储楼大圩	2001	块石	4	悬搁门	电启动	2018
	储楼南闸	储楼大圩	2001	块石	5	悬搁门	电启动	2018
	甸北闸	北河圩	1905	块石	4	悬搁门	电启动	2018
	夏联中闸	夏联大圩	2004	块石	4	悬搁门	电启动	2018
	夏联南闸	夏联大圩	1999	块石	4	悬搁门	电启动	2016

续表 5-3-2

镇（街道）	闸名	所属圩区	始建时间（年）	结构形式	闸孔尺寸（米）	闸门形式	启闭方式	重建加固时间（年）
溱潼	新沟址闸	新沟址	1998	块石	4	悬搁门	电启动	2018
	东农北闸	东农大圩	1998	块石	4	悬搁门	电启动	2017
	东农西闸	东农大圩	1994	块石	4	悬搁门	电启动	2017
	高速 1 号闸	东农大圩	1999	块石	6	悬搁门	电启动	2017
	泊口闸	泊口圩	1994	块石	4	悬搁门	电启动	2017
	六十亩闸	沙场圩	1997	块石	4	悬搁门	电启动	2018
	西泊口闸	沙场圩	1994	块石	4	悬搁门	电启动	2016
	沙垛西闸	沙场圩	1998	块石	4	悬搁门	电启动	2018
	鸭栏沟闸	沙场圩	1997	块石	4	悬搁门	电启动	2018
	沙北东闸	沙北大圩	1998	块石	4	悬搁门	电启动	2018
	沙北北闸	沙北大圩	1994	块石	5	悬搁门	电启动	2017
	沙北中闸	沙北大圩	1999	块石	4	悬搁门	电启动	2017
	联合 1 号	联合圩	1999	块石	4	悬搁门	电启动	2017
	联合 2 号	联合圩	1994	块石	4	悬搁门	电启动	2017
	高速 2 号	联合圩	1997	块石	5.5	悬搁门	电启动	2018
	甸北西闸	兴陈大圩	1997	块石	4	悬搁门	电启动	2018
	甸址公路闸	兴陈大圩	1997	块石	5	悬搁门	电启动	2016
	兴东东闸	兴陈大圩	1994	块石	4	悬搁门	电启动	2017
	兴东南闸	兴陈大圩	1996	块石	4	悬搁门	电启动	2017
	三兴联闸	兴陈大圩	1996	块石	5	悬搁门	电启动	2017
	兴泰泵闸	兴陈大圩	1994	块石	4	悬搁门	电启动	2018
	兴西泵闸	兴陈大圩	1994	块石	5	悬搁门	电启动	2018
	苏庄窑厂闸	兴陈大圩	1994	块石	5	悬搁门	电启动	2016
	苏庄 5 组闸	兴陈大圩	1994	块石	4	悬搁门	电启动	2016
	兴西北闸	兴陈大圩	1905	块石	4	悬搁门	电启动	2018
	洪家尖闸	兴陈大圩	1997	块石	4	悬搁门	电启动	2016
	西陈泵闸	兴陈大圩	1996	块石	5	悬搁门	电启动	2018
	西陈西闸	兴陈大圩	1996	块石	4	悬搁门	电启动	2016
	西陈北闸	兴陈大圩	1993	块石	4	悬搁门	电启动	2016
	沙南西闸	兴陈大圩	1995	块石	4	悬搁门	电启动	2016
	沙南南闸	兴陈大圩	1995	块石	4	悬搁门	电启动	2016
	七步港 1 号	七步港	1995	块石	4	悬搁门	电启动	2018
	七步港 2 号	七步港	1996	块石	4	悬搁门	电启动	2018
	兴泰南闸	七步港	1996	块石	4	悬搁门	电启动	2016
	苏庄西泵闸	苏庄大圩	1996	块石	4	悬搁门	电启动	2017

续表 5-3-2

镇（街道）	闸名	所属圩区	始建时间（年）	结构形式	闸孔尺寸（米）	闸门形式	启闭方式	重建加固时间（年）
溱潼	苏庄西闸	苏庄大圩	1995	块石	4	悬搁门	电启动	2017
	苏庄中闸	苏庄大圩	1995	块石	4	悬搁门	电启动	2017
	苏庄南闸	苏庄大圩	1996	块石	4	悬搁门	电启动	2017
	苏庄北泵闸	苏庄大圩	1993	块石	4	悬搁门	电启动	2017
	苏庄北闸	苏庄大圩	1993	块石	4	悬搁门	电启动	2017
	二场泵闸	二场圩	1996	块石	4	悬搁门	电启动	2018
	二场西闸	二场圩	1993	块石	4	悬搁门	电启动	2018
	二场南闸	二场圩	1993	块石	4	悬搁门	电启动	2018
娄庄	园沟北闸	沙刘圩	1996	浆砌块石	4	直升门	电动启闭	2019
	化工厂西闸	沙刘圩	2018	钢筋混凝土	4	直升门	电动启闭	2018
	砖瓦厂闸	沙刘圩	1997	浆砌块石	4	直升门	电动启闭	2019
	二平瓦闸	沙刘圩	1992	浆砌块石	4	直升门	电动启闭	2019
	先进 21 组闸	沙刘圩	1994	浆砌块石	4	直升门	电动启闭	2018
	瓦厂东闸	沙刘圩	1997	浆砌块石	4	直升门	电动启闭	2018
	沙烈东界闸	沙刘圩	1994	浆砌块石	4	直升门	电动启闭	2018
	六号河东闸	沙刘圩	1995	浆砌块石	5	直升门	电动启闭	2018
	六号河西闸	沙刘圩	1995	浆砌块石	4	直升门	电动启闭	2018
	丁家套西闸	沙刘圩	1994	浆砌块石	4	直升门	电动启闭	2019
	刘舍 5 组闸	沙刘圩	1988	浆砌块石	4	直升门	电动启闭	2018
	刘舍西闸	沙刘圩	1965	钢筋混凝土	3.5	直升门	电动启闭	2019
	刘舍东闸	沙刘圩	1980	浆砌块石	4	人字门	手动开闭	未改
	益朱界闸	中大圩	1999	浆砌块石	5	直升门	电动启闭	2019
	朱兴界闸	中大圩	1999	浆砌块石	4	直升门	电动启闭	2018
	兴胜北闸	中大圩	1992	浆砌块石	4	直升门	电动启闭	2018
	黄家套闸	中大圩	1999	浆砌块石	3.6	直升门	电动启闭	2019
	丁堡西闸	中大圩	1999	浆砌块石	4	直升门	电动启闭	2019
	兴胜西闸	中大圩	1992	浆砌块石	4	直升门	电动启闭	2019
	朱兴界河闸	中大圩	2018	钢筋混凝土	4	直升门	电动启闭	2018
	益众 12 组闸	中大圩	1996	浆砌块石	4	直升门	电动启闭	2019
	益众 11 组闸	中大圩	1996	浆砌块石	4.1	直升门	电动启闭	2019
	三烈北闸	四岔港圩	1995	浆砌块石	4	直升门	电动启闭	2017
	三烈西闸	四岔港圩	1994	浆砌块石	4	直升门	电动启闭	2017
	三烈南闸	四岔港圩	1995	浆砌块石	4	直升门	电动启闭	2017
	养殖场闸	张义圩	1997	浆砌块石	4	直升门	电动启闭	2019
	丰西闸	张义圩	2016	钢筋混凝土	4	直升门	电动启闭	2016

续表 5-3-2

镇（街道）	闸名	所属圩区	始建时间（年）	结构形式	闸孔尺寸（米）	闸门形式	启闭方式	重建加固时间（年）
娄庄	三合圩闸	张义圩	2015	钢筋混凝土	4.1	直升门	电动启闭	2015
	红西界闸	张义圩	1992	浆砌块石	4	直升门	电动启闭	2018
	红庙东闸	张义圩	2015	钢筋混凝土	4	直升门	电动启闭	2015
	红庙南闸	张义圩	1995	浆砌块石	4	直升门	电动启闭	2018
	张宣西闸	张义圩	2015	钢筋混凝土	4	直升门	电动启闭	2015
	张义界闸	张义圩	1985	浆砌块石	5	直升门	电动启闭	2018
	老龙格闸	张义圩	1973	浆砌块石	3.6	直升门	电动启闭	2018
	新红界闸	张义圩	1978	浆砌块石	4	直升门	电动启闭	2010
	窑厂西闸	东袁下匡圩	2002	浆砌块石	4	直升门	电动启闭	2018
	二组西闸	东袁上匡圩	2015	钢筋混凝土	4	直升门	电动启闭	2015
	五组西闸	东袁上匡圩	1977	上混凝土下石	4	直升门	电动启闭	2015
	六组西闸	东袁上匡圩	1995	浆砌块石	4	直升门	电动启闭	2018
	七组西闸	东袁上匡圩	1996	浆砌块石	4	直升门	电动启闭	2019
	九组南闸	东袁上匡圩	1999	浆砌块石	4	直升门	电动启闭	2018
	九组西闸	东袁上匡圩	2012	浆砌块石	4	直升门	电动启闭	2019
	西联东闸	西联圩	1983	浆砌块石	5	直升门	电动启闭	2018
	西联南闸	西联圩	1996	浆砌块石	4	直升门	电动启闭	2018
	丰东闸	西联圩	2015	钢筋混凝土	4	直升门	电动启闭	2015
	小沟北闸	新盟圩	1974	浆砌块石	3.6	直升门	电动启闭	2018
	新盟北闸	新盟圩	1968	钢筋混凝土	3.6	直升门	电动启闭	2019
	九组东闸	新盟圩	1980	浆砌块石	4	直升门	电动启闭	2018
	九组南闸	新盟圩	1985	浆砌块石	4	直升门	电动启闭	2019
	八组南闸	新盟圩	2017	钢筋混凝土	3.5	直升门	电动启闭	2017
	小沟南闸	新盟圩	1973	浆砌块石	3.6	直升门	电动启闭	2019
	斜河闸	新盟圩	1984	浆砌块石	4	直升门	电动启闭	2018
	刘舍一组闸	铁洪圩	1993	浆砌块石	4	直升门	电动启闭	2019
	铁练东闸	铁洪圩	2017	钢筋混凝土	4	直升门	电动启闭	2017
	北纲闸	铁洪圩	1983	浆砌块石	4	直升门	电动启闭	2019
	沐舍西闸	铁洪圩	1973	涵管／钢筋混凝土	3.6	直升门	电动启闭	2018
	铁练二组闸	铁洪圩	1985	浆砌块石	4	直升门	电动启闭	2018
	楝树西闸	铁洪圩	1983	浆砌块石	4	直升门	电动启闭	2019
	南纲闸	铁洪圩	2018	钢筋混凝土	4	直升门	电动启闭	2018
	放牛北闸	放牛圩	1992	浆砌块石	4	直升门	电动启闭	2019
	放牛东闸	放牛圩	1983	浆砌块石	4	直升门	电动启闭	2018
	竹邱东闸	放牛圩	1992	浆砌块石	4	直升门	电动启闭	2018

续表 5-3-2

镇（街道）	闸名	所属圩区	始建时间（年）	结构形式	闸孔尺寸（米）	闸门形式	启闭方式	重建加固时间（年）
娄庄	邱舍西闸	放牛圩	1997	浆砌块石	4	直升门	电动启闭	2019
	放邱界闸	放牛圩	1989	浆砌块石	4	直升门	电动启闭	2019
	放牛七组西闸	放牛圩	1980	浆砌块石	4	直升门	电动启闭	2019
	轴瓦厂西闸	放牛圩	1973	浆砌块石	3.6	直升门	电动启闭	2019
	放牛一组东闸	放牛圩	2018	钢筋混凝土	4	直升门	电动启闭	2018
	根余北闸	根余圩	1989	浆砌块石	4	直升门	电动启闭	2019
	根余八组东闸	根余圩	2017	钢筋混凝土	4	直升门	电动启闭	2017
	十组东闸	根余圩	1973	钢筋混凝土	4	直升门	电动启闭	2019
	根高界闸	根余圩	1984	浆砌块石	4	直升门	电动启闭	2018
	小叉口闸	根余圩	1995	浆砌块石	4	直升门	电动启闭	2019
	高丰厂前闸	根余圩	1963	浆砌块石	4	直升门	电动启闭	2018
	高丰西闸	根余圩	1973	钢筋混凝土	4	直升门	电动启闭	2019
	二组西闸	根余圩	1995	浆砌块石	4	直升门	电动启闭	2019
	根余三组西闸	根余圩	1982	浆砌块石	4	直升门	电动启闭	2018
	洪东北闸	洪东圩	1973	浆砌块石	4	直升门	电动启闭	2019
	洪东西闸	洪东圩	1994	浆砌块石	4	直升门	电动启闭	2019
	新沟西闸	新沟圩	1985	钢筋混凝土	4	直升门	电动启闭	2019
	新沟东闸	新沟圩	2017	钢筋混凝土	4	直升门	电动启闭	2017
	光明西闸	光明圩	1997	浆砌块石	4	直升门	电动启闭	2019
	东阳12组闸	东阳圩外	1993	浆砌块石	4	直升门	电动启闭	2019
沈高	夹河14组闸	夹河圩	1992	块石	4	悬搁门	电动葫芦	2017
	夹河陈家舍闸	夹河圩	1991	块石	4	悬搁门	电动葫芦	2018
	夹河西北闸	夹河圩	2003	块石	4	悬搁门	电动葫芦	2017
	夹河刁舍窑厂闸	夹河圩	2004	块石	4	悬搁门	电动葫芦	2016
	夹河刁舍南闸	夹河圩	1997	块石	4	悬搁门	电动葫芦	2016
	夹河刁舍庄心闸	夹河圩	2004	块石	4	悬搁门	电动葫芦	2018
	夹河夹沟闸	夹河圩	1999	块石	4	悬搁门	电动葫芦	2019
	夹河南闸	夹河圩	2003	块石	4	悬搁门	电动葫芦	2017
	河横三河闸	三河圩	2003	块石	4	悬搁门	电动葫芦	2019
	河横北闸	河横圩	1991	块石	4	悬搁门	电动葫芦	2019
	河横南闸	河横圩	1992	块石	4	悬搁门	电动葫芦	2017
	河横西闸	河横圩	2003	块石	4	悬搁门	电动葫芦	2019
	河横12组闸	河横圩	1999	块石	4	悬搁门	电动葫芦	2019
	夏朱闸	东圩	2000	块石	4	悬搁门	电动葫芦	2019
	沈高西闸	东圩	2001	块石	4	悬搁门	电动葫芦	2018

续表 5-3-2

镇（街道）	闸名	所属圩区	始建时间（年）	结构形式	闸孔尺寸（米）	闸门形式	启闭方式	重建加固时间（年）
沈高	沈高水产闸	东圩	1992	块石	4	悬搁门	电动葫芦	2016
	沈高酱菜厂闸	东圩	2003	块石	4	悬搁门	电动葫芦	2016
	沈高双杨6组闸	东圩	1999	块石	4	悬搁门	电动葫芦	2017
	沈高双杨7组闸	东圩	2002	块石	4	悬搁门	电动葫芦	2019
	沈高双杨北闸	东圩	2005	块石	4	悬搁门	电动葫芦	2017
	夹河刁舍闸	东圩	1992	块石	4	悬搁门	电动葫芦	2018
	沈高双杨窑厂闸	东圩	1996	块石	4	悬搁门	电动葫芦	2019
	沈高范家闸	东圩	2002	块石	4	悬搁门	电动葫芦	2017
	沈高大湾子闸	东圩	2002	块石	4	悬搁门	电动葫芦	2002
	沈高新湾闸	东圩	1997	块石	4	悬搁门	电动葫芦	2017
	沈高黄家舍闸	东圩	1992	块石	4	悬搁门	电动葫芦	2019
	沈高新湾南闸	东圩	2001	块石	4	悬搁门	电动葫芦	2017
	夏北王家舍闸	中圩	1999	块石	4	悬搁门	电动葫芦	2018
	夏北2组闸	中圩	2005	块石	4	悬搁门	电动葫芦	2017
	夏北汤潘南闸	中圩	1999	块石	4	悬搁门	电动葫芦	2017
	夏北汤潘北闸	中圩	2004	块石	4	悬搁门	电动葫芦	2018
	河横丁河西闸	中圩	1999	块石	4	悬搁门	电动葫芦	2019
	河横丁河北闸	中圩	2009	块石	4	悬搁门	电动葫芦	2016
	河横天佑舍闸	中圩	1997	块石	4	悬搁门	电动葫芦	2016
	河横石家舍闸	中圩	2004	块石	4	悬搁门	电动葫芦	2016
	河横丁家舍闸	中圩	2005	块石	4	悬搁门	电动葫芦	2018
	夏北备战河闸	中圩	1997	块石	4	悬搁门	电动葫芦	2018
	夏北粮管所闸	中圩	1991	块石	4	悬搁门	电动葫芦	2018
	夏北袜厂闸	中圩	1999	块石	4	悬搁门	电动葫芦	2018
	夏朱夏西西南闸	西圩	1992	块石	5	悬搁门	电动葫芦	2018
	双星沈舍西南闸	西圩	2005	块石	4	悬搁门	电动葫芦	2018
	双星沈舍8组闸	西圩	2005	块石	4	悬搁门	电动葫芦	2019
	双星沈舍西荡闸	西圩	2004	块石	4	悬搁门	电动葫芦	2019
	双星备战河西闸	西圩	1997	块石	4	悬搁门	电动葫芦	2018
	双星万舍一支闸	西圩	2005	块石	4	悬搁门	电动葫芦	2018
	双星万舍二支闸	西圩	2004	块石	4	悬搁门	电动葫芦	2018
	双星万舍三支闸	西圩	2004	块石	4	悬搁门	电动葫芦	2018
	双星养殖场闸	西圩	2004	块石	4	悬搁门	电动葫芦	2017
	双星美星西北闸	西圩	1985	块石	4	悬搁门	电动葫芦	2016
	双星美星北闸	西圩	1993	块石	4	悬搁门	电动葫芦	2017

续表 5-3-2

镇（街道）	闸名	所属圩区	始建时间（年）	结构形式	闸孔尺寸（米）	闸门形式	启闭方式	重建加固时间（年）
沈高	双星红才闸	西圩	2000	块石	4	悬搁门	电动葫芦	2016
	双星美星南闸	西圩	1992	块石	4	悬搁门	电动葫芦	2018
	双星备战河东闸	西圩	1997	块石	4	悬搁门	电动葫芦	2018
	双星沈舍东闸	西圩	2004	块石	5	悬搁门	电动葫芦	2016
	双星沈舍 2 组闸	西圩	2003	块石	4	悬搁门	电动葫芦	2017
	夏朱夏西闸	西圩	2004	块石	4	悬搁门	电动葫芦	2016
	华杨白杨南闸	白杨圩	1995	块石	4	悬搁门	电动葫芦	2017
	华杨白杨西闸	白杨圩	2002	块石	4	悬搁门	电动葫芦	2019
	华杨白杨北闸	白杨圩	1994	块石	4	悬搁门	电动葫芦	2018
	华杨白杨东闸	白杨圩	1992	块石	4	悬搁门	电动葫芦	2017
	华杨白杨 1 组闸	白杨圩	1998	块石	4	悬搁门	电动葫芦	2019
	华杨白杨 2 组闸	白杨圩	1998	块石	4	悬搁门	电动葫芦	2019
	超幸东荡闸	官庄圩	1996	块石	4	悬搁门	电动葫芦	2016
	华杨东华北闸	官庄圩	1992	块石	4	悬搁门	电动葫芦	2018
	华杨东华东闸	官庄圩	1998	块石	4	悬搁门	电动葫芦	2019
	华杨东华南闸	官庄圩	1996	块石	4	悬搁门	电动葫芦	2017
	联盟双徐闸	大联圩	1992	块石	4	悬搁门	电动葫芦	2016
	联盟冯东闸	大联圩	1992	块石	4	悬搁门	电动葫芦	2016
	冯庄北闸	冯庄圩	1997	块石	4	悬搁门	电动葫芦	2017
	冯庄东闸	冯庄圩	1996	块石	4	悬搁门	电动葫芦	2016
	冯庄东南闸	冯庄圩	1998	块石	4	悬搁门	电动葫芦	2018
	联盟闸	冯庄圩	2000	块石	4	悬搁门	电动葫芦	2016
	冯庄冯西闸	冯庄圩	1997	块石	4	悬搁门	电动葫芦	2017
	双星沈舍闸	西圩区	2016	块石	4	悬搁门	电动葫芦	2016
	夏朱北闸	中圩	1998	块石	4	悬搁门	电动葫芦	2019
淤溪	北闸	大联圩	1993	块石	5	悬搁门	电启动	2012
	西舍闸	大联圩	1996	块石	3.6	悬搁门	电启动	2016
	南闸	大联圩	1997	块石	4	悬搁门	手动葫芦	
	鳅鱼港闸	大联圩	1984	块石	4	悬搁门	电启动	2013
	东开荒 1 号闸	大联圩	1990	块石	4	悬搁门	手动葫芦	
	东开荒 2 号闸	大联圩	1990	块石	4 米	人字门	手动葫芦	
	卞庄公路闸	大联圩	1985	块石	4 米	悬搁门	电启动	2012
	王介尖闸	大联圩	2016	混凝土	5 米	悬搁门	电启动	
	倾四闸站	大联圩	2016	混凝土	4.5	悬搁门	电启动	2019
	东夹沟闸	东夹沟	1989	块石	4	悬搁门	电启动	2017

续表 5-3-2

镇（街道）	闸名	所属圩区	始建时间（年）	结构形式	闸孔尺寸（米）	闸门形式	启闭方式	重建加固时间（年）
	西夹沟闸	农场里	2013	混凝土	4	悬搁门	电启动	2013
	南闸	农场里	2008	块石	4	悬搁门	电启动	2018
	青年大圩闸	青年大圩	1985	块石	4	悬搁门	电启动	2018
	姚介田闸	姚介田	1999	块石	4	悬搁门	电启动	2017
	北闸	五号圩	1999	块石	3	悬搁门	电启动	2017
	南闸	五号圩	1985	块石	4	悬搁门	电启动	2015
	东闸	庄后圩	2000	块石	4	悬搁门	电启动	2013
	西闸	庄后圩	1984	块石	4	悬搁门	电启动	2013
	庄东闸	庄后圩	1984	块石	4	悬搁门	电启动	2017
	庄西闸	庄后圩	1968	混凝土	4	悬搁门	电启动	2016
	周庄闸	五星大圩	1986	混凝土	4	悬搁门	电启动	2016
	靳东闸	五星大圩	1986	混凝土	4	悬搁门	电启动	2016
	靳西闸	五星大圩	1986	混凝土	4	悬搁门	电启动	2016
	大汶口闸	童介田	1995	块石	4	悬搁门	电启动	2013
	涵洞口闸	童介田	1996	块石	4	悬搁门	电启动	2013
	童介田闸	童介田	2013	块石	4	悬搁门	电启动	2019
	庄北闸	童介田	1990	块石	4	悬搁门	电启动	2013
淤溪	庄北新闸	童介田	2005	块石	4	悬搁门	电启动	2017
	丰收闸	童介田	1985	块石	4	悬搁门	电启动	1997
	场部闸	鲍老湖	1986	块石	4	悬搁门	电启动	2011
	东闸	鲍老湖	1988	块石	3	悬搁门	电启动	2017
	三垛东闸	鲍老湖	1996	混凝土	3	悬搁门	电启动	2016
	三垛西闸	鲍老湖	1999	混凝土	4	悬搁门	电启动	2013
	尤庄公路闸	鲍老湖	2003	块石	5	悬搁门	电启动	2013
	界闸	鲍老湖	2003	混凝土	3	悬搁门	电启动	2016
	周庄东闸	鲍老湖	2017	混凝土	2.5	悬搁门	电启动	
	周庄西闸	鲍老湖	2017	混凝土	2.5	悬搁门	电启动	
	沈马公路闸	武庄大圩	2006	块石	3	悬搁门	电启动	2017
	武东北闸	武庄大圩	1994	块石	4	悬搁门	电启动	2017
	武东中闸	武庄大圩	1984	块石	4	悬搁门	电启动	2006
	武东南闸	武庄大圩	2000	块石	3.6	悬搁门	电启动	2018
	武东东闸	武庄大圩	1994	块石	4	悬搁门	电启动	2018
	小脚闸	武庄大圩	1998	块石	3	悬搁门	电启动	2018
	武西北闸	武庄大圩	2013	块石	5	悬搁门	电启动	2013
	武西闸	武庄大圩	1996	块石	5	悬搁门	电启动	2015

续表 5-3-2

镇（街道）	闸名	所属圩区	始建时间（年）	结构形式	闸孔尺寸（米）	闸门形式	启闭方式	重建加固时间（年）
	百灵塔闸	武庄大圩	1998	块石	5	悬搁门	电启动	2014
	武西西闸	武庄大圩	1998	块石	3	悬搁门	电启动	2017
	北闸	吉庄圩	1999	混凝土	5	悬搁门	电启动	2017
	南闸	吉庄圩	1995	砖混	4	悬搁门	电启动	2013
	南圩闸	吉庄圩	2013	钢混凝土	4	悬搁门	电启动	
	沈马公路闸	孙庄圩	2000	钢混凝土	5.5	悬搁门	电启动	2013
	北闸	孙庄圩	1997	混凝土	4	悬搁门	电启动	2017
	西闸	孙庄圩	1997	钢混凝土	4	悬搁门	手动葫芦	
	孙庄港闸	孙庄圩	1996	钢混凝土	5	悬搁门	电启动	2014
	东圩闸	孙庄圩	1996	混凝土	4	悬搁门	电启动	2017
	西圩闸	孙庄圩	1998	钢混凝土	5	悬搁门	电启动	2017
	老谢闸	老谢圩	1995	混凝土	4	悬搁门	电启动	2013
	鹿庄闸	潘北光明	1992	块石	4	悬搁门	电启动	2017
	东圩闸	潘北光明	1988	砖混	4	悬搁门	电启动	2019
	庄北闸	潘北光明	1993	钢混凝土	4	悬搁门	电启动	2017
	南圩闸	潘北光明	1964	砖混	3.6	悬搁门	电启动	2014
	北圩闸	潘北光明	1987	块石	4	悬搁门	电启动	2018
淤溪	西圩闸	潘北光明	1998	钢混凝土	4	悬搁门	手动葫芦	
	西大河南闸	潘北光明	2017	混凝土	5	悬搁门	电启动	
	西大河北闸	潘北光明	2017	混凝土	5	悬搁门	电启动	
	东闸	垛北圩	1998	块石	4	悬搁门	电启动	2017
	顾垛闸	垛北圩	2005	块石	4	悬搁门	手动葫芦	
	西南闸	垛北圩	1998	块石	4	悬搁门	电启动	2017
	茅山河闸	垛北圩	1996	钢混凝土	4	悬搁门	电启动	2017
	庄北东闸	垛北圩	1998	钢混凝土	4	悬搁门	电启动	2017
	庄北西闸	垛北圩	1992	块石	4	悬搁门	电启动	2017
	南闸	甸上圩	1998	块石	5	悬搁门	电启动	2012
	北闸	甸上圩	1996	钢混凝土	4	悬搁门	电启动	2012
	东圩闸	河南圩	1999	块石	4	悬搁门	电启动	2018
	南圩闸	河南圩	1990	块石	4	悬搁门	电启动	2013
	叶马路闸	河南圩	1993	块石	4	人字门	电启动	2014
	冈田闸	冈田圩	1992	块石	4	悬搁门	电启动	2018
	东圩南闸	马南圩	1995	钢混凝土	4	悬搁门	电启动	2013
	东圩闸	马南圩	1997	钢混凝土	4	悬搁门	电启动	2018
	庄东闸	马南圩	1997	块石	5	悬搁门	电启动	2013

续表 5-3-2

镇（街道）	闸名	所属圩区	始建时间（年）	结构形式	闸孔尺寸（米）	闸门形式	启闭方式	重建加固时间（年）
	庄中闸	马南圩	1993	块石	5	悬搁门	电启动	2014
	庄西闸	马南圩	1997	钢混凝土	4	悬搁门	电启动	2017
	华庄闸	西北联圩	1962	砖混	3.6	悬搁门	电启动	2019
	华庄公路闸	西北联圩	1999	混凝土	5	悬搁门	电启动	2014
	华庄西闸	西北联圩	1996	块石	4	悬搁门	电启动	2017
	东圩闸	西北联圩	1996	块石	4	悬搁门	电启动	2013
	华庄北闸	西北联圩	1972	块石	4	悬搁门	手动葫芦	1900
	南北桥老路闸	西北联圩	2013	块石	4	悬搁门	电启动	2017
	南桥公路闸	西北联圩	2001	钢混凝土	4.5	悬搁门	电启动	2018
	北桥公路闸	西北联圩	2001	钢混凝土	4.5	悬搁门	电启动	2018
	香圩公路闸	西北联圩	1998	钢混凝土	4.5	悬搁门	电启动	2018
	棉场闸	西北联圩	1975	混凝土	4	悬搁门	电启动	2016
	棉场南闸	西北联圩	1975	混凝土	4	悬搁门	电启动	2016
	六十亩闸	西北联圩	1998	块石	4	悬搁门	电启动	2016
	张林闸	西北联圩	1998	混凝土	4	悬搁门	电启动	2016
	张林公路闸	西北联圩	1998	钢混凝土	4.5	悬搁门	电启动	2018
	南北桥闸	西北联圩	1997	混凝土	4	悬搁门	电启动	2017
淤溪	朱家圩闸	朱家圩	1992	混凝土	4	悬搁门	电启动	2014
	甸东闸	甸东圩	2000	块石	4	悬搁门	电启动	2013
	工业园闸	工业园	2000	块石	4	悬搁门	电启动	2013
	苏介圩闸	苏介岸	2000	混凝土	4	悬搁门	电启动	2017
	王介圩闸	王介圩	2008	块石	4	悬搁门	电启动	2017
	沈家田闸	靳潭联圩	2008	块石	4	悬搁门	电启动	2015
	马庄港闸	靳潭联圩	2008	块石	4	悬搁门	电启动	2016
	潭港闸	靳潭联圩	2009	块石	4	悬搁门	电启动	2013
	周庄闸	靳周联圩	2009	块石	4	悬搁门	电启动	2016
	直天槽闸	靳周联圩	2010	块石	4	悬搁门	电启动	2013
	天津闸	靳周联圩	2010	块石	4	悬搁门	电启动	2015
	五跳口闸	靳周联圩	1990	块石	4	悬搁门	电启动	2017
	龙溪港东闸	龙溪港	1998	块石	4	悬搁门	电启动	2016
	东闸	东渔场	1990	块石	3	悬搁门	电启动	2012
	西闸	东渔场	2000	块石	4	悬搁门	电启动	2016
	卞庄东闸	东渔场	2000	块石	3.5	悬搁门	电启动	2012
	卞庄西闸	东渔场	1996	块石	3.5	悬搁门	电启动	2017
	东闸	东渔场	1998	块石	3	悬搁门	电启动	2012

续表 5-3-2

镇（街道）	闸名	所属圩区	始建时间（年）	结构形式	闸孔尺寸（米）	闸门形式	启闭方式	重建加固时间（年）
淤溪	渔场东大河南闸	东渔场	2019	混凝土	4 米	悬搁门	电启动	
	渔场东大河北闸	东渔场	2019	混凝土	4	悬搁门	电启动	
	桥西闸	桥西圩	1996	块石	4	悬搁门	电启动	2017
	孙庄港联圩闸	八圩联圩	2018	块石	4	悬搁门	电启动	
	马庄港联圩闸	八圩联圩	2018	块石	4	悬搁门	电启动	
	甸垛圩联圩闸	八圩联圩	2018	块石	4	悬搁门	电启动	
	甸夏联圩闸	八圩联圩	2018	块石	4	悬搁门	电启动	
	孙甸联圩闸	八圩联圩	2018	块石	4	悬搁门	电启动	
	孙庄联圩闸	八圩联圩	2018	块石	4	悬搁门	电启动	
	大锹口南闸	杨庄联圩	2016	混凝土	5	悬搁门	电启动	
	大锹口闸站	杨庄联圩	2017	混凝土	4.5	悬搁门	电启动	
	杨西 5 组闸	杨庄联圩	2017	混凝土	4	悬搁门	电启动	
	小锹口闸	杨庄联圩	2017	混凝土	4	悬搁门	电启动	
	杨东闸站	杨庄联圩	2017	混凝土	4.5	悬搁门	电启动	
	朱庄闸	杨庄联圩	2017	混凝土	4	悬搁门	电启动	
	庄南闸	庄南小圩	2013	混凝土	4	悬搁门	电启动	
俞垛	祝庄东闸			混凝土	4	悬搁门	电启动	2018
	祝庄西闸			块石	4	悬搁门	电启动	2019
	祝庄生明闸			混凝土	5	悬搁门	电启动	2020
	祝庄西生产河闸			块石	4	悬搁门	电启动	2016
	耿庄 3 组闸			块石	3.5	悬搁门	电启动	2019
	祝庄北闸			块石	5	悬搁门	电启动	2016
	茅家 6 组闸			块石	5	悬搁门	电启动	2019
	上坝闸			块石	3.5	悬搁门	电启动	2019
	何北上坝闸			块石	4	悬搁门	电启动	2019
	何北一组闸			块石	4	悬搁门	电启动	2019
	何北长田闸			块石	3.5	悬搁门	电启动	2018
	龙沟西闸			块石	4	悬搁门	手动葫芦	2017
	龙沟东闸			块石	3.5	悬搁门	电启动	2017
	龙沟北闸			块石	3.5	悬搁门	手动葫芦	2017
	龙沟公路闸			块石	5	悬搁门	电启动	2018
	龙沟 5 组闸			块石	4	悬搁门	电启动	2017
	角西东闸			块石	3.5	悬搁门	手动葫芦	1999
	角西南闸			块石	4	悬搁门	手动葫芦	1996
	角西西闸			块石	4	悬搁门	电启动	2018

续表 5-3-2

镇（街道）	闸名	所属圩区	始建时间（年）	结构形式	闸孔尺寸（米）	闸门形式	启闭方式	重建加固时间（年）
俞垛	角西涵管闸			块石	3.5	悬搁门	电启动	1998
	角西5米闸			块石	5	悬搁门	电启动	2017
	角西杨沟闸			块石	4	悬搁门	手动葫芦	1993
	角西二组闸			块石	3.5	悬搁门	电启动	2017
	角西六组闸			块石	3.5	悬搁门	电启动	2019
	1号公路闸			块石	5	悬搁门	电启动	2018
	2号公路闸			块石	5	悬搁门	电启动	2018
	姜家油井闸			块石	5	悬搁门	电启动	2018
	茅家庄前闸			块石	5	悬搁门	电启动	2018
	祝庄北圩闸			块石	4	悬搁门	电启动	2018
	俞北棉花营口闸			块石	4	悬搁门	电启动	2019
	姜家夹河闸			块石	4	悬搁门	电启动	2018
	火炬6组闸			块石	3.5	悬搁门	电启动	2017
	火炬7组闸			块石	4	悬搁门	电启动	2020
	角西4组闸			块石	3.5	悬搁门	电启动	2017
	东港闸			砖砌	4	悬搁门	电启动	2020
	茅家闸			块石	5	悬搁门		
	姜家后闸			块石	3.5	悬搁门		
	姜家南闸			块石	3.5	悬搁门	电启动	2017
	何南闸			块石	4	悬搁门	电启动	2019
	何北闸			块石	3.5	悬搁门	电启动	2017
	野卞南闸			块石	3.7	悬搁门	手动葫芦	
	野卞西闸			块石	3.5	悬搁门	电启动	2018
	耿庄闸			块石	3.5	悬搁门	电启动	2018
	耿庄西闸			混凝土	4	悬搁门	电启动	2019
	野卞西南闸			块石	5	悬搁门	手动葫芦	
	耿庄东闸			块石	4.2	悬搁门	电启动	2019
	何南西南闸			混凝土	5	悬搁门	电启动	2017
	野卞西闸			块石	5	悬搁门	电启动	
	何北庄后闸			块石	4	悬搁门	手动葫芦	1997
	何南公路闸			块石	4	悬搁门	电启动	2019
	何南夹河公路闸			块石	3	悬搁门	电启动	2019
	何北公路闸			块石	4	悬搁门	电启动	2017
	野卞东坝闸			块石	4	悬搁门	手动葫芦	
	何南余家湾砖闸			块石	4	悬搁门	手动葫芦	

续表 5-3-2

镇（街道）	闸名	所属圩区	始建时间（年）	结构形式	闸孔尺寸（米）	闸门形式	启闭方式	重建加固时间（年）
俞垛	耿庄河西闸			块石	3.7	悬搁门	电启动	2020
	俞北西闸			块石	3.7	悬搁门	手动葫芦	
	俞南闸			混凝土	3.7	悬搁门	电启动	2019
	张尖闸			块石	4	悬搁门	手动葫芦	
	罗格田闸			块石	4	悬搁门	手动葫芦	
	俞北 3 组闸			块石	4	悬搁门	手动葫芦	
	俞北 5 组闸			块石	3	悬搁门	电启动	2018
	忘私 5 组窑厂闸			块石	5	悬搁门	电启动	2018
	忘私 6 组渔场闸			钢混凝土	4	悬搁门	螺杆	2018
	俞南三组闸			块石	3.5	悬搁门	电启动	2019
	耿庄 10 场沟闸			块石	3.5	悬搁门	电启动	2019
	北圩闸			块石	4	悬搁门	电启动	2019
	中圩闸			块石	4	悬搁门	电启动	2019
	火炬冲			块石	4.2	悬搁门	电启动	2019
	北野庙闸			块石	4	悬搁门	电启动	2017
	宫伦东闸			块石	4	悬搁门	电启动	2019
	俞北东闸			块石	3.5	悬搁门	电启动	2019
	忘私里沟闸			块石	4	悬搁门	电启动	2019
	俞北东港闸			块石	4	悬搁门	电启动	2017
	俞北 8 组闸			块石	3	悬搁门	手动葫芦	
	房庄闸			块石	4	悬搁门	电启动	2017
	房庄东闸			块石	5	悬搁门	电启动	2019
	房东褚牛沟闸			块石	4.2	悬搁门	电启动	2019
	房西庄后闸			块石	4	悬搁门	电启动	2019
	宫伦公路闸			块石	5	悬搁门	电启动	2019
	伦东房西交界闸			块石	4	悬搁门	电启动	2019
	伦东东闸			块石	5	悬搁门	电启动	2019
	伦西后闸			块石	5	悬搁门	电启动	2019
	房庄窑厂闸			块石	5	悬搁门	电启动	2019
	伦西陈茏砖闸			块石	4	悬搁门	电启动	2019
	伦西西闸			块石	5	悬搁门	电启动	2019
	伦西 2 组闸			块石	3.5	悬搁门	电启动	2017
	伦西窑厂闸			块石	5	悬搁门	电启动	2019
	伦西窑厂前闸			块石	5			
	房西 5 组闸			块石	4	悬搁门	电启动	2019

续表 5-3-2

镇（街道）	闸名	所属圩区	始建时间（年）	结构形式	闸孔尺寸（米）	闸门形式	启闭方式	重建加固时间（年）
俞垛	房西米厂闸			块石	4	悬搁门	电启动	2019
	忘私7组闸			块石	3.5	悬搁门	电启动	2019
	忘私7组砖闸			块石	3.5	悬搁门		
	花东闸			块石	4	悬搁门	电启动	2017
	鸭庄闸			块石	5	悬搁门	电启动	2018
	花庄夹河闸			砖混凝土	3.6	悬搁门	电启动	2018
	花西老闸			块石	3.6	悬搁门	电启动	2018
	花西4组闸			块石	4	悬搁门	电启动	2018
	茏田河闸			块石	5	悬搁门	电启动	2019
	北陈东闸			砖砌	3	悬搁门		
	北陈庄后闸			块石	5	悬搁门	电启动	2016
	顾华家后闸			块石	4	悬搁门	电启动	2019
	薛鸭闸			块石	4	悬搁门	电启动	2019
	薛庄后闸			砖砌	3	悬搁门		
	薛庄学校闸			块石	5	悬搁门	电启动	2019
	仓场3米闸			砖砌	3	悬搁门		
	仓北6队闸			块石	5	悬搁门	电启动	2018
	管王夹河闸			块石	3.6	悬搁门	电启动	2019
	管王东闸			块石	4	悬搁门	电启动	2019
	管王北头闸			块石	4	悬搁门	电启动	2019
	花薛闸			块石	5	悬搁门	电启动	2019
	花庄4队闸			块石	4	悬搁门	电启动	2019
	花东9队闸			块石	5	悬搁门	电启动	2019
	花东10队闸			块石	4	悬搁门	电启动	2019
	花仓闸			块石	4	悬搁门	电启动	2018
	西姚港闸			块石	5	悬搁门	电启动	2019
	东姚港闸			块石	4	悬搁门	电启动	2017
	北生港闸			块石	5	悬搁门	电启动	2017
	仓场医院闸			钢混凝土	4	悬搁门	电启动	2019
	仓薛闸			块石	5	悬搁门	电启动	2019
	北生北闸			块石	5	悬搁门	电启动	2018
	仓东公路闸			块石	5	悬搁门	电启动	2017
	边福田闸			块石	5	悬搁门	电启动	2019
	仓北东闸			块石	5	悬搁门	电启动	2019
	田姚沟闸			块石	4	悬搁门	电启动	2017

续表 5-3-2

镇（街道）	闸名	所属圩区	始建时间（年）	结构形式	闸孔尺寸（米）	闸门形式	启闭方式	重建加固时间（年）
俞垛	两仓圩闸			砖砌	3.6	悬搁门		
	加林河东闸			块石	4	悬搁门	电启动	2016
	仓南桃园闸			块石	4	悬搁门	电启动	2019
	仓场收花站闸			混凝土	5	悬搁门	电启动	2019
	仓东南头闸			块石	4	悬搁门	电启动	2019
	仓东道沟闸			块石	4	悬搁门	电启动	2019
	柳林庄后闸			块石	5	悬搁门	电启动	2019
	野余西大河闸			块石	4	悬搁门	电启动	2019
	野余庄前闸			块石	4	悬搁门	电启动	2019
	陶野公路闸			块石	5	悬搁门	电启动	2017
	陶舍西河闸			块石	5	悬搁门	电启动	2019
	陶舍公路闸			块石	4	悬搁门	电启动	2019
	叶北后闸			块石	4	悬搁门	手动葫芦	
	医院闸			块石	5	悬搁门	手动葫芦	
	安乐 3 号圩闸			块石	4	悬搁门	电启动	2019
	春草厂后闸			块石	5	悬搁门	电启动	2019
	春草窑厂闸			块石	4	悬搁门		
	东山井闸			块石	4	悬搁门	电启动	2018
	春官闸			块石	5	悬搁门	电启动	2019
	官场庄闸			块石	4	悬搁门	电启动	2019
	老圩坝头闸			块石	4	悬搁门	电启动	2019
	轮船码头闸			块石	4	悬搁门	电启动	2019
	春草庄前闸			块石	4	悬搁门	电启动	2020
	春草北头闸			块石	5	悬搁门	电启动	2019
	春草 6 队闸			块石	5	悬搁门	电启动	2020
	叶北圩闸			块石	4	悬搁门	电启动	2019
	叶北东闸			块石	4	悬搁门	电启动	2019
	王荣生东闸			混凝土	4	悬搁门	电启动	2018
	安乐闸			块石	4	悬搁门	电启动	2018
	安乐公路闸			钢混凝土	5	悬搁门	螺杆	2017
	南陈庄前闸			块石	5	悬搁门	电启动	2019
	南陈庄西闸			块石	5	悬搁门	电启动	2019
	叶甸四里港闸			块石	4	悬搁门	电启动	2019
	叶名排涝站闸			砖砌	3.6	悬搁门	电启动	2019
	叶名庄前闸			混凝土	4	悬搁门	电启动	2019

续表 5-3-2

镇（街道）	闸名	所属圩区	始建时间（年）	结构形式	闸孔尺寸（米）	闸门形式	启闭方式	重建加固时间（年）
俞垛	西泊新河闸			砖砌	3	悬搁门	电启动	
	西泊老闸			砖砌	3.6	悬搁门	电启动	2019
	西泊口闸			块石	4	悬搁门	电启动	
	春草2队场闸			钢混凝土	4	悬搁门	螺杆	2017
	横庄荒田闸			块石	4	悬搁门	电启动	1999
	横庄东坝闸			块石	5	悬搁门	电启动	2019
	横庄庄前闸			混凝土	4	悬搁门	电启动	2019
	横庄陆圩闸			块石	5	悬搁门	电启动	2016
	横庄内圩闸			块石	4	悬搁门		
	横庄公路闸			块石	4	悬搁门	电启动	2018
	横庄南闸			块石	4	悬搁门	电启动	2019
	安乐北闸			块石	4	悬搁门	电启动	2019
	安乐南闸			块石	4	悬搁门	电启动	2019
	纪家岑圩闸			块石	5	悬搁门	电启动	2019

第四节　省管湖泊（滞涝区）

姜堰区列入《江苏省湖泊保护名录》的省管湖泊湖荡共有龙溪港、夏家汪、喜鹊湖3个。涉及苏政发〔1992〕44号文保留水面1处（喜鹊湖圩S27），第一批滞涝圩9个，后因2019年行政区划调整，华港镇境内的滞涝圩被划入海陵区，区域内有第一批滞涝圩6个（I71、I71-1、I71-2、I73、I73-1、I250）。

一、龙溪港

龙溪港位于姜堰区西北部，由5块独立圩区组成，均为一级滞涝圩。主要功能是调节水量，削减洪峰，具有引排水及通航的作用。湖泊死水位0.90米，相应容积为0.006538亿立方米；龙溪港正常水位1.2米，相应容积为0.008873亿立方米。设计洪水位3.1米，相应容积为0.016812亿立方米。历史最高水位3.41米（1991年），相应容积为0.0182597亿立方米。滞涝圩均兴建

于20世纪50—80年代，保护面积约2.88平方千米，涉及华港镇、淤溪镇2个镇。其中，华港镇境内1.08平方千米（2015年划入海陵区），淤溪镇境内1.80平方千米。龙溪港除I73-1圩区外，其他部分个圩区均被圈圩成大小不一的鱼塘，以养殖鱼、蟹、虾等水产品为主；I73-1圩区地势较高，地面高程一般在2.7~3.5米，圩区北侧分布大量住宅小区，南侧多为农田。龙溪港保护范围内部分土地利用性质为基本农田，基本农田面积约0.93平方千米。龙溪港养殖一场南圩有圩口闸1座、滚水坝1座，养殖一场北圩有圩口闸1座，养殖二场圩有圩口闸1座，滚水坝4座。

二、夏家汪

夏家汪位于姜堰区北部，由3个小圩区组成，均为一级滞涝圩，滞涝圩均兴建于20世纪50—70年代，总面积约0.86平方千米，位于溱潼镇。由于泰东河的开挖，I71-1和I71-2部分圩区已为泰东河一部分。2019年夏家汪被圈围分割成多块小塘，形成封闭区，以渔业、菱角养殖为主。2019年，

夏家汪保护范围内基本农田面积约0.29平方千米。

三、喜鹊湖

喜鹊湖位于姜堰区北部，由喜鹊湖、喜鹊北湖及周边水系组成，保护面积约3.03平方千米，其中喜鹊湖为自由水面，喜鹊北湖为第一批滞涝圩，全部在溱潼镇范围内。2019年喜鹊湖和喜鹊北湖土地利用性质为水域。截至2009年，喜鹊湖为湖面，喜鹊北湖被圈围分割成多块小塘，形成封闭区，以渔业、菱角养殖为主。2009年，姜堰区为了恢复喜鹊北湖调蓄洪涝水能力，对喜鹊北湖实施退圩还湖工程，主要清理喜鹊北湖保护范围内圩埂。

表5-4-1　　　　　　　　　　　　　　姜堰区里下河滞涝圩区统计见表5-4-1

湖泊湖荡名称	圩区名称	滞涝顺序	圩区面积（平方千米）	圩区建成时间	圩区性质	开发利用现状
龙溪港	I73	第一批滞涝圩	0.47	20世纪50—70年代	副业圩	被分割为多个鱼塘，以养殖鱼、蟹、虾为主
	I73-1	第一批滞涝圩	1.34	20世纪70—80年代	混合圩	
夏家汪	I71	第一批滞涝圩	0.35	20世纪50—70年代	副业圩	被分割为多个鱼塘，以养殖鱼、蟹、虾和种植菱角为主
	I71-1	第一批滞涝圩	0.16	20世纪50—70年代	农业圩	多为自由水面，有少部分低埝圩区，以种植菱角为主
	I71-2	第一批滞涝圩	0.35	20世纪50—70年代	农业圩	多为自由水面，有少部分低埝圩区，以种植菱角为主
喜鹊湖	喜鹊北湖	第一批滞涝圩	0.98	20世纪50—70年代	副业圩	自由水面
	喜鹊湖	自由水面	1.94			自由水面

第五节　中低产田改造

姜堰通南地区地势高，土质沙，龟背田、高垺田多，跑水、跑土、跑肥，俗称"三跑田"。河道稀少，多为死沟呆塘，常年缺水，种植以旱谷杂粮为主，产量低而不稳。

20世纪50年代中期，通南地区开始进行中低产田改造。重点改造龟背田、高垺田，扩大灌溉面积，实施"旱改水"。至20世纪80年代后期，中低产田得到不同程度治理。但由于水利设施不配套，农作物产量仍在低水平徘徊。

1988年，泰县仍有中低产田2.2万公顷，大部分在通南地区。这些田块水系紊乱，易涝易渍，水土流失严重，产量低而不稳，一般每亩年产量不足500千克。为实现农业生产新飞跃，大伦、蒋垛、仲院、运粮、王石、顾高、梅垛、张甸、大泗、白马10个乡镇被列入扬州市"百万亩中低产田改造工程"项目区，规划改造面积2.05万公顷。1988年，全县改造中低产田3201公顷，新开外三沟860条，整修外三沟6.91万条，整修渠道3556条，完成4.67万公顷夏熟作物田间一套沟配套工程，实现"一深""二密""三通"。

1989年，实施"百万亩中低产田改造工程"。

1990年，泰县改造中低产田5336公顷，完成土方380万立方米，增加旱改水面积854公顷，开挖鱼池5.34公顷，实行沟渠田林路综合治理、桥涵闸站全面配套。

1992年，张甸镇通过平整土地填废沟塘增加土地4公顷、旱改水66.7公顷。顾高镇夏庄村投入1200多人，进行平田整地和建设田间工程，人均完成土方25立方米，通过填平废沟塘，净增耕地0.93公顷；白马乡东北部5个村366公顷连片改造区，完成土方25万立方米，改造后的耕地达到渠成形、路成线、田成方、沟配套、林成网。

至1994年，基本完成"百万亩中低产田改造工程"姜堰项目区工程任务。疏浚乡级河道80条,新开和接长乡级河道13条。新开排降沟154条,疏浚排降沟559条。新开农排沟801条,整修农排沟2243条。新开隔水沟1.65万条,整修隔水沟2.38万条。新建干(支)渠537条,整修干(支)渠2745条。平田整地2715公顷,新增耕地283公顷。完成土方1710万立方米。配套各类建筑物9038座。总投入资金507万元,投入劳动工日1096万个。新增水稻面积2981公顷,秸秆还田面积占62%,配方施肥面积占86%,良种化面积占91%,植保面积占81%,水旱轮作面积占93%。1994年,项目区内粮食总产量比改造前的1989年增长8.3%,每亩粮食产量增加85千克。

1995年,通南地区10个乡镇完成中低产田改造项目扫尾任务,改造面积2661公顷,完成土方290万立方米。至此,扬州市"百万亩中低产田改造工程"姜堰项目区任务全部完成。该项目实施,从根本上解决了通南地区人民"吃粮靠返销、用钱靠贷款"的状况。

1996—1999年,全市改造中低产田3.7万公顷,植树936.3万株,修筑乡村机耕路1137.1千米。

2000年,改造中低产田1000公顷。2001年,改造中低产田2868公顷。

2002年,姜堰区水利部门对水利工程建设,本着"先干后补、边干边补、多干多补"的原则,鼓励社会资本参与投资,实行"以奖代补",筹资4355万元,一部分用于老通扬运河、三水闸和

顾高镇低产田改造

黄村闸整治改造,加固圩堤,新建、改建圩口闸;另一部分用于疏浚29条乡级中沟河道,改造中低产田2374公顷。2004年,改造中低产田2000公顷。

2005年,实施中低产田改造和圩区综合治理工程。改造中低产田1433公顷,新开挖鱼塘66.7公顷,复垦土地607公顷,配套建筑物2500座。

2006—2010年,全区改造中低产田11887公顷。2011—2019年,全区改造中低产田3826.7公顷。至此,姜堰区中低产田改造任务基本完成。

第六节 高标准农田建设

2010年后,在改造中低产田的基础上,推进高标准农田建设。实施小型农田水利重点县、中型灌区、千亿斤粮食产能规划田间工程等项目,至2019年,姜堰区高标准农田面积达到2.93万公顷。

一、中央财政小型农田水利重点县项目

2010年度项目涉及娄庄镇、溱潼镇、桥头镇、俞垛镇、兴泰镇5个镇。工程主要建设内容为新拆建圩口闸28座,新拆建排涝站45座,新建电灌站45座,新建衬砌渠道51.04千米,实施滴灌面积929亩。工程于2011年1月10日开工,5月底基本完成工程建设任务。工程概算总投资3343万元,其中中央财政补助800万元、省级财政补助1200万元、姜堰市配套1300万元。工程建成后,能改善项目区的农业生产条件,提高农业综合生产能力。预计可新增灌溉面积0.15万公顷,恢复灌溉面积0.31万公顷,改善灌溉面积0.57万公顷,改善排涝面积0.72万公顷。年新增引提水能力2795万立方米,新增节水能力875万立方米,年新增粮食产量560万千克,年新增经济作物产值194万元。

2011年度项目涉及梁徐镇、沈高镇2个镇。

工程主要建设内容为新（拆）建电灌站 50 座，新（拆）建衬砌渠道 100.9 千米，新（拆）建渠系建筑物 954 座，新（拆）建排涝站 22 座，建设高效农业节水灌溉面积 1710 亩。工程于 2012 年 1 月 10 日开工，6 月底基本完成工程建设任务。工程概算总投资 3340 万元，其中中央财政补助 800 万元、省级财政补助 1200 万元、姜堰市配套 1340 万元。

2012 年度涉及姜堰镇、白米镇、俞垛镇及华港镇 4 个镇。工程主要建设内容为新（拆）建灌溉泵站 49 座，新（拆）建混凝土衬砌渠道 161.74 千米，配套建筑物 1500 座，新建排涝站 3 座，新建高效农业节水滴灌面积 13.34 公顷。项目总投资 3365.5 万元，其中中央财政补助 800 万元、省级财政补助 1200 万元、姜堰市配套 1365.5 万元。

2013 年度项目建设地点为张甸镇、梁徐镇、沈高镇 3 个镇，其中张甸镇、梁徐镇属于通南高沙土地区，沈高属于里下河地区。该工程疏浚河道 41 条，共计 67.21 千米，新建生态护岸 15.48 千米，整坡 380 米，新（拆）建配套建筑物 48 座。工程项目概算总投资 2670.34 万元，其中中央财政补助 800 万元、省级配套 800 万元、省级以下财政 1070.24 万元。2014 年 4 月开工，10 月完工。

2014 年度项目建设地点为桥头镇、溱潼镇、兴泰镇 3 个镇，主要工程量为：疏浚河道及河道两岸边坡整坡 40.57 千米，疏浚土方 79.94 万立方米，整坡土方 8.22 万立方米；新建高度为 0.9 米模块挡墙 4.16 千米，新建高度为 2.0 米 M10 浆砌块石墙 3.94 千米；新建 53 座配套排水涵，涵管直径为 60 厘米、40 厘米，排水涵长度为 15 米，项目共需完成土方 140.25 万立方米。该项目概算总投资 2703.94 万元，其中河道疏浚 1675.28 万元，新建挡墙 982.39 万元，配套建筑物 46.27 万元。2014 年 4 月开工，2015 年 5 月完工。

2015 年度项目涉及娄庄镇、淤溪镇、俞垛镇 3 个镇，工程内容为：疏浚河道 62 条，长 49.25 千米，实施生态护岸河道 9 条，护岸长 15.88 千米，新建配套建筑物 44 座，总土方 127.9 万立方米。工程总投资 2671.49 万元，其中中央财政补助 800 万元、省财政补助 800 万元、市级配套 534.2 万元、姜堰区财政自筹 537.29 万元。该工程于 2015 年 11 月开工，2016 年 4 月完工。

2016 年度项目涉及沈高镇、溱潼镇、桥头镇 3 个镇，工程建设内容为：疏浚河道 17 条，长 16.24 千米，土方 28.77 万立方米。整坡河道 12 条，长 9.33 千米；实施生态护岸河道 8 条，护岸长 10.15 千米。新建灌溉站 8 座，硬质渠道 4.8 千米，配套建筑物 134 座，新建低压管道输水灌溉 36 公顷。项目总投资 2715.45 万元，其中中央补助 1000 万元、省级补助 900 万元、市级建设资金 407.14 万元、区级建设资金 408.31 万元。该工程于 2016 年 2 月开工，12 月竣工。

2017 年度项目涉及梁徐镇、张甸镇、顾高镇，工程内容为：疏浚河道 9 条，长 16.95 千米，新建护岸长 19 千米；新建配套直径 100 厘米活水涵洞 2 座；衬砌渠道 14.86 千米并新建配套建筑物，新建低压管道输水灌溉 110 公顷。该工程总投资 2716.26 万元，其中中央财政补助 1000 万元，省级补助 900 万元，市、区级建设资金 816.26 万元。

2018 年度项目涉及白米镇、桥头镇、蒋垛镇、大伦镇，建设内容为疏浚河道 4 条，长 6.91 千米。新建生态护岸长 11.9 千米。对护砌河道边坡进行植物防护。配套新建泵站及直径 120 厘米涵洞 2 座。新建高效节水灌溉 333.8 公顷。该工程总投资 2714.58 万元，其中中央财政补助 1000 万元，省级补助 900 万元，市、区建设资金 814.58 万元。该工程于 2018 年 3 月 2 日开工，8 月 30 日完工。

二、千亿斤粮食产能规划田间工程建设项目（灌区末级渠系）

该项目位于泰州市姜堰区蒋垛镇、娄庄镇、兴泰镇。工程建设内容为：新建或拆建灌溉泵站 17 座，其中 10 泵站 6 座，12 泵站 11 座，新建混凝土衬砌渠道 30.94 千米，其中梯形斗渠 16.25 千米，梯形农渠 14.69 千米，新建 3.0 米宽水泥路 5.023 千米，拆建 3 座排涝站。2014 年 3 月开工，2014 年 12 月完工。项目总投资 1000 万元，其中工程建设费 924.65 万元、独立费 46.22 万元、预备费 29.13 万元，资金来源为中央投资 800 万元、地方配套 200 万元。

泰州市姜堰区 10 万亩高标准农田建设试点项目（2016 年新增千亿斤粮食产能规划田间工程），该项目位于姜堰区娄庄镇、白米镇、大伦镇、蒋垛镇 4 个镇，涉及 48 个行政村，项目建设规模和内容为：建设高标准农田 0.67 万公顷，土地平整 1076.33 公顷，新增耕地 45.34 公顷；新建拆建灌溉泵站 160 座，排涝泵站 17 座，维修灌溉泵站 13 座，配套输电线路 15.65 千米；新建防渗渠 371.203 千米、生态沟 21.451 千米、土质沟 53.265 千米；新建农桥 136 座、防洪闸 8 座、土坝 9 座；配套渠系建筑物 20311 座；新建机耕路 564.53 千米、防护林 6.46 万株；新建为农服务中心 7 个。该项目总投资 4 亿元，其中中央预算内资金 1.2 亿元（千亿斤粮食项目资金）、专项建设基金 0.6 亿元、农发行跟进贷款 1.5 亿元，其余为市、区自筹。

三、2013 年中央财政统筹从土地出让收益中计提的农田水利建设资金项目

该项目位于张甸镇张前村，拆建灌溉泵站 4 座，其中 10 泵站 1 座，14 泵站 1 座，16 泵站 2 座。新建混凝土衬砌渠道 16.96 千米，其中梯形斗渠（干渠）1528 米，梯形农渠（支渠）9819 米，U 形农渠（干渠）4623 米，U 形农渠（支渠）990 米。分水闸 49 个，田头进水涵 542 个。配套建设过路涵 162 座，其中直径 60 厘米生产路涵 111 座，直径 40 厘米田间路涵 51 座。新建节水滴灌 13.33 公顷。工程项目概算总投资 400 万元。2014 年 8 月开工，2014 年 11 月完工。

2014 年 11 月 28 日，江苏省财政厅、江苏省国土资源厅下达 2014 年第三批省级以上投资土地整治项目计划和预算的通知，该项目位于张甸镇严唐村、花彭村、张甸村、张桥村、朱顾村、甸头村、魏家村 7 个行政村，该项目土地平整 34.31 万平方米，表土剥离 10.18 万平方米，土地翻耕 0.48 公顷，田埂修筑 2.61 万立方米。渠道衬砌 36.68 千米，清淤排水沟 48.42 千米，渠系建筑物 7225 座，泵站 7 座，道路 81 千米。护路护沟林 2.22 万株。项目总投资 3662 万元，全部为省级投资。该项目于 2016 年 2 月开工，12 月竣工。

四、2016 年度国家农业综合开发存量资金土地治理项目

该项目位于淤溪镇、张甸镇，工程内容为开挖疏浚沟渠 19.74 千米，新改建电灌站 10 座，衬砌渠道 34.29 千米，新改建桥梁 7 座，新改建圩口闸 6 座，新改建涵 17 座，新改建机耕路 12.41 千米，绿化 13.34 公顷。总投资 1515 万元，财政投资 1500 万元，其中中央补助 750 万元、省级补助 637.5 万元、市级补助 56.25 万元、区级补助 56.25 万元、群众自筹 15 万元。

五、2016 年度省级沿江高沙土农业综合开发项目

该项目位于蒋垛镇、梁徐镇，工程内容为：新建泵站 2 座，衬砌渠道 4.64 千米，过路涵 30 座，机耕路 2.77 千米，绿化 3.33 公顷。下达的计划任务改造中低产田 400 公顷。项目投资 600 万元，均为省级财政投资。

六、泰州市姜堰区 2016 年度市级高标准农田建设专项资金项目

该项目位于蒋垛镇、梁徐镇，工程内容为：新建渠道 3.09 千米、过路涵 11 座、桥梁 1 座、箱涵 3 座、机耕路 5.07 千米。项目计划新增高标准农田 0.04 万公顷。项目财政总投资 300 万元，

其中市级财政 180 万元、区级财政 120 万元。

第七节　提水灌排

姜堰区农田灌溉历史上全靠"三车"（人力车、风车、牛车）提水。民国年间，在栽插用水高峰期有少数农户租用机器抽水灌溉。中华人民共和国成立后，机电灌排发展迅速，逐步取代旧式"三车"提水工具。1970 年机电灌排面积达 4.33 万公顷。截至 1993 年底，全区拥有机电排灌总动力达到 4996 台、61878 千瓦，流量 626.18 米³／秒，建成单排站 179 座，227 台套、5635 千瓦。其中里下河单排动力 200 台套、4442 千瓦，全区灌溉流量每万亩稻田达到 5 米³／秒，排涝流量每平方千米为 0.96 米³／秒。20 世纪 90 年代后，随着农村电力的发展，机灌排逐步被电灌排取代。

1996 年，全市建成机电排灌站 54 座，装机容量 1194 千瓦，总投资 176.9 万元，增加灌溉面积 181 公顷，改善灌溉面积 1007 公顷，增加排涝面积 287 公顷，改善排涝面积 4354 公顷。1998 年，建成机电排灌站 55 座，增添流量 36.4 米³／秒，配套功率 2130 千瓦。2000 年，里下河圩区完成 15.4 米³／秒排涝流量建设任务。2002 年，姜堰市机电排灌站改制，产权全部出售给个人。

20 世纪 70 年代后，由农业机械管理局负责机电排灌建设管理，其间，水利部门新建部分排涝站。2010 年，机电排灌职能划归水利局。此后，新建、改建众多的排灌站。2019 年姜堰区拥有排涝站 622 座，排涝流量 551.07 米³／秒，电灌站 2504 座。

一、电灌站

自 1958 年，通南电灌事业的发展经过发展、调整、巩固、技改 4 个阶段。到 1993 年底，通南共有电灌站 1844 台套、26939 千瓦，灌溉面积 1.82 万公顷，里下河建电灌站 970 台套、11450 千瓦，灌溉面积 1.72 万公顷。通南地区新建和改造电灌站 68 座，新增动力 965 千瓦，改造动力 367 千瓦。总投资 232.7 万元。

1998 年姜堰市人民政府办公室发出《市政府办公室转发市农机局〈关于固定电灌站产权制度改革的意见〉的通知》（姜政办〔1998〕37 号），要求结合本地情况，将变压器以下，包括泵房、电气设备、机泵管三大部分（已铺设硬质渠道的可连同硬质渠道一并转售），至 2002 年全部改制结束。

沈高电灌站

电灌站的改制能充分发挥电灌站的使用效益，降低农灌成本，减少电灌站在集体使用管理中存在的职责不明、维修费用大、机泵技术不易保证和漫灌、窜灌等现象。但改制后也出现一些矛盾，电灌站作价让售时，同时核定水费收费标准，让农户放心，但由于原有电灌站年久失修，与设计能力相差较大，有的购买者无利可图，每当农田需水时往往供水不及时，或供水量不足，供需矛盾突出；改制前政府对农机电灌维修有所投入，改制后转由购买者自己维修、养护，只要机器不停转只管开，拼设备。一旦机器无法运转，购买者则将电灌站大门钥匙交给村委会。

2014年，姜堰区政府办公室出台《关于规范电灌站运营管理的意见》（泰姜政办〔2014〕66号），对群众反映强烈、经营者又不服从管理的电灌站组织回购，回购价统一按原改制转让价加上经营者后续投资部分执行。

2010年，机电排灌职能划归水利局后，电灌站建设得到快速发展，10年间，共新建、改建电灌站1039座。2019年，全区有电灌站2504座，灌溉面积4.67万公顷，其中通南地区灌溉面积2.37万公顷、里下河地区灌溉面积2.30万公顷。

二、节水灌溉

1996年，开始在张甸镇实施硬质化渠道衬砌工程试点。通过实践，衬砌工程省地、省电，节省整修用工，特别是节约用水。经测算，每亩投入120元，节水40%，5年收回成本。

1997年，张甸镇实施"万亩渠道衬砌工程"，涉及19个村，灌溉面积0.09万公顷，总长度66.3千米，工程造价约为：干渠为70元/米，支渠40元/米，田间小沟20元/米。

1998年，姜堰市委、市政府决定用3年时间在通南地区实施硬质化渠道工程。对经验收合格的衬砌渠道，按实际长度和标准，由市财政和农业发展基金办公室给予一次性定额补助，多建多补。3年实施硬质化衬砌渠道164.5万米，节水

灌溉面积2.60万公顷。

1999年，实施通南灌区改造工程，总投资1030万元，其中国家用于水利建设的国债补助300万元、乡镇村自筹730万元。在项目区内对原有田块进行以节水为中心的综合治理，推广节水灌溉面积0.83万公顷。铺设节水灌溉衬砌渠道43.66万米，配套各类建筑物9350座，提高灌溉水利用系数，改善农业生产基础条件。

2001年，实施国家计委、水利部"国家节水增效示范县"项目。主要涉及姜堰镇、梁徐镇，分为两个项目区，项目I区为"姜堰市大地农业科技园"君子兰温室大棚提供微灌、滴灌、喷灌服务，灌溉面积20.01公顷；项目II区为54.03公顷蔬菜大棚种植提供喷灌、微灌、半固定式喷灌。2002年初竣工，总投资190.05万元，其中国家补助70万元。

2003年，实施沈高镇2000亩省级节水增效示范项目。项目为低压管道输水灌溉和衬砌渠道灌溉，项目内容为：新建泵站3座，衬砌渠道1000米。项目总投资173.6万元，其中省补助70万元。该项工程实施后，节约土地6.34公顷，每年可节约水28万立方米，节约用工3900个。

2003年，继续实施节水灌溉示范项目。示范项目包括桥头、蒋垛两镇，分为两个项目区。项目I区位于桥头镇姜溱公路以西的三沙村，建设面积66.7公顷，该区采用微灌技术，主要建设内容有：新建泵站4座，铺设UPVC管6355米、PE管8770米、滴灌带336550米；项目II区位于蒋垛镇伦蒋公路两侧的蒋垛村和许桥村，建设面积161.41公顷，采用衬砌渠道进行灌溉，主要建设内容有：新建泵站4座，新建衬砌渠道9430米，配套建筑物650座。项目区合计实施面积228.11公顷，工程总投资300万元，其中中央预算内专项资金100万、省级配套资金70万元，其余由姜堰市通过多渠道自筹解决。该节水灌溉示范工程的建成，年节约用水85万立方米，节省用工6800个。

2004年，在张甸镇土桥村黄金梨果园，实施省级节水增效示范项目——绕树滴灌工程，总面

积121公顷。一期工程16.7公顷，工程总投资152万元，其中省补助50万元。新建反冲洗过滤式泵房1座，铺设VRVC管道1982米、入田及绕树PE管8.96万米。

2005年，姜堰市委托扬州大学工程设计研究院编制《姜堰市沈高、张甸镇节水灌溉示范区项目实施方案》。该方案分为两个项目区。项目Ⅰ区位于沈高镇河横村，总建设面积33公顷，种植苗木和葡萄村；项目Ⅱ区位于张甸镇土桥村、三彭村和甸头村，总建设面积197公顷，以种植优质稻麦为主。

防渗渠道机械化施工

三、排涝站

排灌站分排灌结合站和单排站两种。

（1）排灌结合站。1963年，国家投资8.8万元，在淤溪公社五星圩兴建第1座固定电力排灌站，安装60千瓦20英寸轴流泵2台和10千瓦电船2条。1964年，国家投资37.5万元，在溱潼地区兴建16座电力排灌站，其中岸机1座，其余均为电船称浮式站。1966年，在溱潼、兴泰、俞垛公社兴建电力排灌工程26座，架设10千伏高压输电线28.4千米，配变压器26台520千伏安，站址在河口坝头处，均为电船，可灌可排。1968年，随着集体经济的壮大，以自办为主，里下河地区的排灌站发展迅速。1968—1993年排灌结合站有567座、21613千瓦；2007年有1座、30千瓦；2015年灌排结合站有16座、570千瓦。

（2）单排站。1964年，结合兴建圩口闸在沈高丁河建电力排涝站1座，配20轴流泵，28千瓦电机。1965年在沈高三河圩建机排站1座，20英寸轴流泵，50马力柴油机。1967年，在沈高镇美星村、万舍村，溱潼镇的湖东村、湖中村，俞垛镇的祝庄村、野卞村建6座电排站。1968年，

在沈高镇夹河村，俞垛镇耿庄村、伦西村建3座电排站。1969年，在洪林镇广如村，俞垛镇俞南村、忘私村、龙沟村建电排站4座，配20英寸轴流泵，在溱潼镇湖中村建机排站1座，配套32英寸圬工泵，90马力柴油机。1970—1975年，新建20轴流泵单排站40座，32英寸圬工泵排涝站12座。1974年，从淮安县引进38英寸木制圬工泵1台，安装在叶甸镇横庄大圩。通南地区的蒋东荡和梅花网是高中之洼，1976年，国家投资16万元，专款兴建电力排灌站。1976—1994年，两洼地共建单排站8座，排灌站18座，总动力1011千瓦。

1987年12月，泰县有排涝动力2217台套、25832千瓦。其中单排站113座、4352千瓦，总投资1359.51万元，其中国家补助307万元、乡村自筹1052.51万元。1991年遭受特大涝灾后，结合兴建圩口闸，发展机排站，一般是195柴油机拖12英寸排涝泵，一机多用。1991—1993年全县有排涝动力26515千瓦，其中，固定站262座、453台套、7909千瓦。20英寸泵101台、32英寸泵19台。

2010年，随着排灌职能划归水利局，排涝站建设速度加快，10年间，共新建、改建排涝站161座。2019年姜堰区拥有排涝站487座（不包括华港镇），排涝流量442.94米³/秒。

姜堰区各镇（街道）排涝站统计（2019年）见表5-7-1。

表 5-7-1 　　　　　　　　　　　　　姜堰区各镇（街道）排涝站统计（2019年）

镇（街道）	泵站名称	村名	装机流量 （米³/秒）	装机功率 （千瓦）	泵径 （英寸）	水泵数量（台）
三水	西查排涝站	西查村	1	55	24	1
	汤汤排涝站	东查村	1	55	24	1
	王家沟排涝站	东查村	1	55	24	1
	吴家槽排涝站	东查村	1	55	24	1
	庄前排涝站	东查村	1	55	24	1
	北果场排涝站	北果场	0.5	55	20	1
	孙庄圩排涝站	状元村	0.42	44	12	2
	庙子生北排涝站	杨院村	1.0	55	24	1
	小沟排涝站	杨院村	1.0	55	24	1
	西北排涝站	杨院村	2.0	110	24	2
	东北排涝站	杨院村	1.0	55	24	1
	厂马口排涝站	杨院村	1.0	55	24	1
	1号圩排涝站	杨院村	1.0	55	24	1
	文革排涝站	杨院村	1.0	55	24	1
	大坟匡排涝站	杨院村	1.0	55	24	1
	沙江沟南排涝站	大杨村	2.0	110	24	2
	沙江沟北排涝站	大杨村	0.6	66	12	3
	大溱线南排涝站	大杨村	2.0	110	24	2
	三浪沟东排站	李堡村	2.0	110	24	2
	三浪沟西排站	李堡村	2.0	110	24	2
	夏圩灌排涝站	李堡村	2.0	110	24	2
	花堡农场灌排站	李堡村	1.0	55	24	1
	庙子生南排涝站	李堡村	1.0	55	24	1
	龙叉港排涝站	桥头村	0.42	22	12	2
	北双沟排涝站	桥头村	0.63	66	12	3
	柳庄灌排站	桥头村	0.27	30	14	1
	吴介舍站	小杨村	1.0	55	24	1
	后大河站	小杨村	2.0	110	24	2
	前进圩南排涝站	小杨村	2.0	110	24	2
	小溱线东排涝站	小杨村	1.0	55	24	1
	罗介舍北站	小杨村	1.00	55	24	1
	芦滩排涝站	小杨村	1.0	55	24	1
	薛介塘排涝站	小杨村	1.0	55	24	1
	移介网北排涝站	小杨村	1.0	55	24	1
	移介网南排涝站	小杨村	1.0	55	24	1
	三组灌排涝站	小杨村	0.27	30	14	1
天目山	官庄中华东站	官庄村	1	55	24	1
	官庄站	官庄村	1.2	55	32	1
	万众永明站	万众村	0.5	30	20	1

续表 5-7-1

镇（街道）	泵站名称	村名	装机流量（米³/秒）	装机功率（千瓦）	泵径（英寸）	水泵数量（台）
天目山	万众永明7组站	万众村	1	55	24	1
	天民站	天民村	1	55	24	1
	单塘荷花池站	单塘村	0.6	22×3	12	3
	单塘野河站	单塘村	0.6	22×3	12	3
	后堡南站	后堡村	1	55	24	1
溱潼	河南圩北站	溱东村	1	55	32	1
	河南圩西站	溱东村	0.5	32	24	1
	双车站	溱东村	0.2	11	12	1
	河北圩站	溱东村	1	55	32	1
	湖滨圩南站	湖滨村	1	55	32	1
	团结圩	湖滨村	1	55	32	1
	中大圩1号站	湖西村	1	55	32	1
	中大圩2号站	湖西村	1	55	32	1
	中大圩3号站	湖西村	1	55	32	1
	中大圩4号站	湖西村	0.2	11	12	1
	中大圩北站	南寺村	0.2	11	12	1
	菜队站	南寺村	0.2	11	12	1
	菜队南站	南寺村	0.2	11	12	1
	溱湖圩西站1	湖北村	1	55	32	1
	溱湖圩西站2	湖北村	1	55	32	1
	溱湖圩南站	湖北村	1	55	32	1
	溱湖圩北站	湖北村	0.2	11	12	1
	平瓦厂站	龙港村	1	55	32	1
	西南圩东站	龙港村	1	55	32	1
	溱湖五组站	龙港村	1	55	32	1
	直带河站	洲南村	1	55	32	1
	划河站	洲南村	1	55	32	1
	洲西圩站	洲南村	1	55	32	1
	西北圩东站	洲城村	1	55	32	1
	洲北六组站	洲城村	0.2	11	12	1
	洲城庄东站	洲城村	0.2	11	12	1
	读书六组站	读书址村	1	55	32	1
	读书七组站	读书址村	1	55	32	1
	龙港十组站	龙港村	1	55	32	1
	洲东加工厂站	龙港村	1	55	32	1
	龙港八组站	龙港村	1	55	32	1
	洲城二组站	洲城村	1	55	32	1
	洲城二组站（南）	洲城村	1	55	32	1
	洲城四组站	洲城村	1	55	32	1
	洲北一组站	洲城村	1	55	32	1
	倾六圩1号站	龙港村	0.5	32	24	1

续表 5-7-1

镇（街道）	泵站名称	村名	装机流量（米³/秒）	装机功率（千瓦）	泵径（英寸）	水泵数量（台）
	倾六圩 2 号站	龙港村	0.5	32	24	1
	倾六圩 3 号站	龙港村	0.2	11	12	1
	倾六圩 4 号站	龙港村	0.2	11	12	1
	渔花圩 1 号站	渔花池社区	1	55	32	1
	渔花圩 2 号站	渔花池社区	2	55	32	2
	渔花圩西站	读书址村	0.2	11	12	1
	读书圩一号站	读书址村	1	55	32	1
	读书圩二号站	读书址村	1	55	32	1
	读书圩三号站	读书址村	2	55	32	2
	读书圩四号站	读书址村	0.2	11	12	1
	加工厂站	湖南村	1	55	32	1
	湖东圩南站	湖南村	1	55	32	1
	湖东圩北站	湖北村	1	55	32	1
	倾零伍站	湖南村	1	55	32	1
	湿地公园站	湖南村	0.2	11	12	1
	湖南圩 1 号站	湖南村	1	55	32	1
	湖南圩 2 号站	湖南村	0.2	11	12	1
	湖南圩 3 号站	湖南村	0.2	11	12	1
	翻身圩北站	湖南村	2	55	32	2
	储介田站 1	湖南村	2	55	32	2
溱潼	储介田站 2	湖南村	2	55	32	2
	十八站	湖南村	1	55	32	1
	八十八站	湖南村	0.2	11	12	1
	尤庄大圩 1 号站	尤庄村	0.5	32	24	1
	尤庄西站	尤庄村	1	55	32	1
	薛庄大圩 1 号站	薛何村	1	55	32	1
	薛庄大圩 2 号站	薛何村	1	55	32	1
	薛庄大圩 3 号站	薛何村	0.5	32	24	1
	薛庄大圩 4 号站	薛何村	0.5	32	24	1
	薛庄南站	薛何村	0.5	32	24	1
	薛庄北站	薛何村	0.2	11	12	1
	何庄大圩 1 号站	薛何村	0.5	32	24	1
	何庄东站	薛何村	0.5	32	24	1
	何庄西站	薛何村	0.5	32	24	1
	凡舍站	孙楼村	1	55	32	1
	东港站	孙楼村	1	55	32	1
	于家沟站	孙楼村	1	55	32	1
	孙甸大圩 1 号站	孙楼村	1	55	32	1
	孙甸大圩 2 号站	孙楼村	1	55	32	1
	孙甸大圩 3 号站	孙楼村	0.2	11	12	1
	孙甸大圩 4 号站	孙楼村	0.2	11	12	1

续表 5-7-1

镇（街道）	泵站名称	村名	装机流量（米³/秒）	装机功率（千瓦）	泵径（英寸）	水泵数量（台）
溱潼	尤庄工业园区站	尤庄村	0.2	11	12	1
	凡舍南站	孙楼村	0.2	11	12	1
	大河西1号站	孙楼村	0.2	11	12	1
	大河西2号站	孙楼村	0.2	11	12	1
	储楼大圩一号站	孙楼村	1	55	32	1
	储楼大圩二号站	孙楼村	0.2	11	12	1
	储楼大圩三号站	孙楼村	0.2	11	12	1
	储楼南站	孙楼村	0.2	11	12	1
	储楼北站	孙楼村	0.2	11	12	1
	甸北北站	甸址村	1	55	32	1
	甸北西站	甸址村	0.2	11	12	1
	甸南东闸站	甸址村	0.2	11	12	1
	夏联中闸站	甸址村	1	55	32	1
	夏联站	甸址村	1	55	32	1
	夏联南站	甸址村	1	55	32	1
	东农站	甸址村	1	55	32	1
	泊口站	沙垛村	1	55	32	1
	六十亩站	沙垛村	1	55	32	1
	沙北北站	沙垛村	1	55	32	1
	联合圩站	沙垛村	1	55	32	1
	兴西站	三里泽村	1	55	32	1
	兴东东站	三里泽村	1	55	32	1
	兴泰站	三里泽村	1	55	32	1
	三兴联站	三里泽村	1	55	32	1
	兴陈大圩1号站	三里泽村	1	55	32	1
	兴陈大圩2号站	三里泽村	1	55	32	1
	西陈南1站	西陈庄村	1	55	32	1
	西陈南2站	西陈庄村	1	55	32	1
	西陈泵	西陈庄村	1	55	32	1
	西陈西站	西陈庄村	0.2	11	12	1
	西陈北站	西陈庄村	0.2	11	12	1
	苏庄大圩一号站	苏庄村	0.2	11	12	1
	苏庄大圩二号站	苏庄村	0.2	11	12	1
	苏庄大圩三号站	苏庄村	0.2	11	12	1
	苏庄大圩四号站	苏庄村	1	55	32	1
	二场圩一号站	苏庄村	0.2	11	12	1
	二场圩二号站	苏庄村	0.2	11	12	1
蒋垛	西刘南	界河村	1	55	20	1
	西刘北	界河村	1	55	20	1
	东坝排涝站	蒋垛村	1	55	32	1
	溪河排涝站	溪河村	1	55	32	1

续表 5-7-1

镇（街道）	泵站名称	村名	装机流量（米³/秒）	装机功率（千瓦）	泵径（英寸）	水泵数量（台）
蒋垛	光华排涝站	溪河村	1	55	32	1
张甸	河垛排涝站	西网村	2	150	20	2
	西网排涝站	西网村	1	75	20	1
	沙梓排涝站	沙梓村	1	75	20	1
	梅网排涝站	梅网村	1	45	20	1
	杨港排涝站	杨港村	1	75	20	1
娄庄	刘舍4组站	三联村	1.0	55	24	1
	刘舍5组南站	三联村	0.3	17	14	1
	园沟北站	三联村	0.2	11	12	1
	六号河西站	先进村	0.6	33×3	12	3
	六号河东站	先进村	1	55	24	1
	砖瓦厂站（3号）	先进村	0.4	22×2	12	2
	二平瓦站（2号）	先进村	0.4	22×2	12	2
	先进21组站（1号）	先进村	0.6	33×3	12	3
	沙烈界站	先进村	0.4	22×2	12	2
	丁家套西站	先进村	0.4	22×2	12	2
	先进11组站	先进村	1.0	55	24	1
	兴胜北站	兴胜村	1	55	24	1
	兴朱站	朱翟村	1.4	77×3	12×2+24×1	3
	益朱西站	朱翟村	1	55	24	1
	益众农场站	朱翟村	0.2	15	12	1
	朱翟农场站	朱翟村	0.2	15	12	1
	益众庄东站	朱翟村	0.2	15	12	1
	周家沟站	朱翟村	0.3	15	14	1
	三烈北站	东阳村	0.4	22×2	12	2
	三烈东站	东阳村	0.4	22×2	12	2
	三烈西站	东阳村	1	55	24	1
	东阳东站	东阳村	0.4	22×2	12	2
	新滩北站	红庙村	1.5	75	32	1
	新滩南站	红庙村	1.5	75	32	1
	红庙9组站	红庙村	1	55	24	1
	红庙3组站	红庙村	1	55	24	1
	红庙东站	红庙村	1	55	24	1
	红庙东圩北站	红庙村	1	55	24	1
	张义界闸站	红庙村	1	55	24	1
	丰西南站	袁联村	1	45	24	1
	三合圩站	袁联村	1	45	24	1
	丰西北站	袁联村	1	55	24	1
	窑厂西站（老）	袁联村	0.5	30	20	1
	窑厂西站（新）	袁联村	1	45	24	1
	窑厂东站	袁联村	1.5	75	32	1

续表 5-7-1

镇（街道）	泵站名称	村名	装机流量（米³/秒）	装机功率（千瓦）	泵径（英寸）	水泵数量（台）
娄庄	东袁 9 组站	袁联村	0.3	22	14	1
	东袁 7 组站	袁联村	0.6	22×2	12	3
	东袁 7 组北站	袁联村	1	55	24	1
	东袁 6 组站	袁联村	1	55	24	1
	东袁 5 组站	袁联村	1	55	24	1
	东袁 2 组站	袁联村	1	55	24	1
	丰东站	袁联村	0.5	30	20	1
	西联东站	袁联村	0.5	30	20	1
	西联南站	袁联村	0.6	33×3	12	3
	西联北站	袁联村	1	55	24	1
	西联西站	袁联村	1	55	24	1
	斜河西站（老）	三联村	0.4	22×2	12	2
	斜河西站（新）	三联村	1	55	24	1
	小沟北站	三联村	1	55	24	1
	8 组南站	三联村	1	55	24	1
	刘舍 1 组站	三联村	0.2	11	12	1
	楝树东站	三联村	0.2	11	12	1
	楝树西站	三联村	0.6	34×2	14	2
	铁练 2 组西站	连心村	0.3	17	14	1
	沐舍站	连心村	1	55	24	1
	洪杨南站	洪林村	0.2	11	12	1
	铁练东站	连心村	1	55	24	1
	北纲站	连心村	0.2	11	12	1
	竹邱东站	放牛村	0.5	30	20	1
	轴瓦厂站	放牛村	0.5	30	20	1
	轴瓦厂站 2	放牛村	0.8	44×4	12	4
	邱舍西站	放牛村	0.4	22×2	12	2
	放邱界站	放牛村	1	55	24	1
	根余西站	连心村	1.0	60×2	20	2
	厂前北站	放牛村	0.5	28×2	12+14	2
	厂前南站	放牛村	0.6	33×3	12	3
	村部南站	连心村	0.4	22×2	12	2
	村部北站	连心村	1.	55	24	1
	根高界站（放牛 23 组站）	连心村	0.3	22	14	1
	洪东西站	洪林村	0.6	33×3	12	3
	洪东西站 2	洪林村	1	55	24	1
	光明西站	李庄村	0.3	17	14	1
沈高	沈高双杨 6 组站	沈高村	1.10	55	12	5
	沈高双杨 7 组站	沈高村	1.00	55	24	1
	沈高水产 1 号站	沈高村	1.00	55	24	1
	沈高水产 2 号站	沈高村	1.00	55	12	5

续表 5-7-1

镇（街道）	泵站名称	村名	装机流量（米³/秒）	装机功率（千瓦）	泵径（英寸）	水泵数量（台）
沈高	沈高酱菜厂站	沈高村	1.10	55	12	5
	沈高双杨北站	沈高村	1.10	55	12	5
	沈高新湾南站	沈高村	1.00	55	20	1
	沈高大湾子站	沈高村	1.00	55	24	1
	沈高范家舍站	沈高村	1.00	55	24	1
	沈高黄家舍站	沈高村	0.20	11	12	1
	沈高新湾站	沈高村	1.00	55	24	1
	沈高西站	沈高村	1.00	55	24	1
	夹河刁舍站	夹河村	1.50	85	24/20	2
	夹河西北1号站	夹河村	2.00	55	24	2
	夹河西北2号站	夹河村	0.40	22	12	2
	夹河刁舍南站	夹河村	1.00	55	24	1
	夹河14组站	夹河村	0.80	30	20	1
	夹河窑厂站	夹河村	0.60	36	12	3
	夹河陈家舍站	夹河村	0.50	30	20	1
	夹河铸造厂站	夹河村	1.00	55	24	1
	华杨东华北站	华杨村	1.00	55	12	5
	华杨白杨北站	华杨村	0.80	44	12	4
	华杨白杨东1号站	华杨村	1.00	55	24	1
	华杨白杨东2号站	华杨村	0.80	44	12	4
	华杨东华东站	华杨村	0.60	33	12	3
	双星万舍1支站	双星村	1.00	55	24	1
	双星万舍2支站	双星村	1.00	55	24	1
	双星万舍3支站	双星村	1.00	30	20	1
	双星沈舍西荡站	双星村	0.40	22	12	2
	双星沈舍东站	双星村	0.80	30	20	1
	双星沈舍8组站	双星村	0.80	30	20	1
	双星美星1号站	双星村	0.60	30	20	1
	双星美星2号站	双星村	1.00	55	24	1
	双星美星3号站	双星村	0.60	30	20	1
	双星美星南站	双星村	0.60	30	20	1
	双星备战河1号站	双星村	0.60	30	20	1
	双星备战河2号站	双星村	1.00	55	12	5
	双星备战河东站	双星村	1.00	30	20	1
	双星红才站	双星村	1.20	55	32	1
	河横2支东站	河横村	1.20	55	32	1
	河横12组站	河横村	1.20	55	20/16	2
	河横西站	河横村	1.10	55	24	1
	河横南1号站	河横村	1.00	55	24	1
	河横三河站	河横村	1.00	55	24	1
	河横丁河西站	河横村	1.20	55	32	1

续表 5-7-1

镇（街道）	泵站名称	村名	装机流量（米³/秒）	装机功率（千瓦）	泵径（英寸）	水泵数量（台）
沈高	河横丁河北站	河横村	0.60	55	20	1
	河横石家舍站	河横村	1.00	55	24	1
	河横南2号站	河横村	0.60	30	20	1
	夏北粮管所站	夏北村	0.60	30	20	1
	夏北袜厂站	夏北村	1.00	55	24	1
	夏北汤潘南站	夏北村	1.00	11	24	1
	夏北汤潘北站	夏北村	0.60	11	12	3
	夏北2组站	夏北村	1.00	55	24	1
	夏西站	夏朱村	1.00	55	24	1
	夏朱站	夏朱村	0.60	33	12	3
	联盟双徐1号站	联盟村	1.00	55	24	1
	联盟双徐2号站	联盟村	0.80	11	12	4
	联盟冯东1号站	联盟村	1.00	55	24	1
	联盟冯东2号站	联盟村	0.60	33	12	3
	冯庄东站	冯庄村	0.60	33	12	3
	冯庄东南站	冯庄村	1.00	55	24	1
	冯庄北站	冯庄村	0.60	33	12	3
	冯庄冯西站	冯庄村	0.80	44	12	4
	冯庄竹园站	冯庄村	0.60	33	12	3
	超幸站	超幸村	0.60	33	12	3
	超幸东荡站	超幸村	1.00	55	24	1
淤溪	1号泵	淤溪村	2	110	24	2
	2号泵	淤溪村	2	110	24	2
	3号泵	淤溪村	1	55	24	1
	东开荒2号泵	淤溪村	1	55	24	1
	西开荒2号泵	卞庄村	1	55	24	1
	顷四闸站	淤溪村	2	75	24	1
	东夹沟泵	卞庄村	0.4	22	12	2
	西夹沟泵	卞庄村	1	55	24	1
	青年大圩泵	卞庄村	1	55	24	1
	姚介田泵	卞庄村	1	55	24	1
	五号圩2号泵	杨庄村	1	55	24	1
	庄西2号泵	里溪村	1	75	28	1
	东圩泵	里溪村	1	55	24	1
	4号河泵	靳潭村	2	110	24	2
	靳西闸泵	靳潭村	1	55	24	1
	东泵	卞庄村	2	110	24	2
	庄北泵	淤溪村	0.6	33	12	3
	庄北2号泵	淤溪村	1	55	24	1
	东圩2号泵	卞庄村	1	55	28	1
	尤庄泵	杨庄村	1	55	24	1

续表 5-7-1

镇（街道）	泵站名称	村名	装机流量（米³/秒）	装机功率（千瓦）	泵径（英寸）	水泵数量（台）
淤溪	靳东泵	靳潭村	0.5	30	20	1
	尤庄闸泵	杨庄村	0.5	40	24	1
	东泵	马庄场村	1	55	24	1
	闸东泵	马庄场村	1	55	32	1
	闸西泵	马庄场村	0.6	33	12	3
	三垛泵	三垛村	0.4	22	12	2
	中闸泵	武庄村	0.5	30	20	1
			0.6	33	12	3
	沈马路泵	武庄村	0.5	30	20	1
			0.6	33	12	3
	沈马路2号泵	武庄村	1	55	24	1
	武东2号泵	武庄村	2	110	24	2
	武西北闸泵	武庄村	1	75	28	1
	北闸泵	吉庄村	1	55	24	1
	南闸泵	吉庄村	0.5	30	20	1
	唐港河泵	吉庄村	1	75	28	1
	沈马公路泵	孙庄村	1	75	28	1
	庄东泵	孙庄村	1	55	24	1
	孙庄港泵	孙庄村	0.6	33	12	3
	西圩闸泵	孙庄村	1	55	24	1
	老谢圩闸泵	孙庄村	0.5	30	20	1
	鹿庄庄东泵	孙庄村	1	55	24	1
	鹿庄闸泵	孙庄村	1	55	24	1
	庄东闸西泵	潘庄村	0.5	30	20	1
	庄东一号泵	潘庄村	0.5	30	20	1
	庄东二号泵	潘庄村	1	55	24	1
	庄东三号泵	潘庄村	1	55	24	1
	西大河南闸泵	潘庄村	2	110	24	2
	顾垛泵	潘庄村	1	55	24	1
	南圩1号泵	三垛村	1	55	24	1
	南圩2号泵	三垛村	1	55	24	1
	庄西泵	甸夏村	1	55	12	5
	南圩泵	甸夏村	1	55	24	1
	南圩2号泵	三垛村	1	55	24	1
	南圩泵	三垛村	1	55	24	1
	冈田圩2号泵	三垛村	1	55	24	1
	东圩一号泵	马庄村	1	55	24	1
	东圩二号泵	马庄村	1	55	24	1
	东圩三号泵	马庄村	1	55	24	1
	三垛泵	三垛村	1	55	24	1
	西泵	潘庄村	1	55	24	1

续表 5-7-1

镇（街道）	泵站名称	村名	装机流量（米³/ 秒）	装机功率（千瓦）	泵径（英寸）	水泵数量（台）
淤溪	香圩一号泵	北桥村	1	55	12	5
	香圩二号泵	北桥村	1	55	24	1
	北桥一号泵	北桥村	1	55	12	5
	北桥二号泵	北桥村	1	55	24	1
	北桥三号泵	北桥村	1	55	24	1
	南桥南泵	南桥村	0.6	33	12	3
	南桥 1 号泵	南桥村	0.6	33	12	3
	南桥 2 号泵	南桥村	1	55	24	1
	华庄公路泵	马庄村	1	55	24	1
	华庄南圩泵	马庄村	1	55	24	1
	华庄公路闸泵	马庄村	1	75	28	1
	棉场二号泵	北桥村	1	75	28	1
	香圩三号泵	北桥村	1	75	28	1
	南桥三号泵	南桥村	1	75	28	1
	甸东泵	甸夏村	0.6	33	12	3
	甸东闸南泵	甸夏村	1	75	24	1
	东圩泵	靳潭村	0.4	22	12	2
	工业园泵	靳潭村	1	55	24	1
	苏介岸闸泵	马庄村	1	55	24	1
	东圩泵	潘庄村	1	55	24	1
	庄西泵	靳潭村	1	55	24	1
	龙溪港泵	靳潭村	1	55	24	1
	周庄泵	周庄村	1	55	24	1
	直天槽泵	靳潭村	1	55	24	1
	大锹口闸站	杨庄村	2	75	28	1
	杨东闸泵	杨庄村	2	75	28	1
	场部泵	镇渔场村	0.4	22	12	2
	桥西泵	南桥村	1	55	24	1
	吉庄南闸泵	吉庄村	1	11	12	1
	垛甸联圩泵	三垛、甸夏村	2	55	55	2
	孙庄港联圩 1 号泵	孙庄、杨庄村	2	55	55	2
	孙庄港联圩 2 号泵	孙庄、杨庄村	2	55	55	2
	渔东大河北排涝站	卞庄村	2	55	55	2
俞垛	祝庄东泵	何祝野村	1.5	75	28	1
	野卞西泵	何祝野村	0.8	44	12	4
	何北公路 1 号泵	何祝野村	1	55	24	1
	何北公路 2 号泵	何祝野村	1	55	24	1
	何南公路泵	何祝野村	0.6	33	12	3
	沈马大桥泵	何祝野村	1.5	75	28	1
	何北 1 组泵	何祝野村	1.5	75	28	1

续表 5-7-1

镇（街道）	泵站名称	村名	装机流量（米³/秒）	装机功率（千瓦）	泵径（英寸）	水泵数量（台）
	俞北 7 组泵	俞耿村	1.5	75	28	1
	俞北 3 组泵	俞耿村	1	55	24	1
	耿庄场沟泵	俞耿村	1.5	75	28	1
	俞耿菜场泵	俞耿村	1	55	24	1
	俞北东泵	俞耿村	0.2	11	12	1
	俞垛小学闸站	俞耿村	0.3	30	14	1
	耿庄西闸站	俞耿村	1.5	75	28	1
	耿庄东泵	俞耿村	1	55	24	1
	东港温沟泵	俞耿村	0.2	11	12	1
	东港 4 组泵	俞耿村	1	55	24	1
	忘私窑厂泵	忘私村	0.6	33	12	3
	忘私里沟泵	忘私村	1	55	24	1
	忘私棺材湾泵	忘私村	1.5	75	28	1
	东港园区泵	忘私村	1	55	24	1
	房庄蛇浪沟泵	房庄村	1	55	24	1
	房庄窑厂泵	房庄村	0.6	33	12	3
	房庄东圩南泵	房庄村	1	55	24	1
	房庄后泵	房庄村	0.6	33	12	3
	房东东泵	房庄村	1	55	24	1
	房庄中圩泵	房庄村	1	55	24	1
俞垛	房庄北圩泵	房庄村	1.5	75	28	1
	伦西 2 组泵	宫伦村	1	55	24	1
	伦西窑厂泵	宫伦村	1	55	24	1
	伦西窑厂南泵	宫伦村	0.2	11	12	1
	宫伦公路泵	宫伦村	1	55	24	1
	宫伦后泵	宫伦村	1	55	24	1
	东圩北泵	宫伦村	1	55	24	1
	东圩猪场泵	宫伦村	1	55	24	1
	奶牛场泵	宫伦村	0.5	30	20	1
	角西 6 组泵	角墩村	1	55	24	1
	角西 1 组泵	角墩村	1	55	24	1
	角墩北闸站	角墩村	1.5	75	28	1
	龙沟公路泵	角墩村	1.5	75	28	1
	角墩庙闸站	角墩村	1.5	75	28	1
	姜家油井泵	姜茅村	1	55	24	1
	茅家东泵	姜茅村	1.5	75	28	1
	茅家泰东河泵	姜茅村	1	55	24	1
	春草庄前泵	春草村	1.5	75	28	1
	春草庄 1 号泵	春草村	1	55	12	5
	春草庄 2 号泵	春草村	0.5	30	20	1
	春草叶溱公路泵	春草村	1	55	24	1

续表 5-7-1

镇（街道）	泵站名称	村名	装机流量（米³/秒）	装机功率（千瓦）	泵径（英寸）	水泵数量（台）
俞垛	春草厂后泵	春草村	1	55	24	1
	柳林庄后泵	柳官村	1	55	12	5
	官场泵	柳官村	1	55	12	5
	许庄医院 1 号泵	许庄村	2	110	12	10
	许庄医院 2 号泵	许庄村	2	110	24	2
	许庄医院 3 号泵	许庄村	2	110	24	2
	横庄庄前泵	横庄村	1	55	24	1
	横庄东坝泵	横庄村	2	110	12	10
	横庄荒田泵	横庄村	1	55	24	1
	红旗东泵	横庄村	1.5	75	28	1
	横庄南泵	横庄村	1	55	24	1
	西泊口泵	叶甸村	1	55	24	1
	叶甸王伯沟泵	叶甸村	1	55	24	1
	南圩东泵	叶甸村	1	55	24	1
	安乐泵	叶甸村	1	55	24	1
	野余庄西 1 号泵	南野村	1	55	24	1
	陶舍公路泵	南野村	1	55	24	1
	南陈南泵	南野村	1.5	75	28	1
	南陈庄北泵	南野村	1	55	24	1
	纪家岭泵	南野村	0.6	33	12	3
	道往沟泵	仓场村	1	55	24	1
	仓东南泵	仓场村	1	55	24	1
	收花站泵	仓场村	1	55	24	1
	两仓圩泵	仓场村	1	55	24	1
	管王北 1 号泵	仓场村	1	55	24	1
	刘家圩泵	仓场村	1	55	11	5
	兆生北泵	仓场村	0.8	44	12	4
	边福田泵	仓场村	1	55	24	1
	田管东泵	仓场村	1	55	24	1
	尹庄河泵	仓场村	0.2	11	12	1
	仓场医院泵	仓场村	0.5	30	20	1
	田窑沟泵	仓场村	1	55	24	1
	北陈东泵	薛陈村	1	55	12	5
	薛陈 2 号泵	薛陈村	1	55	24	1
	薛庄学校 2 号泵	薛陈村	1	55	24	1
	花西泵	花庄村	1.5	75	24	1
	18 组泵	花庄村	1	55	24	1
	花东泵	花庄村	0.4	22	12	2
	9 组泵	花庄村	1	55	24	1
	14 组泵	花庄村	1	55	24	1
	花薛泵	花庄村	1	55	24	1

第八节　水土保持

通南地区土质沙，水系紊乱。高垛田、龟背田、塌子田多，土壤结构差，水土流失严重。中华人民共和国成立后，特别是20世纪70年代以来，随着大规模的农田基本建设的开展，采取水利建设为引领的综合治理措施，经过几十年的治理，水土流失得到了有效的控制。

一、水利工程措施

20世纪50年代，在开挖疏浚干支河道时，只考虑节省土地，河坡太陡，仅有1:1~1:1.5，一经雨水淋洗即出现岸坡坍塌。挑河的废土堆积岸边，不留青坎，一遇大雨，积土流入河内。20世纪60年代开挖的河道虽坡比有所加大，但是由于水系不健全，大部分地区仍以单级或两级排水为主，又缺乏配套建筑物，田间水土流失严重。1962年冬，太宇公社提出"接坎保大田"措施。唐园大队自筹资金1200元，理沟整路，填塘补缺，加做田埂，修筑沟洫畦田，疏通2条沟，填平缺塘29处，成为当时通南地区开展水土保持工作的样板。

20世纪70年代以后，在水利工程建设中重视与水土保持相结合，强调水系配套。在规划设计上，改单级排水为多级排水，田间排水积水经墒沟排入隔水沟，由隔水沟排入农排沟，由农排沟排入排降沟，再由排降沟排入河道，使得每级排水跌差控制在0.5~1.0米。在河道开挖上，改进设计和施工方法，县级骨干河道河坡放大到1:3~1:4，乡级河道坡比1:2.5~1:3。大部分河道在水位变化区设置平台，河道两岸设计青坎，结合交通修筑道路，高出田地0.4~0.5米，防止雨水直接入河。在施工方法上，采用熟土还坡，一般厚度0.3米，大大提高了河坡的抗冲刷能力。注重各级排水建筑物的配套，田间水土流失得到一定程度的控制。

2000年后，在疏浚整治河道工程中，对中干河、南干河等主要河道实施硬质化护坡。2010年后，结合区、镇疏浚整治河道，推广生态护坡，水土流失得到有效控制。

二、农业措施

通南地区历史上灌溉条件差，以种植旱谷作物为主。中华人民共和国成立后，结合水利建设，进行平田整地，于20世纪60年代开始实行旱改水，到20世纪90年代，水稻种植面积稳定在总面积的62%以上。在实行旱改水的同时，采取多种土壤改良措施：一是客土掺黏，即在平田整地时用部分黏性土与面层沙土相掺和。二是增加土壤有机质，改善土壤结构，20世纪60—80年代，通南地区以农家肥为主，主要施用猪粪、蚕粪，同时大积大造自然肥料，种植绿肥和沤制草塘泥，每亩每熟施用草塘泥达5立方米。20世纪90年代以后，推广秸秆还田，土壤得到改良，减轻水土流失。

三、植被措施

20世纪60年代以前，在水利工程建设中，对植被防护重视不够，任意毁损树草、耕翻种植等现象时有发生，致使工程标准削弱，抗灾能力下降。

20世纪60年代末，在抓工程措施的同时开始注重抓植被措施。在开河、挖沟、做渠、筑路的过程中，要求工程做到哪里，植被就随时跟上。一般河坡要求：水边以植芦柴为主，向上插杞柳两三排，杨柳1排，杨柳上方种湖桑、乔木桑、芦竹或水杉。上部种乔木桑或水杉。渠内坡以插杞柳为主。路道两旁种乔木桑或水杉等。

寺巷镇的河道，河坡2.5米处植芦竹2行，再下植芦柴2行，河边栽2行水杉，这样树冠和草体结合，对暴雨冲刷坡面起到缓冲作用。树草根系成网，尤其是芦竹根部盘结密集，可以固土防冲。大伦乡在沟河路渠两侧多种植乔木桑，坡面多植湖桑。据 1989 年统计，通南河沟路可绿化面积 19238 亩，已绿化面积占 82%。其中骨干河道可绿化面积 5082 亩，已绿化面积 4476 亩，占 88%；乡级河道可绿化面积 6677 亩，已绿化 6095 亩，占 90.7%。

20 世纪 90 年代初，通南有成材林 668 万株，品种以水杉居多。随着航运事业不断发展，机动船只增多，骨干河道和乡镇级主要干河，受船行波的影响较大，河坡更易冲刷倒塌。1976 年新开挖的中干河，就因来往船只较多，河坡倒塌，淤塞严重，交通航运能力削弱。1983 年再行疏浚，两侧平台上移植芦柴 2 行，行株距 0.5 米。计植芦柴 7.2 万株。水面上放养水生植物。打桩扣绳拦蓄以护坡脚，芦柴尚未成活，平台已破塌不堪，效果不太显著。自 1989 年冬起，分 3 期对该河全段增砌块石挡土墙防塌护岸。

姜堰市水利局于 2002 年 10 月 30 日注册登记成立 "姜堰市绿地水保有限公司"，进行水土保持试点研究。

梁徐镇水利管理服务站（简称水利站）对经国土、水利部门确权的中干河坡绿化实行租赁承包管护，与养羊专业户签订协议，进行公证。该站还在站址两侧自培苗木基地 20 亩，种意杨 1500 株，培植广玉兰、文母、女贞、垂柳、塔柏 1 万多株，价值 35 万元，有效地促进了河坡水土保持，又增加了水利部门经济效益。

顾高水利站探索河坡植被的工程措施，河坡植被采用树草相结合的立体种植结构。在石坡外平台上（或在没有石坡的河床真高 3 米的位置上）栽植根部较为发达的杞柳或垂柳，河坡上栽意杨、经济树种或常绿树种，坡面上种植多年生牧草，

在河岸水边栽能防浪护岸的耐水植物，坡肩角外设置控制坡堤外雨水冲刷的混凝土路牙，每 50 米设置 "U" 形混凝土排水沟，解决沿线庄台的排水出路。

大泗水利站将市级骨干河道——西干河 6 千米长的河坡水土保持全面推向市场化运作，即树苗的购买、栽植、管护等费用全部由承包人负责，经济效益由姜堰市水利局、姜堰市大泗镇政府和承包人按比例分成，这种 "大泗模式" 在全区得到推广。

2014 年度实施姜堰区梁徐镇梁黄小流域综合治理项目，该项目区涉及梁徐、黄村、双墩、桥林、张埭 5 个行政村，总面积 16.70 平方千米。主要建设内容为：新建七里河联锁式水工砖护砌 4484 米，共计 21254 平方米，新建配套涵洞 14 座，规模为直径 60 厘米 × 15 米。七里河边坡采用林草措施防护，种植垂柳 897 株、女贞 897 株，种植菖蒲 21254 平方米，撒播高羊茅草籽 35468 平方米。工程概算静态总投资 501.11 万元，项目资金筹措方案为：中央补助 167 万元、省级投资 133 万元、地方财政配套 201.11 万元。2014 年 11 月开工，12 月完工。

2018 年度实施生态清洁型小流域建设，该工程位于大伦镇大伦村，综合治理面积 12.87 平方千米。主要建设内容为：疏浚伦南河及文化河 2850 米，河道两侧新建护岸，防护形式采用生态模块挡墙与植物防护相结合的形式，总长度 5700 米，河道两侧边坡采用种植乔木等林草措施防护。总投资 580 万元。该工程于 2018 年 2 月开工，2018 年 5 月完工。

第六章 城市水利

6

　　姜堰城区是姜堰区政治、经济、文化中心，也是人口密集区。位于长江、淮河两大水系交界处，两大水系常年水位差1米左右。特殊的地理位置是洪涝灾害易发的根本原因。历史上姜堰城区规模较小，防洪职能一直由建设部门负责。21世纪以后，随着城镇化进程加快，城区规模不断扩大，城市水利建设也日显重要。

　　2003年，姜堰市委、市政府将城市防洪职能划归姜堰市水利局。面对城市水利建设新课题，姜堰市水利局在全面调查摸底分析的基础上，完成了《姜堰市城市防洪规划》的编制。2003年4月，组建了姜堰市城市水利投资开发有限公司，具体负责各项工程的实施。

　　经过十几年的建设，城区河道得到全面整治，并做到清淤、护坡、景观绿化同步实施，排涝能力显著增强；建成多座节制闸、泵站等防洪、活水工程，防洪排涝能力得到提升；城区河道管护常态化，水环境得到有效改善。

第一节　水投公司

2003 年 4 月 28 日，经姜堰市政府同意，组建"姜堰市城市水利投资开发有限公司"（简称水投公司），经工商部门核准，注册登记，注册资金 2036.78 万元，经营范围为：城市防洪及河道综合整治工程项目的投资、开发、建设和管理。建立政府支持、市场化运作机制，加大建设资金融资力度，保证城市防洪和河道综合整治的快速推进，与城市建设、环境绿化、旅游休闲、人文景观、游步道路相结合，合理布局，突出重点，形成姜堰特色。

2019 年 4 月，水投公司划拨并入江苏农水投资开发集团有限公司。姜堰区城市水利工程资金投入见表 6-1-1。

表 6-1-1　　　　　　　　　　　　　　姜堰区城市水利工程资金投入

序号	年度	工程名称	投资（万元）
1	2005 年	中干河滨河绿化一期工程	2764
		陵园河整治工程	932
		府前河整治工程	644
		汤河东段整治工程	298
		合计	4638
2	2006 年	汤河西段整治工程	1504
		罗塘河南段整治工程	1081
		东方河整治工程	118
		黄村河北段整治工程	530
		三水河（下坝新桥至淮海路）整治工程	350
		汤河西段整治工程	1324
		黄村河（姜堰大道至天目路）整治工程	530
		黄村河（罗塘路至姜堰大道）整治工程	97
		合计	5534
3	2007 年	砖桥河整治工程	830
		黄村河北段整治工程	580
		东方河西段整治工程	500
		三水河大鱼池整治工程	390
		合计	2300
4	2008 年	种子河整治工程	1462
		汤河东延整治工程	1275
		吴舍河整治工程	200
		合计	2937
5	2009 年	时庄河整治工程	1410
		罗塘河北段整治工程	2543
		黄村河南段整治工程	628
		汤河东延（328 国道至生产河段）整治工程	380
		城北村荷花组臭水沟治理	28
		合计	4989

续表 6-1-1

序号	年度	工程名称	投资（万元）
6	2010年	许陆河整治工程	460
		西姜黄河整治工程	345
		周山河（中小河流项目）整治工程	2689
		合计	3494
7	2011年	鹿鸣河、砖桥河、三水河等河道清淤	36
		单塘河、姜溱河清淤工程	53.75
		龙叉港整治工程	100
		砖桥河（东方河至新通扬运河段）整治工程	340
		老通扬运河（中小河流项目）整治工程	2626
		合计	3155.75
8	2012年	四支河闸站工程	260
		城区河道绿化工程	288.2
		马宁河整治工程	480
		四支河清淤工程	60
		茅山河（中小河流项目）整治工程	2428
		合计	3516.2
9	2013年	四支河整治工程	200
		姜溱河清淤工程	131
		一支河（河道护坡、桥梁、绿化）工程	1276
		泰州市水生态治理工程河道施工05标（许陆河）	199
		泰州市水生态治理工程河道施工06标（328国道沿线）	460
		西姜黄河（中小河流项目）整治工程	2811
		合计	5077
10	2014年	许陆河整治工程	350
		老通扬运河白米段整治工程	500
		马宁河闸、箱涵、压顶工程	388
		府前河清淤工程	54
		巴黎小学南河道整治工程	45
		老通扬运河支河口等护坡工程	108
		汤河绿化（姜堰镇）工程	55
		泰州市水生态治理工程（西一支河、时庄河）	1064
		老通扬运河东段（中小河流项目）整治工程	2955
		合计	5519

续表 6-1-1

序号	年度	工程名称	投资（万元）
11	2015 年	单塘河整治工程	350
		吴舍河整治工程	498
		老通（东段）绿化工程	190
		时庄河综合整治工程	470
		马厂路套闸桥工程	700
		时庄河闸站工程	300
		白米闸河溢流堰建设项目	45
		通南片水生态调度控制工程征地及附着物补偿费	399
		泰州市水生态治理工程姜堰区河道整治 01 标（四支河）	413
		合计	3365
12	2016 年	四支河整治（黄村河至杭州路）工程	313
		四支河溢流坝改造工程	33
		四支河闸站箱变用电工程	25
		河滨广场景观亭室内装修工程	25
		河滨广场仿古建筑装饰改造工程	45
		河滨广场仿古建筑工程	92
		鹿鸣河人行桥工程	38
		革命河闸工程	123
		白米套闸加固改造工程	69
		合计	763
13	2017 年	罗塘河疏浚工程	30
		汤河、鹿鸣河、砖桥河清淤工程	90
		许陆河桥工程	150
		四支河（黄村河至杭州路）绿化工程	300
		合计	570
14	2018 年	中干河备用水源地二级保护区防护栏安装工程	70
		环保设备固化清淤工程（东方河、种子河）	77
		河滨广场提档升级改造工程	1200
		罗塘河、东方河、种子河河道绿化工程	42
		合计	1389
15	2019 年	老通扬运河（崔母大桥至元和桥）疏浚工程	29
		三水河疏浚工程	87
		鹿鸣河、砖桥河等河道绿化工程	141
		邵家垛河沟塘整治工程	62
		合计	319
	2005—2019 年总投入		47565.95

第二节 规划编制

2003年6月，姜堰市水利局委托江苏省城市规划设计院开始编制《姜堰市城市防洪规划》，经过研究讨论、专家咨询、多次修改完善后，于2004年5月13日通过姜堰市城市防洪规划评审组审查，进行修改完善后定稿，姜堰市人民政府于2005年3月14日正式出台《同意姜堰市城市防洪规划的批复》。

防洪规划的目标：依靠流域防洪，利用水系优势。注重恢复库容，大力拓竣河道，形成内河网络。严控竖向标高，着力洼地改造。彻底整治管网，实施雨污分流，改善水质和人居环境。

按国家《防洪标准》（GB50201—2014)，姜堰市为Ⅲ级，即"中等城市"，防洪标准为100年重现期。通南水系防洪水位5.0米，里下河水系防洪水位3.5米。排涝模数按实际情况分区计算，城市河道设计重现期一般取20年，排涝历时为90分钟。雨水管道重现期设计一般取1年，重要地区取2年。

防洪工程设施规划：依靠流域防洪，利用水系优势；注重恢复库容，大力拓竣河道，形成内河网络。严控竖向标高，着力洼地改造。彻底整治管网，实施雨污分流，改善水质和人居环境。

根据姜堰市地形特点、洪水特性和行洪走向，结合现有防洪工程措施，建成以地形与防洪闸为主体的防洪工程，以标准河道和管网为主体的排涝工程，科学调度运用，形成有效的地表排水与降低外河水位相结合的防洪排涝体系。南片地面标高不低于5.3米，北片地面标高不低于3.7米。在通南、里下河水位分界处设置防洪闸，控制高、低水位。城区保留现状防洪闸3座，新建防洪闸8座。主要起到分隔通南、里下河水系作用。

排涝工程设施规划：按照高水高排、低水低排原则，整治雨水出水口和河道。城区雨水排放以自流为主，重力流、分散、就近排河。城区河道以"三横三纵"主干河道为骨架，东西向主干河道为新通扬运河、老通扬运河、中心河—革命河；南北向主干河道为黄村河、姜溱河—中干河、东环路外侧东大河。城区次干河道为"七横五纵"，七横为北郊河、单塘河—东方河、四支河、三支河、一支河、汤河、南郊河；五纵为许陆河、洗马汪—果场河、吴舍河—冯垛河、陵园河—西姜黄河、砖桥河—种子河。城区另有若干支河。

城区河道以疏浚为主，尽量减少填埋。道路过河处以桥梁为主，尽量减少涵洞，禁止堵塞河道。河道分年清淤，年清淤量不低于100000立方米，河底达到河道设计标准。主干河道口宽一般不小于32米，次干河道口宽一般不小于16米，支河口宽一般不小于6米。整治、清通盲沟、死水，使河流相通。在河道两岸建设滨河绿化带，美化城市环境。

整顿清理沿河工厂企业的码头、堆场、吊机等建构筑物，限期拆除严重影响泄洪河段上的建筑物、构筑物。建筑物、构筑物特殊情况下需要占用河道及其岸线，需报水行政主管部门批准后方可实施，河道对岸应采取相应防护措施。

引水冲污规划：充分利用上、下河水位差，在条件允许时开启闸门，引通南河水排向里下河，搞活城区水系，改善城区水质。同时准备建设城市污水厂，将城市污水收集后进入污水厂集中处理，逐步加强河道管理，禁止污水未经处理达标排入水体。

河道景观及环境卫生规划：主干河道两岸控制不小于40米宽绿化带，次干河道两岸控制不小于20米宽绿化带，支河道两岸控制不小于10米宽绿化带，做好河道景观，改善水生态环境。完善环卫机构，整顿清理沿河垃圾，实行垃圾袋装化，按标准沿路设置垃圾桶，派专人收集、清运垃圾，经垃圾中转站运往郊外，进行卫生填埋处理。

《姜堰市城市防洪规划》启用现代城区防洪理念，处理外洪与内涝、排涝与排污的关系，科学确定工程布局、整治目标和运行管理措施。

第三节　排涝工程

流经姜堰城区共有 6 条骨干河道，东西走向的北有新通扬运河、南有老通扬运河，南北走向的西有黄村河、中有中干河、东南有西姜黄河、东北有姜溱河。

老通扬运河和西姜黄河属长江水系（称上河），新通扬运河和姜溱河属淮河水系（称下河），黄村河、中干河作为市域中部沟通上下河的通道。另外，城区东西向河流还有东方河、四支河、府前河、一支河、汤河、单塘河、吴舍河，南北向河流有许陆河、罗塘河、三水河、鹿鸣河、砖桥河等。

主要河道河底真高在 –0.5 ～ –1.5 米，其他小河道河底真高一般在 0.0 米左右。

老城区除骨干河道外，大部分河道蜿蜒曲折，部分地段被人为阻断不连通，加上生活垃圾和建筑垃圾随意倾倒，导致排水不畅、水环境恶化，严重影响城区防洪排涝。为此，从 2005 年起，对城区河道进行综合整治。

2005 年，实施中干河滨河绿化一期工程，工程内容包括河道清淤、水环境治理、景观建设、三水汇聚广场、亮化、绿化等，投资 2764 万元。实施陵园河整治工程，工程内容包括：节制闸 1 座及过路箱涵、河道护坡 2.1 千米、新开河道 0.6 千米，投资 932 万元。实施府前河整治工程，工程内容包括：块石护坡 2.4 千米、节制闸 1 座，投资 644 万元。实施汤河东段整治工程，工程内容包括：护坡 0.85 千米、疏浚土方 3.5 万立方米、河道绿化整治等，投资 298 万元。

2006 年，实施汤河西段整治工程，工程内容包括：新开河道 1.3 千米、新建桥梁 2 座、新建闸站 1 座及管理用房、过人民路顶管、河道疏浚 1.8 千米、绿化美化等，投资 1504 万元。实施罗塘河（老通至三水河段）整治工程，工程内容包括：

河道护坡 0.72 千米、新建闸站 1 座及管理用房、过罗塘河顶管、河坡加固、新建滚水坝等，投资 1081 万元。实施东方河整治工程，工程内容包括：护坡 0.5 千米、疏浚河道 2 千米、河边绿化美化等，投资 118 万元。实施黄村河北段整治工程，工程内容包括：河道护坡 3.05 千米、疏浚土方 16.4 万立方米等，投资 530 万元。实施三水河（下坝新桥至淮海路）整治工程，工程内容包括：河道清淤、块石驳岸、绿化、亮化、景观建设等，投资 350 万元。实施汤河西段整治二期工程，工程内容包括：新开河道 1.3 千米、护坡 2.6 千米、河道疏浚 1.8 千米、新建闸站 1 座、绿化美化等，投资 1324 万元。实施黄村河（姜堰大道至天目路）整治工程，工程内容包括：河道护坡 3.05 千米、疏浚土方 6.4 万立方米、景观绿化、完善配套设施等，投资 530 万元。实施黄村河（罗塘路至姜堰大道）整治工程，工程内容包括：河道护坡 0.6 千米、疏浚土方 20000 立方米，投资 97 万元。

2007 年，实施砖桥河整治工程，工程内容包括：新建节制闸 1 座及管理用房、新建桥梁 1 座、疏浚土方 1.7 万立方米、河道护坡 2.6 千米等，投资 830 万元。实施黄村河北段整治工程，工程内容包括：河道护坡 3.05 千米、河道疏浚 6.4 万立方米、实施景观绿化等，投资 580 万元。实施东方河西段整治工程，工程内容包括：新建封闭箱涵、新建滚水坝 1 座等，投资 500 万元。实施三水河大鱼池整治工程，工程内容包括：河道清淤、护坡、景观绿化等，投资 390 万元。

2008 年，实施种子河整治工程，工程内容包括：河道护坡 3.2 千米、新建闸站 1 座、新建桥梁 6 座、过路顶管、绿化美化等，投资 1462 万元。实施汤河东延整治工程，工程内容包括：生态护坡 1.55 千米、新建闸站 1 座、新建桥梁 1 座、购买管理用房、顶管 80 米、沿河绿化、栏杆等，投资 1275 万元。实施吴舍河整治工程，工程内容包括新建护坡 0.6 千米、安装栏杆、景观绿化等，投资 200 万元。

姜堰城区三水河黑臭水体治理

2009年，实施时庄河整治工程，工程内容包括：疏浚河道3.2千米、土方10万立方米、生态护坡3.2千米、新建桥梁6座、全线生态绿化等，投资1410万元。实施罗塘河北段整治工程，工程内容包括：河道护坡1.5千米、新建桥梁2座、新建过路路涵1处、清淤土方6万立方米、全线生态绿化等，投资2543万元。实施黄村河南段整治工程，工程内容包括：河道护坡3.2千米、疏浚土方4.5万立方米，投资628万元。实施汤河东延（328国道至生产河段）整治工程，工程内容包括：河道清淤、生态护坡1.5千米、新建箱涵、过路顶管、绿化等，投资380万元。实施城北村荷花组臭水沟治理，工程内容包括：铺设雨水管道、回填土方等，投资28万元。

整治后的时庄河

2010年，实施许陆河整治工程，工程内容包括：河道护坡1.5千米、新建闸站1座、新建公路桥1座、疏浚土方7万立方米，投资460万元。实施西姜黄河整治工程，工程内容包括：河道疏浚4.5千米，疏浚土方14万立方米，投资345万元。

实施周山河整治工程，工程内容包括：河道整治8.97千米、河坡护砌长17.70千米、沿线6条支河口拉坡及支河口护砌共长0.4千米，投资2689万元。

2011年，实施鹿鸣河、砖桥河、三水河等河道清淤，工程内容包括：疏浚河道6.9千米，清淤土方2.8万立方米，投资36万元。实施单塘河、姜溱河清淤工程，工程内容包括：疏浚河道1.95千米，疏浚土方2.15万立方米，投资53.75万元。实施龙叉港整治工程，工程内容包括：疏浚河道3.4千米，清淤土方6.8万立方米，投资100万元；实施砖桥河（东方河至新通扬运河段）治理工程，工程内容包括：河道疏浚0.8千米、护坡1.6千米，投资340万元。实施老通扬运河（磨桥河—黄村河）整治工程，工程内容包括：河道拓浚7.75千米、河坡护岸全长7.6千米、护砌段整修1.76千米，投资2626万元。

2012年，实施四支河闸站工程，工程内容包括：在四支河（南京路）新建闸站1座，用于改善河道水质，投资260万元。实施城区河道绿化工程，工程内容包括：鹿鸣河、西姜黄河、汤河、罗塘河等绿化，投资288.2万元。实施马宁河整治工程，工程内容包括：河道清淤、生态护坡2.2千米、景观建设等，投资480万元。实施四支河清淤工程，工程内容包括：河道疏浚3.2千米，投资60万元。实施茅山河整治工程，工程内容包括：河道疏浚12.3千米、新建圩堤1.25千米、加固圩堤10.32千米、新建圩口闸1座、新建泵站1座、拆（移）建生产桥2座，投资2428万元。

2013年，实施四支河整治工程，工程内容包括：河道清淤2.2千米、生态护坡4.4千米，投资200万元。实施姜溱河清淤工程，工程内容包括：疏浚4.5千米、清淤8万立方米，投资131万元。实施一支河（河道护坡、桥梁、绿化）工程，投资1276万元。实施许陆河整治工程（泰州市水生态治理工程河道施工05标），工程内容包括：河道清淤1千米、新建挡墙护坡2千米，投资199万元。实施328国道沿线（葛港河、梅网河、葛庄河）整治工程（泰州市水生态治理工程河道施工06标），工程内容包括：河道清淤2.4千米、新建护坡4.8千米，投资460万元。实施西姜黄河整治工程，工程内容包括：河道疏浚干

河长7.9千米、支河长0.5千米、新建护坡长7.5千米、新建挡墙长7.1千米、新建镇北河幸福桥1座，投资2811万元。

2014年，实施许陆河整治工程，工程内容包括：疏浚河道1.7千米、新建护坡3.4千米，投资350万元。实施老通扬运河白米段整治工程，工程内容包括：河道清淤0.82千米、新建块石护坡1.64千米等，投资500万元。实施马宁河闸、箱涵、压顶工程，工程内容包括：新建节制闸1座、箱涵1处，投资388万元。实施府前河清淤工程，工程内容包括：河道清淤3千米，土方为3.3万立方米，投资54万元。实施巴黎小学南河道整治工程，工程内容包括：生态护坡0.26千米、清淤0.3万立方米，投资45万元。实施老通扬运河支河口等护坡工程，工程内容包括：河道护坡872米、清淤200米、拆建电灌站1座，投资108万元。实施汤河绿化工程，工程内容包括：新建绿化面积2.4万平方米，投资55万元。实施西一支河、时庄河整治工程（泰州市水生态治理工程），工程内容包括：河道清淤3千米、新建挡墙护坡3.5千米、绿化3.5万平方米，投资1064万元。实施老通扬运河东段（磨桥河—东兴家园）整治工程，工程内容包括：河道清淤7.1千米、块石护坡14.2千米等，投资2955万元。

2015年，实施单塘河整治工程，工程内容包括：新建木桩护岸1.8千米、清淤河道0.9千米、新建滚水坝1座，投资350万元。实施吴舍河整治工程，工程内容包括：新建生态护岸2.2千米、清淤河道1.1千米、新建引水泵站1座，投资498万元。实施老通（东段）绿化工程，工程内容为：新建绿化8千米、1.6万平方米，投资190万元。实施时庄河北段综合整治工程，工程内容包括：河道清淤0.9千米、新建生态木桩护岸1.8千米、新建节制闸1座，投资470万元。实施马厂路套闸桥工程，桥梁长57米、宽18米，投资700万元。实施时庄河闸站工程，工程内容包括：新建引水泵站1座，投资300万元。实施白米闸

河溢流堰建设项目，工程内容包括：新建溢流堰 1 座，投资 45 万元。实施泰州市水生态治理工程姜堰区河道整治 01 标（四支河），工程内容包括：河道清淤 1.3 千米、新建挡墙护坡 2.02 千米，投资 413 万元。

2016 年，实施四支河整治（黄村河至杭州路）工程，工程内容包括：疏浚河道 2.2 千米、新建生态护岸 4.4 千米，新建溢流坝 3 座、潜流坝 2 座，投资 313 万元。实施四支河溢流坝改造工程，投资 33 万元。

2017 年，实施四支河绿化（黄村河至杭州路）工程，河道绿化 4.4 千米，投资 300 万元。实施许陆河桥工程，工程内容包括：新建一座长 33 米、宽 8 米的灌注桩基础桥梁，投资 150 万元。实施汤河、鹿鸣河、砖桥河清淤工程，工程内容包括：河道清淤 5.87 千米，投资 90 万元。实施罗塘河疏浚工程，工程内容包括：河道清淤 2.1 千米，投资 30 万元。

2018 年，实施中干河备用水源地二级保护区防护栏安装工程，投资 70 万元。实施环保设备固化清淤工程（东方河、种子河），工程内容为河道清淤 1.5 千米，投资 77 万元。实施罗塘河、东方河、种子河河道绿化工程，投资 42 万元。

2019 年，实施邵家垛河沟塘整治工程，投资 62 万元。实施鹿鸣河、砖桥河等河道绿化工程，绿化面积约 3.35 万平方米，投资 141 万元。实施三水河疏浚工程，疏浚长度 2.4 千米，投资约 87 万元。实施老通扬运河（崔母大桥至元和桥）疏浚工程，投资 29 万元。

第四节　防洪工程

姜堰城区因具有特殊的地理位置和较高的地面高程，历史上虽遭遇几次洪涝灾害，但损失不大，未受洪水淹没，未建设防洪堤。原城区防洪排涝基础设施标准不高，缺乏统一科学规划和有效管理，导致河道淤积、河流污染、排水系统混乱不配套、排涝能力不足、管理机制不完善、执法力度不够等问题。

通南河道的水位、水量均由泰兴、高港、靖江等地的沿江口门和江都、泰州引江河等枢纽工程控制。上、下河水位高差一般在 1 米左右。为了控制上、下河水位，凡是连通上、下河的河流都设有套闸或节制闸。

2003 年后，城区先后新建 8 座闸、9 座闸站，分别为中心闸、鹿鸣闸、砖桥闸、许陆闸、马宁闸、革命闸、一支河闸、时庄河北闸、罗塘河闸站、汤河闸站、汤河东闸站、种子河泵站、一支河泵站、吴舍河泵站、时庄河闸站、四支河闸站、四支河闸站（美校）。对黄村河、府前河、三水河、东方河、鹿鸣河、砖桥河、汤河、罗塘河、中干河、种子河、一支河、四支河、许陆河、马宁河、单塘河、吴舍河、时庄河、老通扬运河、西姜黄河城区段进行综合整治。其中，黄村河、府前河工程护坡近 7500 米；鹿鸣河工程拆迁 92 户，护坡 1600 米；三水河工程下坝石桥至淮海路段两岸块石护坡，铺设游步道，安装白矾石栏杆，实施墙体贴面，绿化、亮化全部到位。为了进一步完善局部水系，对东方河砖桥河至姜官路段、汤河东段进行了疏浚整治，对汤河西段进行了重新规划、疏浚整治。为了不破坏人民南路地面设施及因施工改道交通的问题，进行地下直径 2 米的顶管推进工程，使汤河东西贯通。2007 年对罗塘河进行整治。2010 年，对老通扬运河、西姜黄河城区段进行治理，对一支河、四支河、单塘河、吴舍河、时庄河进行治理。

通过十几年的城市水利工程建设，原来水路不通、水质恶劣、臭气熏天的旧貌得到根治。城区河道环境的改善，为沿线居民休闲提供了好场所。

姜堰区城区河道防洪能力情况见表6-4-1。

表6-4-1　　　　　　　　　　　姜堰区城区河道防洪能力情况

序号	河道名称	所属镇	长度（千米）	护坡衬砌长度（千米）	位置	河道作用	护坡衬砌类型	闸、闸站具备情况
1	汤河		3	3	西至时庄河，东至328国道	引排水	块石挡墙和生态模块墙护坡两种形式	汤河闸站、汤河东闸站
2	种子河		2.9	2.9	南起西姜黄河，北至老通扬运河	引排水	浆砌块石挡墙	种子河泵站
3	西姜黄河（城区）		2.4	2.4	北至老通扬运河，南至328国道	航道、引排水	连锁式生态砼预制块护坡为主	
4	罗塘河		3.3	3.3	南起老通扬运河，北至单塘河	引排水	生态摸块墙、块石墙	罗塘河闸站
5	单塘河		1.1	1.1	西起中干河，东至姜溱河	引排水	木桩护坡	单塘河滚水坝
6	吴舍河	罗塘街道	1.1	1.1	西起中干河，北至单塘河	引排水	木桩、生态模块墙、生态袋护坡	吴舍河泵站
7	时庄河（城区）		2.2	2.2	南至姜泗路，北至老通扬运河	引排水	木桩、生态砖护坡	时庄河北闸、时庄河闸站
8	三水河		2.4	2.4	南起老通扬运河，北至淮海路	引排水	浆砌块石挡墙	三水闸
9	东方河		1.7	0.5	西起姜官路，东至229省道	引排水	浆砌块石挡墙	
10	砖桥河		2	2	南至老通扬运河，北至新通扬运河	引排水	浆砌块石挡墙和生态护坡两种形式	砖桥闸
11	鹿鸣河		2.5	2.2	南至老通扬运河，北至新通扬运河	引排水	浆砌块石挡墙	鹿鸣闸
12	老通扬河（城区）		5	5	西至中干河，东至328国道姜堰东转盘	航道、引排水	浆砌块石挡墙	
13	中干河（城区）		5.3	5.3	南至328国道，北至新通扬运河	航道、引排水	浆砌块石挡墙	
14	府前河		3	3	西至黄村河，东至中干河	引排水	浆砌块石挡墙	中心闸
15	四支河（城区）	三水街道	3.2	3.2	西至黄村河，东至中干河	引排水	连锁式生态混凝土预制块护坡	四支河闸站、四支河闸站（美校）
16	东一支河		2.5	2.5	南至老通扬运河，东至中干河	引排水	连锁式生态混凝土预制块护坡	一支河闸、一支河泵站

第五节　水环境治理工程

姜堰城区地处长江、淮河两大流域结合部。除骨干河道外，内部河道众多，其中，属长江流域的河道有汤河、种子河、时庄河，属淮河流域的河道有东方河、四支河、府前河、一支河、单塘河、吴舍河、许陆河、罗塘河、三水河、鹿鸣河、砖桥河等。这些河道没有水位差，河水不流动，加之部分生活污水排入，水环境较差。

为了让城区河道水流动以改善水环境，2003年后，在全面疏浚整治河道的基础上，新建汤河闸站、汤河东闸站、时庄河泵站（周山河）、一支河泵站、吴舍河泵站、四支河中干河站、种子河泵站。这些泵站按照保证水位和一定流速适时开机，河道水环境得到有效改善。

2016年前，城区河道水面保洁无专业队伍，均由河道管理所安排人员打捞，责任不清，安全也得不到保障。2016年，城区河道管理所通过公开招标确定河道保洁单位，开展日常巡回保洁，确保河道水面"四无"：无动物尸体、无"三水一萍"、无各类秸秆、无生活垃圾漂浮物；河坡

三水河大鱼池段

岸脚无打捞的垃圾；逐河落实河长制，实施水生态河道治理，保护水资源、防治水污染、治理水环境、修复水生态，全面落实河道保洁责任，建立健全管护考核制度，确保城区河道管护到位，实现城区河道保洁全覆盖。

第六节　工程管理

姜堰城区水利工程管理由城区河道管理所负责。

一、管护范围

城区河道管护涉及汤河、三水河、鹿鸣河、罗塘河、砖桥河、东方河、吴舍河、种子河府前河（含翻水站上游至中干河、中心闸上下游各100米）、西姜黄河、老通扬运河（城区段）、中干河（城区段含四支河东站上下游各100米）。

游步道、绿化带管护涉及罗塘河百龙桥两侧及光明菜市场段、三水河新世纪花园段及大鱼池南段、鹿鸣河烈士陵园及振兴社区段、汤河南苑小区及怡园新村段。

二、管护措施

（一）河道管护

年初与全体职工签订全年工作目标责任状。明确各自所分管的河道。要求每周各人的河道至少巡查2次，主要检查内容：一是河道水面清洁情况，二是河道护坡设施，三是闸站周围的绿化带修剪、卫生清理、亮化设施。巡查发现问题及时上报，对保洁问题由河道管理所督促保洁单位及时解决，进行跟踪检查。对设施损坏等问题，组织人力物力进行处理。

（二）游步道

2018年，城区河道管理所通过公开招标确定游步道与绿化带保洁单位，开展日常巡回保洁，确保绿化带及游步道无堆积物、垃圾杂物、枯叶落叶、焚烧垃圾、蜘蛛网等；游步道保持畅通，不被种植物遮挡、侵占。要求保洁单位对绿化带内的树木、花草、草坪及时修剪，保证美观。河管所职工负责每日督查，发现问题要求保洁单位及时整改，如整改不及时，则在考核打分表中按考核细则予以扣分。

（三）河滨广场

2019年以前，河滨广场日常卫生保洁工作由城区河道管理所安排人员负责，安全保卫由河道管理所职工分工负责。

2019年4月，城区河道管理所通过公开招标确定河滨广场物业管理单位，开展日常安全保卫及卫生保洁工作，确保地面及绿地无垃圾杂物、枯枝落叶，景观设施无小广告、积尘、涂字刻画等，水池池底无淤积污泥杂物，水面无漂浮物，公共厕所干净清洁、无异味。要求全天必须有保安人员进行正常巡逻，夜间有保安人员值守，负责用电、涉水等安全，维护广场内正常秩序，制止不文明行为的发生，保护好广场内的设备设施，出现各类纠纷及时进行妥善处理。河管所职工负责每日督查，发现问题要求物业管理单位及时整改，如整改不及时，则在考核打分表中，按考核细则予以扣分。

中干河河滨广场

（四）闸站管理

为确保河道、闸、泵站设备处于良好的运行状态，每年年初城区河道管理所对所辖范围内的河道、闸、泵站进行一次全面的技术状况普查，填写好技术状况普查表。根据技术状况普查结果，提出整改措施，有针对性地制定二级保养计划及清淤、改造计划，报姜堰区水利局批准后组织实施。每月对所有闸、泵站进行一次日常维护保养，要求做到清洁、润滑、安全，对所有河道普查一遍，普查内容包括水质情况、绿化、亮化、护坡、护栏、游步道、亭阁现状，填写相应表格，根据普查情况制订下个月度的工作计划。每半年对闸、泵站按"一级保养"的规定内容进行一次一级保养，在汛期前必须完成制订的二级保养计划，确保各闸、泵站在汛期期间处于良好的运行状态。对技术状况普查表、巡查表、维护保养记录进行全面的总结和分析，形成设备的技术档案，及时整理归档。

城区河道正常运行的翻水泵站，有专门人员负责每天翻水冲污，保证城区水质稳定。

第七章　水工建筑物

7

　　姜堰区水工建筑物以中小型为主，主要有流域性控制闸涵（圩口闸不列其中）、桥梁、翻水站。流域性控制闸涵分为套闸、节制闸涵、泵站（农村灌排泵站不列其中）。

　　中华人民共和国成立初期，328国道沿线仅有黄村闸和30多座小型涵坝，每年春季水稻需水季节，开涵闸向北输水。以后陆续兴建白米闸、界沟闸、泰东闸、三水闸和白米、姜堰套闸、姜堰翻水站，重建了黄村闸。2003年后，随着城区水利职能划归姜堰市水利局，城区先后建成多座闸站。

　　2002年5月29日，姜堰市政府下发《市政府关于印发全市农村危桥改建意见的通知》（姜政发〔2002〕78号），开启农村危桥改造的序幕。至2019年，经水利部门审核实施改造危桥1480座。

第一节　闸涵

一、套闸

（一）姜堰套闸

位于中干河北端，距新通扬运河 2.25 千米处，为沟通上、下河引、排、航综合利用的新建工程。于 1977 年 1 月动工，1978 年 6 月建成，1978 年 9 月正式通航。完成土方 100800 立方米，混凝土 3842 立方米，造价 103 万元。套闸闸首宽 10 米，闸室宽 16 米、长 140 米。闸首墙为连拱空箱式，钢筋混凝土和浆砌块石混合结构，以短廊道输水。上闸首顶真高 5.6 米，底槛 -1.5 米，下闸首顶高 5.1 米，底槛 -2.0 米。闸室墙顶高 4 米，外加 1 米高的挡浪板，单向水头，钢结构人字门，电动启闭。最高通航水位：上游 4.5 米，下游 3.5 米；最低通航水位：上游 1 米，下游 0.5 米。

姜堰套闸自 1978 年通航运行以后，10 多年未进行大型维修，闸门变形，锈蚀严重，止水失灵。1989 年 11 月 25 日断航维修，1990 年 2 月 18 日开坝复航。大修内容为 4 扇钢结构人字门和 4 扇输水门的更换及 4 台推杆启闭机、4 台螺杆启闭机和全套电气设备更新，闸室内部分土建维修。完成钢结构制作 50.64 吨，铸钢体 9.4 吨，投资 68.23 万元。

1990—2012 年，该闸历经 23 年未进行大修。2012 年 2 月，委托扬州市扬大工程检测中心有限公司对姜堰套闸工程建筑物、金属结构进行现场安全检测，于 2014 年 3 月出具检测报告，安全综合评价为：姜堰套闸工程设计指标能满足要求，按照《水闸安全鉴定规定》，姜堰套闸安全类别拟定为三类闸。

根据三类闸的安全评定，姜堰套闸需进行加固改造维修，姜堰市水利局上争项目，上报江苏省水利厅将套闸加固项目纳入省淮河流域洼地治理工程。2019 年 8 月江苏省发改委（苏发改农经发〔2019〕740 号）批复同意立项。9 月 9 日江苏省水利厅（苏水建〔2019〕49 号）批复同意泰州市境内工程初步设计及概算。9 月 19 日，泰州市水利局（泰政水复〔2019〕21 号）批复同意姜堰区境内工程初步设计及概算，实施姜堰套闸加固工程，工程概算投资 1841 万元，其中，地方配套 369 万元，计划 2020 年 4 月开工建设。

（二）白米套闸

中华人民共和国成立初期，白米镇西北 1 千米处有林家涵，不能适应上、下河之间引蓄调节的要求。1951 年，经泰州专署批准，在林家涵旧址建白米闸。这是泰县第一座钢筋混凝土基础条石结构的节制闸，单孔宽 5 米，闸顶高 4.5 米，闸底 0.5 米，木质插板式闸门，由镇江吴德泰营造厂设计承建。1951 年 4 月 17 日动工，7 月 4 日竣工。由于闸顶高度不足，1954 年和 1956 年两次大水，水位均超溢闸顶，只好在闸顶加土埝拦水，闸下已冲成深塘，闸身安全受到影响。以后每年汛期均重点防范，1978—1979 年新开白米河后，该闸遂废。

新建的白米套闸位于新开的白米河上。套闸总长 156.5 米，上下闸首孔宽 6 米，上闸首岸墙顶高程 5.5 米，底槛 -0.6 米。采用钢结构人字门，下闸首岸墙顶高 4.3 米，为钢结构直升门，岸翼墙均为空箱连拱结构。基础为打入式钢筋混凝土预制桩，闸室长 80 米，底宽 10 米。底面高程 -1.0 米。该闸于 1986 年 5 月 10 日开工，至 12 月 25 日全面竣工，完成土方 5 万立方米、混凝土 1450 立方米，石方 2336 立方米，打基础桩 349 根，征用土地 0.98 公顷，其中闸址征地 0.43 公顷，其他为挖废和道路用地，总造价 68.2 万元。

经过 20 多年运行，该闸老化严重，闸门、启闭设备已经无法正常运行，存在安全隐患。2014 年 9 月，泰州市姜堰区城市水利投资开发有限公司（下称"水利投资公司"）通过立项申请白米套闸加固改造工程建设项目，2014 年 10 月 9 日由泰州市姜堰区发展和改革委员会以泰姜发改投〔2015〕1187 号将项目建设计划下达给泰州市姜堰区城市水利投资开发有限公司负责实施。工程建设内容包括：对上闸首以及上下游翼墙、护砌进行维修加固，更换闸门、启闭机及工作桥等。项目总投资约 100 万元。加固改造工程完成后，因航道不适应大中型船只通行，封闸停航。

（三）大冯套闸

套闸兴建前，有虹桥坝 1 道。1979 年 3 月，大冯公社自筹资金兴建大冯套闸，以发挥上、下河之间引、排、航作用。闸门宽 5 米，室长 73 米，国家补助 5 万元。

兴建时，因经费限制，结构简单，渗径长度不足，经 10 年运行，混凝土人字门及闸首块石砌体，破坏严重。1990 年 9 月停航大修，上下游更换钢结构上悬横移闸门，闸门启闭由人工操作改为电动操作，闸室护坡改为直立式浆砌块石墙，

于 1991 年 4 月恢复通航。总投资 90.77 万元，其中土方工程 15.43 万元，闸桥经费 75.34 万元。

2008 年，大冯套闸随苏陈镇划归海陵区。

二、控制闸涵

中华人民共和国成立初期，老通扬运河沿岸有水泥涵洞 20 座、木质涵 6 座及土坝 12 处。公路成为里下河的一条防线，干旱时引水感涵洞太少；汛期水位高差大时，又感涵洞太多，给管理和控制带来很大困难。

新通扬运河开凿后，沿线涵洞的引水作用逐步消失，加之每次汛期管理麻烦，经逐年堵闭至 2019 年底，仅存水泥涵洞 7 座，均重新整修，配有水泥闸门，用螺杆启闭，交所在地派专人负责管理。老 328 国道沿线涵洞统计（2019 年）见表 7-1-1。

表 7-1-1　　　　　　　　　　　老 328 国道沿线涵洞统计（2019 年）

名　称	地　址	管　径　（米）
双涵	白米镇腰庄	1.00
曹堡涵	白米镇胜利	0.60
杨家涵	白米镇曹堡	0.60
曹洪喜涵	白米镇马沟	0.60
储家涵	白米镇双傅	0.60
朱家涵	罗塘街道朱家	0.60
丁家巷涵	白米镇白米	0.80

2003 年后，在城区先后新建多座控制闸站。至 2019 年，姜堰区城区闸站工程有黄村闸、中心闸、三水闸、鹿鸣闸、砖桥闸、许陆闸、马宁闸、一支河闸、时庄河北闸（老通）、革命闸等 10 座小型水闸。主要功能是防洪、保水活水、城市排涝、控制上河与下河之间的水位。上河与下河之间由黄村闸、中心闸、罗塘河闸站、三水闸、鹿鸣闸、砖桥闸、许陆闸、马宁闸等建筑物组成控制线。汤河闸站、汤河东闸站、时庄河泵站（周山河）、一支河泵站、吴舍河泵站、四支河中干

河泵站、种子河泵站主要是通过抽水形成活水流动，达到生态活水、保水作用。

（一）三水闸

旧址原有姜中涵，建于 20 世纪 60 年代初期。引上河水穿通扬公路，经下坝石桥入姜溱河。涵洞管径为 60 厘米，底高在 0.5 米以上，过水能力偏低。20 世纪 60 年代中期，在通扬公路市区段改道时，埋在路下的涵管径小且管底高，当上河水位低时，不能引水，涵下游河道成为臭水死沟，环境受到严重污染。一遇暴雨，又向两岸漫溢。

1983 年 12 月 8 日至 1984 年 8 月 2 日，改建姜中涵整治下游河道，建成 2.5 米 ×2.25 米箱式涵洞，底高 0 米，配钢结构直升门，可通过流量 3~5 米³/ 秒。更名为"三水闸"。同时，改建西街涵为 3 米 ×2.5 米箱式涵，底真高 0 米，疏浚下游河道 2154 米（其中新开挖 700 米），护坡 2544 米，并兴建了北市桥、利民桥及西街农贸市场，工程总造价为 133.6 万元。

三水闸建成后，对姜堰镇工业和人民生活用水、改善环境卫生以及美化市容诸方面均产生明显效益。

为配合姜堰城区建设整体规划的实施，2001 年 10 月至 2002 年 1 月，将三水闸拆除北移，总投资 100 万元，新建独孔净 3 米宽的钢筋混凝土涵闸，新配钢闸门及启闭机，上部为 3 层砖混结构管理用房，面积为 547.8 平方米。

（二）黄村闸

黄村闸旧称庙子沟。清道光十九年（1839 年）沟上有涵洞。后大水毁涵，崩为黄村口。光绪五年（1878 年）将口门缩小，两边用石裹头，上建木桥，名曰顺济闸，以资蓄泄，后圮。民国七年（1918 年）盐商以盐船过泰州坝，需换船费重，议改运道由黄村河口入上河，在黄村河上建闸。民国十二年（1923 年），推陈觐文主持闸务，在县署召集士绅会议，议建闸两道，第一道在渡船口南，闸底以河底铺平，不得挖深垫高，门一丈四尺。第二道闸在石家垛后寿圣寺前。民国十三年（1924 年），再度在县署召集士绅会议，议决改两道闸为 1 道闸，地点在黄村河口，同年夏竣工，闸门宽一丈四尺，用银 36306.6 元。黄村河曾为盛极一时的粮运通道。闸为插板式，汛前每年 6 月关闸，汛期一过即开闸。其关闸的方法是依靠插板处打坝，每关 1 次要 1000 人工，开 1

次 200 人工，用泥包 140 船左右，每船泥重 6000 斤。民国二十年（1931 年）汛期，黄村闸关闭，通南农民在闸西边紧靠闸身处挖沟排水。决口宽 36.63 米，深 6.66 米，闸石亦损失一、二层。由于闸下口冲成大塘，闸底漏水，插板不易到底，失去修复利用的价值。

1957 年底，在旧闸下游 1 千米处的通扬公路上，结合公路桥兴建黄村闸，1958 年 6 月 8 日建成。闸 3 孔，每孔净宽 4.0 米，闸底真高 0 米，闸顶高程 6.5 米，直升闸门，配 10 吨启闭机，能通过流量 30~50 米³/ 秒，造价 30.6 万元。

1982 年，黄村闸与界沟闸均更换木质闸门为波纹型钢筋水泥闸门，整修启闭台扶梯，该工程由泰县水利工程队施工。

该闸经过 40 多年的运行，年久失修，加之工情、水情变化和无抗震设防，已存在诸多问题：渗径偏短，防渗长度不足；闸身结构混凝土碳化严重，强度不足；上下游翼墙已多处破损；闸门及启闭机不能满足运行要求。经上级批准，于 2001 年 10 月至 2002 年 6 月对黄村闸除险加固，总投资 345.61 万元。工程等级为水工建筑物 3 级。

（三）中心闸

该闸于 2004 年 3 月建成，总投资 184.83 万元。位于姜堰区三水街道经三路桥西，为单孔节制闸，净宽 4.0 米，筏式底板，底板面真高 0.5 米，闸室长 18.5 米，采用潜孔式结构，胸墙底真高 3.0 米，下游侧（里下河）设消力池，池长 7.0 米，池深 0.50 米，池后接 4.60 米的混凝土铺盖及 10 米长的灌砌块石护底，上游（通南地区）设 13.5 米长的混凝土铺盖及 7.65 米长的灌砌石护底，上下游翼墙与消力池铺盖连成"U"形结构。采用平板直升钢闸门，门顶真高 3.2 米，启闭机选用 QP-80KN 卷扬式启闭机。工程等级为水工建筑物 3 级。

2004年3月建成的中心闸

（四）鹿鸣闸

鹿鸣闸建成于2004年7月，总投资158.36万元。位于姜堰区鹿鸣河与老通扬运河的交汇口处，是长江和淮河流域的控制性建筑物，具有引水、排涝、冲污等多项功能。工程为单孔节制闸，净宽4.0米，设计流量14.0米³/秒，整体底板，底板面真高0.00米，闸顶真高5.4米，闸室长11.0米，胸墙底真高2.3米，下游侧（里下河）设消力池，池长7.0米，池深0.50米，池后接两段各14.49米的直立式挡墙，在挡墙内设两段共24米长混凝土灌砌块石护坦。上游设4节13.6米长的箱涵，箱涵过水断面尺4米×2.3米，全长101.50米，闸门采用钢结构平面直升门，启闭机采用YJQ-PS2×5吨双吊点集成液压传动结构。工程等级为水工建筑物3级。

（五）砖桥闸

砖桥闸建成于2005年10月，该闸上游为老通扬运河，下游为砖桥河。为单孔涵闸，闸室上游接单孔涵洞，设计流量14.0米³/秒。单孔净宽4.00米，闸室底板真高0.0米，闸顶真高5.60米。平面钢闸门4.06米×2.35米，YJQ-P2×3吨双吊点集成液压启闭机。工程等级为水工建筑物3级。

（六）罗塘河闸站

罗塘河闸站建成于2007年2月，位于姜堰区罗塘河陈庄路北侧。正身采用闸站结合形式。中孔为泄水孔，孔径净宽4.0米，两侧为泵室，净宽1.8米，设计流量1.0米³/秒，闸室底板真高0.0米，正身底板面真高-0.8～-1.3米，墩顶真高5.2米，正身顺水流向长9.5米，垂直水流向长10.0米。中孔采用平面钢闸门4.06米×2.05米挡水，配双吊点YIQ-PF2×40kN液压启闭机。两侧泵室内各设1台500QZ-100D型潜水泵，叶片安放角-2°，配套功率2千瓦。泵站出水设钢制拍门（铰座为钢制，止水采用橡胶），中心线真高 2.4 米。

（七）许陆闸

许陆闸位于姜堰区纬三路与许陆河交接处，2011 年 3 月竣工。设计流量 5.0 米³/秒。节制闸主体结构分为两个部分：前部为 C25 钢筋混凝土箱涵结构，箱涵净尺大小为 4.0 米 × 4.0 米，底板面真高 0.0 米，箱涵共分为两节，总长约 26 米，由于现状河道与规划河道存在夹角，因此第一节箱涵处设置一个 22° 夹角；后部为节制闸控制段，控制段前半部分亦为 4.0 米 × 4.0 米钢筋混凝土箱涵结构，后半部分为 C25 钢筋混凝土"U"形结构，控制段顺水流方向长度 15.0 米，底板面真高 0.0 米，控制段设一扇 4.0 米 × 2.0 米平面钢闸门，闸门后为钢筋混凝土挡水胸墙，钢闸门采用手电两用 QLW 2 × 80KN 明杆式螺杆启闭机启闭，启闭机工作桥顶真高 5.8 米。

正身与上游间采用 M10 浆砌块石翼墙连接，设 8.0 米长 C25 钢筋混凝土铺盖及 10.0 米长 M10 浆砌块石护砌。正身出口为 C25 钢筋混凝土消力池。消力池与下游河道间采用翼墙连接，翼墙均为重力式结构，消力池后部设 10 米长 M10 浆砌块石护底护坡。工程等级为水工建筑物 3 级。

（八）马宁闸

马宁闸建成于 2015 年 12 月。位于姜堰开发区马宁河末端与洋马河连接处。节制闸采用 2 孔的涵闸形式，单孔净宽为 2.5 米，净高 2.5 米，洞身底板面真高 -0.5 米，闸身段长 10.0 米，闸身上游侧设控制竖井，竖井内设 ZAQJ-2.5 × 2.5 米 -3.5 米双向止水铸铁闸门，配 8 吨手电两用螺杆启闭机。设计流量 12 米³/秒。

闸身上游侧设钢筋混凝土扶壁墙连接上游河道，墙顶真高 5.5 米，河底设 C25 混凝土护坦，闸身下游侧设钢筋混凝土 U 形墙与下游河道连接，U 形墙顶真高 4.0 米，并在 U 形墙内设消力池，池长 10 米、池深 0.5 米。上、下游河道均设 C25 混凝土护砌，上游护砌长度 10 米，下游河道护砌长度 20 米。工程等级为水工建筑物 3 级。

（九）时庄河北闸

时庄河北闸于 2015 年 6 月开工，2015 年 11 月建成，位于老通扬运河与时庄河交汇口南侧，此闸采用 3 孔的涵闸形式，边孔净宽为 4.0 米、净高 4.9 米。中孔净宽为 5.0 米、净高 4.9 米。闸身底板面真高 1.2 米，闸身段长 11.0 米，闸身上游侧中孔内设 ZAQJ-300 × 160 双向止水铸铁闸门，配 2 × 5 吨手电两用暗杆双节点启闭机。涵闸下游段以钢筋混凝土悬臂墙接时庄河木桩护岸，上游段同样以钢筋混凝土悬臂墙接现状老通扬运河，连接段挡墙总长约 100 米。

（十）革命河闸

革命河闸于 2016 年 2 月开工，5 月建成，位于罗塘街道，西姜黄河与革命河交汇口西侧。投资 123 万元。该闸设计自流流量 10.38 米³/秒，为单孔节制闸，闸孔净宽 4.0 米，高 2.8 米，采用平面直升钢闸门，配 QLW-2 × 80kN 螺杆启闭机。闸身主体为钢筋混凝土结构，底板为钢筋混凝土整底板，底板顶真高 0.0 米，闸顶板面真高 6.2 米，闸内外河侧均为钢筋混凝土结构 U 形墙连接。

第二节　桥梁

20 世纪 90 年代前，姜堰桥梁建设，按水利、交通两部门分工惯例，凡属境内交通桥梁，一般由交通部门承建，因水利设施而影响交通需兴建的桥梁，一律由水利部门负责兴建，建成后统一由交通部门管理。20 世纪 60 年代前，水利部门桥梁建设基础比较薄弱，无建桥专业队伍，所建桥梁以木桥为主。1963 年，姜堰水利局成立建桥组，负责水利桥梁建设。20 世纪 60 年代到 90 年代间，建成了众多的人行便桥、机耕桥、公路桥。

由于这些桥梁大多建于 20 世纪 60—70 年代，经过几十年的使用，毁坏严重。为方便群众生产、生活和通行安全，2002 年 5 月 29 日，姜堰市政府下发《市政府关于印发全市农村危桥改建意见的通知》(姜政发〔2002〕78号文件)(以下简称《意见》),《意见》明确危桥改建范围为全市境内市级以上骨干河道危桥和镇、村河道上的危桥。明确镇、村作为危桥改建的主体,应本着量力而行的原则,分期分批实施危桥改建。《意见》对危桥改建程序提出具体要求,明确危桥改建资金补助方式。《意见》明确市政府成立由分管负责人任组长,财政、交通、水利等部门负责人为成员的农村危桥改建工作领导小组,要求各镇也要建立相应的工作班子,明确专人负责,加大领导力度,为危桥改建工作提供有力的组织保障。

2004年4月9日,姜堰市政府下发《市政府关于加快全市农村危桥改造的实施意见》(姜政发〔2004〕39号文),实施意见明确全市共有1192座农桥需改造,从2004年起,确保5年、力争4年全面完成危桥改造任务。实施意见明确农村危桥实施改造建设的主体为各镇人民政府和姜堰市经济开发区、溱湖风景区、市属场圃主管部门。各镇于每年年初将本年度危桥改建计划报姜堰市交通、水利部门审核立项(其中,市级河道上的危桥报姜堰市交通局审核,镇、村级河道上的危桥报姜堰市水利局审核),经审核后确定工程规模、工程标准,经姜堰市政府批准后,组织工程实施。危桥改造资金实行市以奖代补和镇自筹资金相结合,补助标准按照姜堰市政府2003年第八次常务会议纪要精神,其中,被泰州市列为薄弱乡镇的,补助60%,其他补助40%。

至2019年,经姜堰区水利部门审核实施改造的危桥1480座。

第三节 泵站

一、姜堰翻水站

姜堰翻水站位于姜堰套闸西侧。1987年12月1日开工,1989年8月6日竣工。

1992年6月12—14日、1993年6月17—6月24日,通南水位均低于1.50米,时适泡田插秧季节,开机翻水,补给通南灌溉用水。1991年7月,里下河水位超过历史最高水位,通南水位又在4.0米以下,从6月16日至8月16日,开机1070小时,翻水5136万立方米。

1997年夏,通南地区旱情严重,上河水位跌至1.37米,下河水位跌至0.85米,全市348座电灌站抽不到水,78条乡级河道引不到水。旱情发生后,启动翻水站向通南翻水,从6月13日下午至20日中午11时,翻水606台时,翻水3337.8万立方米。各乡镇采用二级翻水的方式,从市骨干河道向中沟河道翻水,后再将中沟的水抽灌秧田,使旱情得到缓解。

2003年7月,里下河遭受暴雨袭击,溱潼水位达到3.12米,比1991年溱潼最高水位低0.29米,里下河已成涝灾。从7月10日至7月18日,姜堰翻水站5台机组日夜开机,总翻水1058万立方米,对缓解里下河涝情起到了一定作用。

2007年汛期,里下河水位超过警戒线(溱潼水位3.03米)。7月11日,姜堰翻水站开机排涝,开机97小时,抽排涝水524万立方米。1989—2007年,翻水2.4亿立方米。

泰州引江河工程建成后,姜堰翻水站使用概率很小,形成上下游引河水体呆滞,水质变差。2014年7月姜堰区水利局结合环境整治对翻水站2台机组进行改造,2014年10月完工。主要建设内容为:拆除水泵叶轮及电动机,用液压启闭机控制出口拍门,变成2个涵洞向下游(里下河)引水,畅通引水河,使死水变活水。至此,该站由原5台机组(轴流ZLB1000-100)每秒15立方米,变更为3台机组每秒9立方米。

2007年后在城区新建了8座小(Ⅱ)型闸、泵站:罗塘河闸站、汤河闸站、汤河东闸站、四支河中干河站、种子河泵站、时庄河泵站(周山河)、一支河泵站、吴舍河泵站。主要功能是保持河道水位和河水流动。

二、汤河闸站

汤河闸站建成于 2007 年 10 月，位于姜堰区汤河与前进路交界处。该闸站的主要任务是保持汤河下游（前进路至西姜黄河）在一定的水位，用以改善水质。设计流量 1.6 米³/秒。工程采用闸站结合的形式。中孔为泄水孔，净宽 6.00 米，两侧为泵室。闸底板顶面真高 -0.50 米，底板厚 1.00 米，闸室顺水流方向长 10.50 米，闸顶真高 5.50 米。在闸室下游设 24.0 米宽交通桥，采用 8.00 米跨径预制空心桥面板，交通桥设计荷载为城 B 级，闸顶高程 5.50 米。汤河闸站采用字钢闸门配分离式液压启闭机 1 台，两侧泵室各配 1 台 500QZ-135D 潜水泵。闸站上游设 2 节 M10 浆砌块石翼墙，第一节翼墙为 C25 钢筋混凝土底板，第二节翼墙为 C25 钢筋混凝土底板，墙顶采用 C25 钢筋混凝土盖顶。上游翼墙外接 15.40 米长 M10 浆砌块石护坡、护底与上游河道相接。下游为一字墙，墙外以 5.00 米长 M10 浆砌块石护坡、护底与下游河道相连。

闸门为一字钢闸门，单孔净宽 6.00 米，共计 1 孔，门底高程为 0.0 米，门顶真高 3.50 米，门体面板尺为 6.26 米 ×3.63 米，闸门面板厚度为 8.00 毫米，闸门设 5 道横梁（含顶、底梁）及 1 道斜梁，除边梁外，中间设 5 道纵梁。横梁的结构与纵梁、边梁的结构形式相同，均采用 36a，所有梁均采用等高齐平的构造形式。闸门底、侧止水采用 P 型橡皮止水，底、侧止水角部连接采用 P7 型橡皮止水。闸门启闭机选用 YIQ-RC100kN 推杆式分离液压启闭机，共计 1 台。

三、汤河东闸站

汤河东闸站于 2008 年 11 月开工，2009 年 3 月竣工。位于姜堰区 328 国道西侧，汤河与 328 国道交汇处。该闸站的主要任务是满足 328 国道东侧的汤河提供景观用水需要。水孔，孔径净宽 4.0 米，两侧为泵室，净宽 2.5 米。闸底板顶面真高 0.0 米，闸站底板底面真高 -0.9 米，底板厚 0.9 米，闸室顺水流方向长 11.1 米。闸顶真高 5.5 米。

闸站采用一字形钢闸门配分离式液压启闭机 1 台，两侧泵室各配 1 台 500QZ-100D 潜水泵。闸站上、下游各设节 M10 浆砌块石翼墙，均为 C25 混凝土底板，墙顶采用 C25 钢筋混凝土盖顶。上、下游翼墙外各接 5.0 米长 M10 浆砌块石护底与上游河道相接。设计流量 1.0 米³/秒。

闸门采用一字形钢闸门，单孔净宽 4 米，共计 1 孔，门底真高 0.0 米，门顶真高 4.5 米，门体面板尺为 4.26 米 ×4.13 米，闸门面板厚度为 8 毫米，闸门设 5 道横梁（含顶、底梁），除边梁外，中间设 3 道纵梁。横梁的结构与纵梁、边梁等的结构形式相同，所有梁均采用等高齐平的构造形式。闸门底、侧止水采用 P 型橡皮止水，底、侧止水角部连接采用 P7 型橡皮止水。闸门启闭机选用 YJQ-RC100kN 推杆式分离液压启闭机，共计 1 台。

四、种子河泵站

种子河泵站于 2009 年 9 月开工，2010 年 2 月竣工。姜堰区种子河泵站位于种子河西端与西姜黄河交汇处。净宽 3.5 米，两侧为泵室，净宽 1.8 米，各配 1 台 500QZ-72D 潜水泵，泵室进水口设 1.0 米 ×1.8 米铸铁闸门，配 3 吨手电两用暗杆启闭机。设计流量 1.0 米³/秒。闸站底板顶面真高 0.0 米，底板厚 0.7 米，闸室顺水流方向长 10.0 米。在闸顶设净 3.5 米宽人行桥，闸顶真高 5.6 米。闸站采用平面钢闸门配双吊点倒挂式液压启闭机 YJQ-PF2×50kN。闸站上游设一节 C25 钢筋混凝土 U 形墙与西姜黄河老挡墙衔接。闸站下游设一节 M10 浆砌块石翼墙（C25 混凝土底板，墙顶采用 C25 钢筋混凝土盖顶）与种子河河道挡墙衔接。上、下游翼墙外接 M10 浆砌块石护底与上、下游河道相接。

闸门采用平板直升式钢闸门，单孔净宽 3.5 米，共计 1 孔，门底真高 0.0 米，门顶真高 2.15 米，门体面板尺为 3.56 米 ×2.15 米。闸门面板厚度为 0.08 米，闸门共设了 3 道主横梁（含顶、底梁），除双腹板边梁外，中间设再设 1 道纵梁。主横梁的结构与纵梁、端柱等的结构形式相同，采用实腹板纵梁与顶、底、主横梁等高齐平的构造形式。闸门底止水采用矩形单削角橡皮止水，门顶采用P型橡皮止水与H型橡皮止水结合使用。闸门启闭机选用YJQ-RC100kN推杆式分离液压启闭机，共计1台。

五、一支河泵站

一支河泵站于2013年4月开工，2013年9月竣工。位于姜堰区老通扬运河北岸，泵站采用闸站结合形式，选用600ZLB-160型轴流泵2台套。设计流量2.0米³/秒。

泵站正身为三孔钢筋混凝土结构，两边孔为泵室，中孔为节制闸孔。站身顺水流方向长度为12米，垂直水流方向长度为11.2米。两边孔（泵室）两侧各布置一扇2.5米×1.2米钢闸门，均配QLW80kN手电两用螺杆启闭机。中孔（节制闸孔）布置两扇3.0米×1.2米钢闸门，均配QLW100kN手电两用螺杆启闭机。

泵站底板面真高0.0米，厚80厘米。中墩及边墩顶真高5.0米，两边孔净宽2.5米，中孔净宽3.0米，中墩及边墩厚度均为80厘米。站身两侧均设检修门槽，槽内平时安放拦污栅。为方便电机层下至水泵层检修，在电机层中孔位置设95厘米×150厘米进人孔，通过铁爬梯至水泵层，平时用钢格板覆盖。在主厂房及检修间布置3吨LX型单梁悬挂起重机一台套。

老通扬运河侧支河侧均设C25钢筋混凝土消力池，厚度50厘米，长度分别为10米和11.6米，下设碎石、小石子、粗砂垫层各10厘米及土工布一层。消力池外设30厘米M10浆砌块石护坡。上、下游翼墙均采用M10浆砌块石墙身，C25钢筋混凝土底板及盖顶。

六、吴舍河泵站

吴舍河泵站建成于2015年8月。泵站位于吴舍河，设500QZ-100D潜水轴流泵2台套，设计流量1.2米³/秒。

站身采用钢筋混凝土框架结构，底板总宽为5.20米，顺水流向长1100米，底板面高程-1.00

米，底板厚0.50米，站身顶真高5.50米，共2孔，单孔净宽1.85米，墩厚0.50米。水泵基座真高0.40米，为便于维修，在站房内布置LX型5吨电动单梁悬挂起重机1台。

闸站进水侧翼墙采用浆砌石挡墙，挡墙顶高程及墙后回填土真高2.60米；站后穿堤涵洞净断面尺1.50米×2.00米（宽×高），涵洞底板面真高0.0米，涵洞总长14.80米；出水侧钢筋混凝土U形墙墙顶高程及墙后回填土真高4.50米。

七、四支河闸站

四支河闸站于2016年5月开工，2017年7月建成，位于天目山街道，中干河与四支河西侧，投资520万元。该闸站为一活水泵站，设计流量4米³/秒。泵站选用两台套800QZ-130型立式潜水轴流泵，站身采用钢筋混凝土折线形底板，底板面真高-0.5米，净宽2米泵室布置于两侧，中间布置净宽4.0米引（挡）水闸，上部设泵房，电动机及启闭机设在泵房内。上游设铺盖，下游消力池为U形槽，上下游翼墙为扶壁式挡土墙。

八、时庄河闸站

时庄河闸站建成于2017年1月，位于罗塘街道，时庄河与周山河交汇处北侧。采用闸站结合的布置形式。闸站自排流量12米³/秒，泵站引水流量3.0米³/秒。该闸站3孔。南侧1孔闸室，孔宽4.0米，采用4.0米×2.8米（宽×高）钢闸门，配QLW-2×80kN螺杆启闭机；北侧为泵室孔，2孔，孔宽2.0米，采用2.0米×2.0米（宽×高）快速钢闸门，布置700QGLS-160贯流泵2台，单泵流量$Q=1.5$米³/秒，叶片安放角为0°，配套电机功率75千瓦。

站身主体为钢筋混凝土结构，底板为钢筋混凝土整底板，底板总宽11.2米，顺水长15.2米，底板顶真高-0.5米，底板厚0.8米。闸站设3孔，闸室孔净宽4.0米，泵室孔净宽2.0米，墩墙厚0.8米。泵站顶板面真高5.7米，顶板厚0.4米。为便于维修，在站房内布置5吨LX型电动单梁起重机1台。

▶ 第八章　重点工程

8

　　2010—2017年，江苏省水利厅在姜堰境内实施两大重点工程，一是南水北调东线里下河水源调整工程卤汀河拓浚工程，二是江苏省世行贷款淮河流域重点平原洼地治理泰东河工程。国家发展改革委于2008年分别批复同意立项（发改农经〔2008〕2974号和1496号文）。工程建设内容由河道工程、堤防工程、桥梁工程、影响工程、水土保持工程等组成。两大工程在姜堰区境内总投资近9.7亿元，于2017年年底全部完工。工程建成后，经济效益、社会效益和生态效益十分显著。

　　这一时期，姜堰区水利局参与实施省重点水利工程泰东河、卤汀河拓浚工程、新通扬运河整治等工程。实施喜鹊湖清淤、河滨广场建设、泰州市通南片水生态调度控制工程、城黄灌区和溱潼灌区改造等姜堰区重点工程。

第一节 泰东河工程

泰东河工程是江苏省淮河流域重点平原洼地治理项目之一，同时是江水东引北调的组成部分。该工程按三级航道标准设计，河底真高 −5.5 米，河底宽 45 米，坡比 1∶3。工程涉及姜堰区溱潼、俞垛、淤溪 3 个镇 14 个村，境内两岸岸线全长约 35.625 千米。工程主要建设内容为：河道拓浚（含支河拉坡），培建或加固圩堤，新建挡土墙，青坎排水，

拆建淤溪大桥、溱潼读书址大桥，新建溱潼北大桥、淤溪人行便桥。河道疏浚土方 475 万立方米，驳岸 3 处 600 米，挡墙 6.4 千米，护坡 28.2 千米，新筑、加固圩堤 30 千米。工程永久征地 103.70 公顷，临时占地 127.42 公顷，影响沿线居民 495 户，拆迁住宅房屋及附属房屋 377 户，影响企业、商铺 40 家。工程移民安置设 3 个集中安置小区，分别坐落在溱潼镇读书址村、湖滨村和淤溪镇淤溪村，安置 245 户 759 人，安置率 100%。

整治后的泰东河溱潼段

该工程于 2011 年 7 月开工，2017 年 5 月完工。项目法人为江苏省世行贷款泰东河工程建设局，下设泰州市建设处，姜堰区成立姜堰区世行贷款泰东河工程征迁移民办公室和项目部，负责境内工程征地搬迁工作和影响工程施工建设管理。泰东河工程姜堰区境内总投资 5.14 亿元，其中，利用世界银行贷款 2.06 亿元，国家投资（省级以上）2.31 亿元，地方配套资金 0.77 亿元，其中姜堰区配套 0.3413 亿元。

为充分发挥主体工程效益，泰东河工程在姜

堰区境内规划实施一批防洪排涝工程和改善移民生产生活条件的配套工程。新建、拆建、改建圩口闸 115 座，新建、拆建排涝站 52 座、支河桥梁 21 座，支河疏浚护岸 37.1 千米，新建电灌站 18 座、硬质渠道 13.15 千米、防汛道路 9 条 6.56 千米；安装视频监控 30 处、桥梁照明 110 座；建成小泾河生态防护工程展示基地及溱潼北大桥巡查通道生态长廊各 1 处。

工程建成后，经济效益、社会效益和生态效益十分显著。一是改善生活环境。房屋拆旧建新，

小区配套完善，环境优美。二是改善集镇形象。全线新建护坡、直立挡墙、绿化带，营造里下河集镇滨河风光。三是改善交通条件。结合交通规划，新建、拆建4座大桥，标准提高，沟通两岸交通，构成区域交通框架。航道条件明显改善，更加方便水上运输。四是改善防洪设施。沿河圩堤全线加固达标，病险闸站加固除险。五是改善发展条件。填沟复垦、填河造地，拓展集镇、村庄发展空间。

第二节　卤汀河工程

卤汀河拓浚工程是南水北调东线一期里下河水源调整工程的重要组成部分，南接泰州引江河，北至兴化上官河，全长49.8千米，涉及海陵区、姜堰区、兴化市，工程主要内容包括河道整治工程、跨河桥梁工程、影响工程和水土保持工程等，概算投资约14亿元。该工程按三级航道标准设计。工程涉及姜堰区华港镇的桑湾村、港口村、董潭村、下溪村，淤溪镇的南桥村、北桥村，俞垛镇的花庄村，3个镇7个行政村，境内全长约13.3千米，其中5.6千米河西为江都段。工程主要建设内容为：拆建港口公路桥、董潭生产桥，河道疏浚10.47千米，新建直立挡墙2.26千米，退建圩堤1235米，加固圩堤6670米，改造渡口1处。工程永久征地30.034公顷，临时占地86.27公顷，搬迁居民62户，搬迁人口278人，拆迁居民各类房屋8487.85平方米，搬迁企事业单位20个。工程移民安置在华港镇港口村，设1个集中安置小区，安置区征地面积2.42公顷，集中安置居民52户，安置人口255人。

该工程于2010年10月开工，2016年12月完工。项目法人为江苏省水源公司，下设泰州市南水北调卤汀河拓浚工程建设指挥部，姜堰区成立姜堰区卤汀河工程项目部和姜堰区卤汀河工程建设处负责境内工程征地搬迁工作和影响工程施工建设管理。卤汀河拓浚工程在姜堰区境内总投资4.5亿元。

卤汀河工程在姜堰区境内投资近2700万元，规划实施了一批移民生产安置配套工程，主要包括新建桥梁10座，拆改建桥梁4座，新建圩堤1.7千米，新建圩口闸3座，圩口闸改电启闭3座，新建排涝站7座，新建混凝土道路4条4.23千米及支河疏浚和护坡工程。

该工程改善卤汀河沿线及周边地区居民的生产生活条件，为全区经济、社会发展做出了很大贡献。

第三节　新通扬运河整治

2017年5月，开工建设新通扬运河整治，该工程属泰州市通扬线航道整治工程，采取"省市共建、以市为主"的建设管理模式，江苏省交通运输厅为工程建设行业主管部门，江苏省水利厅港航事业发展中心（航道局）为业主单位，泰州市政府成立以市长为指挥长的泰州市通扬线航道整治工程建设指挥部，作为业主代表负责工程的建设管理工作。姜堰区政府设立服务指挥部，协调解决征地、拆迁、林木砍伐、杆（管）线迁移等工作。完成护岸建设38.77千米，其中，一级挡墙护岸采用悬臂式挡墙及素混凝土重力结构等，二级护岸采用素混凝土联拱草皮护坡、互锁块护坡等结构形式。改建桥梁10座。完成投资4.1308亿元，由省水利厅港航发展中心（航道局）投资。项目于2019年12月3日完成档案验收工作，2020年1月2日通过泰州市交通运输局质监站组织的泰州市公路水运工程品质工程市级示范项目验收，5月28日通过江苏省交通运输综合行政执法监督局组织的交工质量核验。

第四节　通南水生态调度控制工程

泰州市通南片水生态调度控制工程位于泰兴市、姜堰区、高港区境内，工程主要任务是通过工程措施，利用沿江泵站引水，抬高泰州市通南片区水位，解决该区域灌溉高峰期用水缺口，同时促进内部水体循环，改善水环境。共新建28座闸涵等水生态控制工程，其中姜堰区涉及蒋垛、大伦、白米3个镇，主要建设内容为：在运粮河东侧老通扬运河、周山河、南干河等河道上新建控制建筑物，具体为：新建调度闸5座、涵洞1座、滚水坝3座，疏浚整治部分河道。其中南干河南港闸（蒋垛镇）、周山河周山闸（大伦镇、白米镇）为长120米、宽12米套闸，老通扬运河闸（白米镇）为孔径12米调度闸，老生产河太平闸（大伦镇）、新生产河朱宣村闸（大伦镇）为孔径6米调度闸。工程于2015年11月开工，2017年5月完工，投资约6000万元。

通南片水生态调度控制工程——南干河套闸

该工程管理单位为泰州市城区河道管理处，第三方运行管护单位为江苏圣河项目管理有限公司。工程于2018年9月通过公开招标确定江苏圣河项目管理有限公司为泰州市通南片水生态控制工程中标单位，运行管护期限：2018年10月至2021年10月，工程中标价192万元（3年）。由江苏圣河项目管理有限公司负责工程管护、运行管理（包括防汛值守与调度、日常维修养护等）、工程设备管理、建（构）筑物管理、其他附属设施管理、安全保卫管理、闸区环境保洁。

第五节　喜鹊湖清淤

喜鹊湖又名溱湖，是原生态自然湖，里下河泄洪区之一，总面积2.1平方千米。

清淤工程于2003年4月至2003年12月对喜鹊湖进行了疏浚整治，工程总土方56.39万立方米。主要工程内容为：疏浚整治喜鹊湖进出口河道，整治工长2千米；整治湖区面积3000多亩，疏浚土方45万立方米；拆除进出滞涝区河道上病危桥梁4座，新建公路桥2座，拆建交通桥4座。该工程于2003年4月上旬进行工程施工，5月底前全面完成湖区土方工程施工任务，6月底完成进出口门的河道土方工程施工任务，2003年7—12月完成配套建筑物施工。该工程总投资879万元，在河道整治经费中列支，除江苏省、厅列入地方水利基建项目补助150万元外，其余由姜堰市通过多渠道自筹解决。

喜鹊湖清淤工程——干湖施工

2008 年实施溱湖水系整治工程，工程主要内容为：对北湖进行清淤，土方 136.17 万立方米；拆除湖区格埂，土方 14.13 万立方米；新开连接河道，北连接河长 500 米，南连接河 570 米；新建跨河桥梁 2 座；疏浚姜溱河、河横河、黄村河、龙叉港河、溱潼夹河等进出口河道 5 条，土方 36.39 万立方米；对新开河段进行植物护坡。整治工程于 2008 年 11 月开工，2009 年 10 月完工。

第六节　河滨广场

河滨广场建于 2004 年 10 月，2005 年 4 月开放。位于姜堰区城区中干河西侧，北起正太大桥，南至金湖湾大桥，南北长 650 米，东西宽 80 米，总面积 52320 平方米。内设三水汇聚广场、娱乐休闲中心、生态林区、入口广场 4 个景区。工程内容包括河道清淤、水环境治理、景观建设、三水汇聚广场、亮化、绿化等，投资 2764 万元。广场主体土建工程由南京市园林实业总公司负责实施。

整个河滨广场的创意为：三水汇聚，紫气东来，九九归一，人水和谐，乐起泉舞，球运风水。整个广场由北向南分为 4 个景区，分别为广场入口景区、叠水广场景区、娱乐中心景区、生态园林景区。整个景区全部采用现代化的监控系统，对水、光、声、景实施 24 小时调控。广场中分布着“三水汇聚”“擎天石柱”“九九归一”“小桥流水”“锦亭采风”“听涛品茗”“红楼远眺”“音乐喷泉”“荷塘月色”“天下第一棋”“轻松山房”等景点。

河滨广场经过十几年的使用，存在设施老化、植物通透性差、缺少休闲健身类设施等问题。为提高城市品位，提升河滨广场形象、完善广场功能，打造亲水、生态、休闲娱乐健身的水环境，2018 年，中共姜堰区委、姜堰区政府决定对原河滨广场进行提档升级改造。工程主要内容为：对原有入口广场铺装、休闲平台、亲水平台进行改造，新建文化景墙、观景亭、健身步道、园路、公共厕所等设施，满足广大市民的健身娱乐需求；

对原有绿化进行优化布局，通过多样性的植物选择和片植，做到四季有花、有景，打造美好生态景观；对原有广场照明进行重新规划设计。

河滨广场提档升级改造工程于2018年9月开工，12月底完工，内设3个景区，工程总投资1200万元。

第七节　灌区改造

一、城黄灌区（泰兴城区—黄桥老区）

城黄灌区姜堰片位于姜堰区通南地区，由于土质沙，水土易流失；渠床淤积，引水能力明显减弱；渗漏量大，渠系水利用系数低。为提高农业综合生产能力，促进农业增效、农民增收，实施城黄灌区（姜堰片）续建配套与节水改造。2009年城黄灌区项目涉及大伦、张甸两个镇16个村，灌溉面积1560公顷。工程主要建设内容为：疏浚渠道3条，长度7千米，土方10.75万立方米，衬砌渠道135.83千米，拆建泵站26座，新建渠系建筑物673座。工程总投资1500万元，其中中央补助500万元、省级财政补助333万元、市县配套667万元。工程于2009年11月开工，2010年5月完工。

2010年度工程项目区涉及6个镇36个村。工程主要建设内容为：疏浚渠道11条，长度33.96千米，土方58.54万立方米；衬砌渠道244.214千米，新建、拆建泵站97座，新建渠系建筑物1945座。工程总投资4500万元，其中中央财政补助1500万元、省级财政补助1000万元，其他由姜堰区自筹解决。工程于2010年1月开工，2011年4月底完成工程建设任务。

二、溱潼灌区

2015年9月28日江苏省水利厅对《农业综合开发泰州市姜堰区溱潼灌区节水配套改造项目初步设计》进行批复（苏水农〔2015〕47号），该项目涉及兴泰镇、桥头镇、沈高镇3个镇。工程内容为：新（拆）建泵站43座，配套量水设施43套；新（拆）建防渗渠道79.868千米、排水沟14.749千米；新建分水闸129座、渡槽4座、过路涵140座、田间进水涵3133座；新建低压灌溉管道3.906千米，灌溉面积63.33公顷；渠道疏浚6条5.3千米，疏浚土方8.31万立方米；成立用水户协会3个。工程总投资2200万元，其中中央财政资金1000万元、地方各级财政资金1000万元、地方财政水利资金及自筹200万元。该工程2015年11月开工，2016年12月完工。

第九章 农村供水

9

　　姜堰区历史上农村生活用水是分散式就近取用河道、沟塘和水井的水源，水源没有保证，水质没有处理，安全难以保障。20世纪80年代，农村自来水供水起步，整体推进于20世纪90年代。但由于多部门管理，供水安全问题较多。2006年，姜堰市政府将农村供水职能划归水利局，并经姜堰市编委批准水利局成立供水管理科。经过多年的努力，截至2015年底，构建全区管网互联的区域供水体系，实现全区城乡供水一体化，自来水普及率和入户率均100%，全区65万农村人口全部饮上长江水。

第一节　水厂管理

20世纪80年代起，姜堰市农村陆续开始兴办小型自来水厂集中供水。至2007年，姜堰市建成农村自来水厂53家，其中镇级水厂28家、村级水厂25家。取用地表水水厂7家，取用地下水水厂46家。日供水量1000立方米以上水厂20家，500~1000立方米水厂14家，500立方米以下水厂19家。集体经营或租赁承包的水厂26家，私营水厂27家。全市日供水能力11万立方米，日均实际供水量3.6万立方米，供水总户数为18.4万户，入户率78.5%，受益人口66.4万人，受益率91.26%。但由于建设标准较低，水质普遍达不到国家标准，农村饮水安全仍存在较多问题。

2005年以前，农村水厂一直没有明确行业主管部门，姜堰市爱国卫生运动委员会办公室作为水质监测部门，负责姜堰市农村饮水安全检测，牵头管理农村水厂。2005年5月姜堰市政府制定出台《姜堰市农村供水管理暂行办法》，明确姜堰市水利局为农村供水管理的行业主管部门，负责全市农村供水管理工作。姜堰市水利局接管农村水厂管理职能后，从2005年6—12月开展以"碧水蓝天工程"为核心的专项整治活动，取得显著成效。

规章制度得到健全。 各水厂参照市督查小组提供的规章制度及岗位责任制范本，根据各自特点，建立健全规章制度和岗位责任制，规范基础管理。

水源保护意识增强。 姜堰市原有58家水厂，撤并5家，保留53家，全部由当地政府设立了水源保护区和禁止事项告示牌，并对保护区内影响水源水质的码头、杂物、种植、渗坑、厕所、垃圾场地等进行全面的清理和整治，同时明确专人定期巡查，发现问题及时处理。

消毒化验得到重视。 专项整治前有22家水厂使用二氧化氯发生器、22家水厂使用液氯、3家水厂使用漂白粉进行消毒，另有11家从不消毒。整治后53家水厂全部实现消毒，其工艺除姜堰市绿岛供水有限公司经安全评价允许使用液氯消毒外，其他均采用二氧化氯发生器消毒。在水质化验上，整治前仅10家水厂有化验室，水质检测只是按卫生部门的要求，每年送检2次全分析、6次简分析，有化验室的检测不正常或检测项目不全、供水水质能否达标全然不知。整治后有38家水厂和淤溪水利站建有标准化验室，另外15家水厂配备余氯比色管进行余氯检测，其余3项指标由5个镇级中心化验室专门负责，还明确水厂原水、出厂水、管网末梢水检测的项目、频率及送环保、卫生等部门检测的时间、项目。

水厂环境得到改善。 在水厂环境整治方面，一是对厂区内建筑物的外墙、通道、围墙内外壁按碧水、蓝天色彩粉刷油漆；二是拆除所有乱搭乱建；三是将旱式厕所全部改建成水冲式厕所；四是铲除厂区内所有种植物，专门进行场地绿化美化；五是对道路进行平整铺设广场砖；六是对厂区门外道路等进行彻底整治。通过整治，部分水厂达到花园式标准。

第二节　引长江水工程

随着姜堰工农业生产的快速发展，城市化水平的不断推进和人民生活水平的逐渐提高，内河水质在不断下降，水生态环境逐步下滑。主要水体普遍受到一定程度的污染，直接影响着城乡人民的饮用水安全。姜堰城区由姜堰市二水厂供水，水源原为中干河取水，因水体小，水质变化幅度较大。而各乡（镇）供水水源多为开采地下水，设备简易、老化，易造成地下水二次污染。为从根本上解决水源问题，按照泰州地区的总体供水规划，将泰州市三水厂的长江自来水输送至姜堰市城区的二水厂，再由姜堰市二水厂将长江自来水送到各镇及千家万户，其中，姜堰市华港镇和淤溪镇由泰州市海陵区自来水公司直接供长江自来水。姜堰全市以泰州市三水厂提供的长江水为供水水源，该水源水质与水量均能保障本区域的供水要求，水源布局合理可靠。原姜堰市中干河沿河水源地改为应急备用水源地，为保障区域的农村饮水安全，将原农村饮水安全工程的部分主供水水源作为备用应急水源，对备用应急水源进行合理化规划建设，设立保护区标牌，明确管护人员和职责。

2007年，启动引长江水工程建设。2010年1月6日，由泰州三水厂输送的净水到达姜堰市二水厂，姜堰城区居民正式饮用上长江水。在实现姜堰城区饮用长江水的基础上，全面实施向各镇村进行延伸拓展工程，2014年底姜堰全区实现引长江水工程以行政村为单位全覆盖。

2014年实施清改浑工程，该工程将姜堰引清水改为引浑水，充分利用原有净水设备设施，于2017年10月28日实施转换。

第三节　区域供水

为全面彻底解决农村饮水不安全问题，2010年，中共姜堰市委、姜堰市政府和姜堰市水利部门在统筹考虑区域供水与新农村建设规划的基础上，统筹城乡区域供水和农村饮水安全工程同步推进，促进城乡供水一体化发展。姜堰市政府作为实施农村饮水安全工程和城乡统筹区域供水工程同步实施的责任主体，按照"政府主导、市场运作、企业经营、规范管理"的工作思路，2010年11月出台《姜堰市农村区域供水实施方案（试行）》，责成水利、住建、财政等部门和具体项目单位（各镇人民政府），根据相关制度，按照批复的实施规划，认真组织实施。

一、落实工作责任

姜堰市成立全市区域供水领导小组，由市长任组长，分管城建、水利的副市长任副组长，各相关职能部门、各镇（街道）主要负责人为成员，构建"市镇联动、属地管理、督查推进、齐抓共管、规范运作"的农村区域供水工作机制，加强对农村区域供水工作的组织领导。一是明确分工。根据分工安排，姜堰市水利局负责牵头指导农村区域供水工

程建设，各镇（街道）负责辖区内供水管网设施的改造延伸、水厂回收、供水资产整合处置和水厂运行管理等，协同推进工程建设。二是加强督察。姜堰市政府将农村区域供水与村庄环境整治工作同研究、同布置、同推进，先后召开现场观摩会、工作推进会等进行落实，定期通报进展情况。三是严格考核。2014年5月，姜堰区政府制定出台《姜堰区区域供水工程建设和运营管理考核办法》，与各镇（街道）签订年度镇属区域供水工程建设及运营管理责任书，明确姜堰区水利局负责各镇供水运营管理日常指导及季度、年度考核牵头组织工作，住建局做好配合，考核结果与评先评优、以奖代补挂钩，确保工程顺利推进。

二、加强建设管理

姜堰市水利局牵头住建局以及各镇（街道），委托姜堰市建筑规划设计院，制订管网改造方案。工程以各镇（街道）为单位立项，严格按基本建设程序进行，工程建设中推行项目法人制、招标投标制、工程监理制、质量监督制，贯彻《建设工程质量管理条例》，建立全方位、全过程的质量责任体系和质量终身负责制，在工程实施过程中，督查施工质量管理，协调解决相关技术难题，确保管道工程的施工质量。推行用水户全过程参与的工作机制。

三、私营水厂回收

为减少工程建设矛盾，理顺供水主体与资产运行管理关系，明确由各镇统一回收供水企业，规定回收价原则上为原资产转让时的合同价，加上资产转让后供水企业自身投入的固定资产投资额。全区47家农村水厂、24家私营水厂全部回收到位，投入回收资金5500多万元。

四、多渠道筹措工程建设资金

农村区域供水项目投资较多，一方面区政府对镇属内部管网改造实行以奖代补，在完成目标任务和规定标准的前提下，奖补比例为工程审计额的60%，区财政共以奖代补近2.6亿元。其余由镇村

沈高镇管网改造施工

投资、受益用水户出资、招商引资、能人捐资、"一事一议"筹资等多元化方式进行筹资，为工程建设提供了资金保障。在工程建设过程中，各镇严格执行规范的财务制度，实行财务独立，专款专用。

五、规范运营管理

工程建成后，姜堰区水利局负责各镇供水运营管理日常指导及季度、年度考核牵头组织工作。一是组建供水工程管理机构。在实现水厂回收的基础上，指导各镇（街道）分别组建供水站，具体负责所属范围内的供水安全、运行管理、管网维护、水费收缴等。供水站普遍推行委派监管（由镇政府直接委派专人兼管）和自主经营（从原水厂公开推选人员负责管理，实行独立核算、自负盈亏）两种模式。二是完善制度。根据责权利相结合的原则，指导各镇（街道）供水站制定各项管理制度、加强运行管理、合理确定水价，保障供水工程长期良性运行。三是加强培训。2015年5月，姜堰区水利局举办首期农村供水运营管理培训班，讲授供水营销管理、供水管网运行管理和生活饮用水卫生执行标准等方面的知识，全区各镇（街道）供水站、水利站80多人参加培训。

六、保障供水安全

一是优化工艺统筹供水生产运转，对城区和各镇（街道）22个供水点压力和流量进行不间断实时监测，科学优化调整供水工艺运行方式和参数，保证城乡供水量足质优。二是全程监管。建立管网水质监测系统，安装水质监测仪器，对水质指标实行全天候24小时连续检测传输，实现从源头至各镇供水的全程水质监管。三是应急处置。不断完善管道爆裂、停电及防汛等各种供水应急预案，加强农村地下水应急备用水源井规范化建设和管理，常态化地对备用工艺设施进行日常维护保养和周期运转，保障城乡供水安全连续。

姜堰城乡区域供水一体化工程总投资10亿多元，其中农村区域供水工程改造资金4.9亿元，改造农村供水管网7451千米，解决农村饮水不安全人口56万人，至2014年底，全区实现引长江水以行政村为单位全覆盖，解决42.43万农村居民的饮水不安全问题，农村居民受益总人口达65万人，自来水普及率100%、入户率100%，农村供水水质、水量得到明显改善，实现城乡居民"同网、同质、同水价、同服务"的"四同"供水模式。

第十章　工程管理

改革开放后，姜堰市兴建一大批水利工程，但是，项目管理不规范，工程质量缺乏有效监督。建管不分、重建轻管现象普遍存在，导致一些工程不能发挥应有的作用。2000年起，姜堰市水利局不断强化管理。在建设管理上，逐步规范建设程序，严格实行"项目法人、招标投标、建设监理、合同管理、竣工验收"制度，成立工程监督站，负责工程质量监督和施工安全管理。在工程运行管理上，实现建管分离，城区水利工程管理由姜堰区河道管理所具体负责，姜堰套闸、翻水站等水利工程由姜堰套闸管理所负责，白米套闸交白米水利站管理，农村小型水利工程由所在镇村负责管理。

第一节 工程建设管理

1999年，江苏省水利厅做出《关于进一步加强水利工程建设管理的若干决定》，明确提出：水利工程建设要根据分级管理的原则，层层建立各项目领导责任人负责制，每一个项目都要确定主管领导和项目负责人以及设计、监理、施工等质量责任人，做到责任到位、措施到位。按照江苏省水利厅要求，姜堰水利工程建设管理逐步规范，确保各项水利工程项目的顺利实施。

一、项目管理

（一）规范建设程序

严格实行"项目法人、招标投标、建设监理、合同管理、竣工验收"制度。成立项目法人为泰州市姜堰区小型农田水利重点县建设处、泰州市姜堰区河道疏浚整治建设处、泰州市姜堰区大中型灌区末级渠系工程建设处、泰州市姜堰区城市水利投资开发有限公司。负责全区区级以上水利工程建设。

泰州市姜堰区小型农田水利重点县建设处、泰州市姜堰区河道疏浚整治建设处、泰州市姜堰区大中型灌区末级渠系工程建设处主要负责省、市等上级部门下达资金项目，由姜堰区水利局上报项目，项目批复后（批复即为立项），由建设处组织进行施工图设计、招标投标，确定设计、施工、监理等单位。泰州市姜堰区城市水利投资开发有限公司主要负责姜堰地方资金投入为主的工程项目，以项目法人申请立项，经姜堰区发改委同意并批复后实施。所有项目按照法律法规的规定及有关文件要求，实行统一招标，按程序进行。开标后与中标单位签订合同，工程实施过程中，按照合同执行。同步按规定落实工程监理单位、第三方检测单位、跟踪审计单位；按照合同支付工程款；按规定组织工程验收。

（二）面上农水管理

（1）分解落实任务。将年度任务分解落实到各镇（街道），以姜堰区政府办文件下发。年初姜堰区政府召开农村水利建设工作会议，专题部署下达新风行动河道整治任务，与各镇（街道）签订目标责任书。

（2）加强督促检查。每月由姜堰区水利局分管负责人带队，集中对当月完成河道整治情况对照整治标准进行督查验收，编发督查简报。

（3）落实长效管护，年终姜堰区水利局组织验收合格后，各镇（街道）明确管护责任，落实管护措施，确保整治效果。年度水利建设计划外的涉水工程项目由实施主体编制实施方案、防洪评价等相关方案，报姜堰区水利局经行政许可科联合相关科室提出意见后，项目严格按意见实施，姜堰区水利局职能科室和涉及镇（街道）水利站对建设过程实施监管，参与项目验收。

（三）精心组织实施

定期组织召开工地例会，协调解决施工中的问题及矛盾，细化各工程开工、完工时间，督促施工单位倒排工期，加大人力、物力投入，确保工程早建成早投用。工程完工后，组织参建各方进行完工验收，验收合格后移交给各镇（街道），由各镇（街道）进行管护。

二、安全管理

21世纪以后，按照管行业、管业务、管生产必须同时管安全的要求，姜堰区水利局建立安全生产领导小组，下设安全生产办公室，专门负责安全生产工作。2014年后，水工程管理处增设安全员，专门负责水利工程安全管理。

年初，姜堰区水利局与各单位和机关相关科室签订安全生产责任书，明确安全生产责任。安全生产办公室负责制订全年安全生产计划，细化到每个季度、每个月。编制系统安全生产工作意见、安全生产检查方案、危化品综合治理方案、安全生产专项整治实施方案等。不定期组织系统全体人员、工程参建单位的相关人员进行学习、培训。

对所有在建工程实行"飞检"式安全大检查。检查施工单位安全责任落实情况，查安全措施是否到位，检查施工安全隐患，将安全生产隐患消灭在萌芽状态。对检查中发现的问题，一般问题当场责令整改，当场难整改的问题，及时下发整改通知书，督促责任单位限期整改，跟踪督察，确保整改到位。重大安全隐患问题当场责令停工整改，下发整改通知书，施工单位整改到位后，报经检查组验收合格后方可复工。

安全生产办公室组织对施工工地进行安全生产检查

三、质量监督

2011年9月，经姜堰市机构编制委员会文件（姜编〔2011〕57号）批复，同意姜堰市水工程管理处增挂"姜堰市水利工程质量监督站"的牌子。质量监督站成立后，对所有在建水利工程进行事前、事中、事后质量监督管理。

工程施工前期，质量监督站组织设计单位、水利站多次现场勘查，对工程的设计优化调整，尽可能使工程建设方案更加科学合理。施工中加强工程建设管理，履行"建设单位负责、监理单位控制、施工单位保证、政府部门监督"的质量保证体系。安排专人坚守施工一线抓管理，办理质量监督手续，执行招标文件、施工图审查和技术交底、施工组织设计审批、工序报验、隐蔽工程验收等制度，质量监督站与第三方检测单位按照检测计划定期组织实体检测。通过各环节的严格控制，参建各方齐抓共管，确保工程质量满足规范、设计要求。

2014年，质量监督站开始试行质监"第三方检测"制度，试行期间，参建各方对工程质量的重视程度显著提高，工程实体质量明显提升，日常检查台账资料全面完整。随着"第三方检测"全面推行，姜堰区的质量监督工作逐步走向科学化、规范化的轨道，水利工程质量得到保障。所有项目的受监率、第三方检测率达100%。

2018年8月起，使用"江苏水利建设工程质量信息APP管理系统"，执行审核、上报、闭环等工作。

第二节 工程运行管理

一、河道管理

姜堰区区级骨干河道和城区河道由姜堰区水利部门统一管理，溱湖由溱湖风景区管委会管理，农村其他河道由乡镇（街道）属地管理。

在确保河道工程发挥引、排、航综合效益的前提下，区、镇两级探索多种管护模式：

一是推广"政府确权，统一规划，竞标管

护，共同受益"的种植治理模式。2000年后，各地不断探索行之有效的工程管理机制，在市级骨干河道的管护上，分别在中干河、南干河、运粮河、前进河、新生产河等河道，通过"政府确权，统一规划，竞标管护，共同受益"的治理种植模式，探索出了河坡水土保持市场化运作的新模式。2006年，对区级骨干河道西干河落实绿化管护措施，对6千米长的河坡进行标准整修，采取"全额投资，效益分成"的方式，落实绿化管护责任，即树苗的购买、栽植、管护等费用全部由承包人负责，绿化工程效益由水利局、大泗镇政府和承包人按比例分成。这种管护模式在全市得到推广。苏陈镇引进金湖等外地能人植树，对每米能栽3排树的河道，承包人按每米10元的标准，补贴镇村河坡整理费用，承包人全额投资树木栽植和管护，受益与镇村分成。

二是鼓励镇水利站参与承包管护。张甸、娄庄等镇水利站直接承包管护部分镇级河道，张甸镇胜利河全长5.3千米，2006年疏浚，镇水利站全部承包管护，栽植意杨1.8万株，中间套种多年生牧草，水利站每年按每米2元的标准，向村缴纳河坡租用费用，树木收益全部归镇水利站，10年后，可获利近100万元。此举既发展了水利站经济，又使河道管护得到了落实。

三是推行水利工程管护的市场化运作。在城区，积极探索将建成后的河道景区和节点，按照"属地管理"的原则，交由相关部门和社区管护，缓解水利部门"建一处工程，背一块包袱"的矛盾。明确工程管理的范围、职责，面向社会，公开招标管护，管理单位内部完善制度，责任到人，严格考核。在农村，将河道管护与水产养殖、水资源利用有机结合，实行所有权与经营权分离，由村集体保留所有权，通过委托管理或拍卖、租赁、承包、股份合作等方式搞活经营权，真正实现"管理主体落实，管理责任明确，管理效益提高"的总目标。

四是探索交界河道联合管理新模式。2016年，经姜堰区政府办公室与海安县政府办公室协商达成共识，签订交界河道——东姜黄河管护协议，即由海安县公开招标投标确定管护单位进行管护，姜堰区根据每季度、年终考核结果按比例支付保洁经费。

2009年，姜堰市政府出台《市政府关于印发姜堰市农村河道管护暂行办法的通知》（姜政发〔2009〕18号），姜堰市政府办公室出台《市政府办公室关于印发姜堰市农村河道长效管护考核办法的通知》。2015年进行修订，相继出台《区政府办公室关于印发泰州市姜堰区农村河道长效管理实施办法的通知》（泰姜政办〔2015〕70号）、《区政府办公室关于印发泰州市姜堰区河道长效管理工作考核办法的通知》（泰姜政办〔2015〕69号），成立区农村河道长效管理工作领导小组。

二、圩堤管理

里下河圩堤建设和管理，按照工程管理体制，属地方乡镇和村组管理。2003年，由于连续暴雨，姜堰市里下河溱潼水位达到3.12米，比1991年特大洪涝灾害时溱潼水位只低0.29米，累计降雨量449毫米，受淹面积1.33万公顷，其中成灾0.67万公顷，几乎绝收，直接经济损失1.5亿元。

姜堰市委、市政府决定将里下河圩堤标准进一步加高，做足"四五四"标准，各乡（镇）向姜堰市政府签订圩堤建设一年达标责任状，工程经费采取用足用活农村义务工和劳动积累工，召开村民代表会议，用"一事一议"的方法筹集资金，按圩堤属地管理的原则加固培厚，确保圩堤全面达标。

在圩堤建设全面达标的基础上，如何保证圩堤不被毁坏，杜绝扒翻种植等现象的发生，在里下河圩堤的管护上，探索一条"以民植树，以树护圩，以圩富民"的工程管护与工程经营有机结合的"俞垛新路子"，这就是俞垛镇的圩堤管理改制经验。具体做法是：由镇政府将达标圩堤公开拍卖给个人使用管护，中标者以每米圩长向村缴纳2~10元转让金，使用期10~30年，收益归中标者。中标者必须在圩堤上植树，不得栽种农作物，圩堤内坡限在上角植一行树，树种以果树为主，镇政府在秋后验收，凡当年新栽的树苗，存活一棵果树奖励 1 元，其他树种奖励 0.3 元，在转让合同中，标明圩堤原貌，包括圩高、顶宽、坡比等，使用期内保持完好，每年冬春自行维护，水利站定期检查，如有毁坏及时处罚，如遇特大洪水，中标方须服从防汛指挥部统一安排，水利部门需要统一提高圩堤标准时，中标方也应配合，明确双方违约责任。在收益方面，经测算平均每米圩堤可栽 1.5 棵果树林木，俞垛镇购买圩堤使用权的农户中，买得最长的 600 米，毛收入达 60000 元，减去 20 元 / 米，可获纯利润 48000 元。

2010 年后，里下河圩堤常年由所在村负责检查、加固。水利局每年汛前（3 月）、汛后（11 月）组织进行逐圩检查，敦促各地对高度、宽度、坡比严重不达标，存在重大隐患的坝头采用打桩、砌筑挡墙、培土等方式于主汛期之前加固到位，对一侧坡比不达标、顶宽不足的堤身单薄圩段采用取土加高培厚至"四五四"设计标准；对 5000 亩以上圩区每年均落实行政责任人、技术责任人，并上报泰州市防汛办公室备案，做到重要圩区有人管，管到位，保安全；每年 6—9 月主汛期期间，各镇（街道）均安排专人巡查圩堤，对低洼圩区安排专人 24 小时值守，发现问题及时处理，坚决消除隐患，成立专业抢险队伍，备足抢险物资，随时准备抢险，确保安全度汛。

三、闸站管理

境内中型涵洞均建在老 328 国道沿线，委托所在村组专人看管，每年给予适当经济补贴，涵洞运行、管理由局水利建设科兼管，汛前逐涵检查，如有损缺，及时修复，确保安全。

姜堰套闸、白米套闸由闸管所专业管理，正常管理维护经费由闸管所自行安排解决，属准公益性性质。白米套闸改制后白米水利站代管。

农村圩口闸由所在镇村实行地方管理。

城区闸站管护由城区河道管理所负责。参照《江苏省水闸技术管理办法》《江苏省泵站技术管理办法》，结合城区工程实际情况，制定《城区闸站管理细则》。细则以技术管理工作为主，包括控制运用、检查观测、养护修理和安全教育等工作内容。

四、机电排灌管理

2010 年前，机电灌排由农业机械管理局实行行业管理，组织专业技术培训，监督安全生产。从 1998 年起深化农村集体资产改革，对变压器以下，包括泵房、电气设备、机泵管三大部分（已铺设硬质渠道的可连同硬质渠道一并转售）全部实施改制，发挥灌排使用效益，降低成本，通南地区每亩灌溉水费在 32~49 元，比改制前明显下降。

改制后的灌排机械属购买者所有，转让协议明确规定："购买者必须及时对机房、机泵设备进行维修保养，保证不影响农灌和抗旱，接受农机部门管理和技术辅导，上缴电费和监理等项费用，所有农户有责任维护渠道的完整、保证水流畅通、省水省电、降低成本。灌区内村组干部协调灌区内用水、管水、收费等矛盾，配合农机站审核农灌收费标准。"但在实施过程中，供需双方矛盾时有发生，有待于配套措施加以协调解决。

2010 年 8 月，按照"人随事转，财随事转"的原则，姜堰市水利局行使机电排灌管理职能。机电排灌划归水利部门后，每年年初姜堰市水利局都经姜堰市人民政府下达一定机电排灌任务，督促机电排灌更新改造的进度、质量，每年年末，姜堰市水利局针对各镇的更新改造情况进行验收，下达一定的资金补助。除这些镇的自主项目外，姜堰市水利局还在小农水重点县项目、小农水专项、省级防汛项目等项目中，列入机电排灌建设计划并予以实施、验收、确保机电排灌管理工作的顺利进行。

2014 年 5 月 23 日，姜堰区人民政府办公室出台《区政府办公室关于规范电灌站运营管理的意见》。要求各镇村按照属地管理原则，负责处理灌溉矛盾纠纷，对归村集体所有的电灌站，制定管护标准，签订管护协议，落实管护责任；对群众反映强烈、经营者又不服从管理的电灌站组织回购。意见明确水利部门对各镇电灌站管护责任落实情况，要采取明察与暗访相结合的方法，进行全方位跟踪督查。

五、小型水利工程维修养护

小型农田水利工程包括灌排泵站、衬砌渠道、衬砌排水沟、过路涵、跨渠桥、渠系建筑物等，种类多，点散、面广、量大。其维修养护模式是：若土地流转给农场主，根据协议要求，有的是村集体负责维修养护，有的是农场主对其承包范围内的电灌站、渠道、渠系建筑物进行维修养护；若土地未流转，仍由承包户自己经营，则所有的农田水利工程均由所在村维修养护；村或农场主每年在灌溉前均对所有的灌溉工程进行维修养护，确保正常灌溉；排涝、排水工程每年汛前、汛后进行检查，对检查的隐患均整改到位，确保安全度汛。

维修养护资料由各村统计上报给所在镇（街道）水利站，在水利站集中上报区水利局后，水利局组织相关人员成立验收组，对现场、资料进行认真检查、审核。验收合格后，水利局将上级下达的补助资金情况，根据各镇（街道）田亩面积占全区总田亩面积的比例下发补助资金给镇（街道），镇（街道）按要求下发至相关村。

第三节　水利普查

根据《国务院关于开展第一次全国水利普查的通知》，姜堰市于2010年起在全市范围内开展了第一次全国水利普查工作。历时3年，于2012年12月完成。姜堰市水利普查主要包括水利工程基本情况普查、河湖开发治理保护普查、经济社会用水情况调查、水利行业建设情况普查等4个基本普查和灌区、地下水取水井两个专项普查。

第一次全国水利普查，预期目标是：通过河湖基本情况普查，查清全市河流的数量及其分布、河流的水系特征。通过水利工程、灌区和地下水取水井专项普查，查清全市水利工程数量与分布、规模与能力及效益等基本情况。通过经济社会用水情况调查，查清城乡生活、农业、工业、第三产业等国民经济各行业用水情况，以及生态环境用水状况。通过河湖开发治理保护情况普查，查清全市江河湖泊取水口数量、分布及取水量，地表水源地数量及供水量，入河排污口数量、分布及废污水量，河湖治理情况，查清全市河流湖泊开发治理保护的基本情况。通过水利行业能力建设情况普查，查清水利单位的数量及分布、从业人员数量及结构、资产规模及运营状况等。

一、组织领导

根据国务院水利普查领导小组办公室的要求，成立以分管市长为组长，市政府办负责人、市水利局、市统计局主要负责人为副组长，市委宣传部、发改委、农委、财政、住建、环保、统计、水利等相关部门负责人为成员的姜堰市第一次水利普查领导小组，下设水利普查领导小组办公室，由姜堰市水利局分管负责人担任办公室主任。水普办落实4名专职和9名业务人员，制订水利普查各阶段工作方案和计划。水利局也成立水利普查领导小组，各分管负责人挂钩联系5~6个普查，具体推进普查工作。2011年初完成水利普查员、普查指导员的选聘工作，分阶段制定工作目标任务，全面落实各阶段工作内容。

二、保障措施

（一）人员落实

全市选聘普查指导员69人、普查员267人。基本达到"乡级普查区配2~3名指导员，每个村普查区配备1名普查员"的要求。先后举办县级普查培训6期，参加国家、省、市级培训4期，培训450余人次。

（二）工作落实

全市以建制镇区为单位，分为16个普查区，以镇水利站或农业综合部门为主体，每普查区确定 1 名普查联系人（普查指导员）。通过建立普查 QQ 群及时下发、解答和上报水利普查工作中的各类问题，加强与泰州市水普办普查各专项负责人的联系，保障水利普查工作的有序进行。2011 年和 2012 年，水利普查工作纳入各镇水利目标管理考核内容。召开各类会议近 30 次，传达贯彻省、市精神和要求，落实到位。

（三）经费落实

根据国务院水利普查领导小组办公室《第一次全国水利普查项目经费编制指南》要求，编制姜堰市普查经费预算，主要分为前期准备、清查登记经费、填表上报和数据汇总经费、购置设备经费和组织保障经费，测定普查所需经费 178.5 万元。2011 年 4 月，经市政府审核批准 130.1 万元专项经费划拨到位。

（四）责任落实

建立健全普查各项规章制度，规范日常管理，落实职责。在进行涉密资料交接时，按照要求签订交接单及水利普查涉密数据保密责任书，依法有序开展普查。

三、实施普查

（一）基础工作

（1）根据省、市水普办下发的普查对象基础名录，以及从统计局、环保局调取的第二次经济普查、人口普查、污水普查等资料，确定全市清查对象和清查工作表。

（2）按照《台账建设技术规定》，做好全市河湖取水口、灌区、工业企业、建筑业及第三产业等调查对象取用水量台账的建立，加强对取用水运行记录的监管，确保填报责任单位完成数据填报。全市建立动态台账名录 1806 个对象，其中灌区 2 个，工业、建筑业与第三产业 205 个，取水口 1599 个，于 2011 年底完成各普查区取用水量数据台账系统的录入。

水利普查办工作人员在进行数据录入

（3）市水普办采取内业审核、外业复核并结合审核辅助系统软件等形式分专业逐表审核，对取水量、用水量、灌溉面积等指标进行重点审核，看其数据有无异常，确保每一张表的填报质量。

（二）建立台账

2011年4月，清查工作全面展开，按照"在地原则"和"分类原则"，各普查区逐单位、逐村进行地毯式清查。4月8日召开水利普查清查登记专题会议，布置全市水利普查清查登记工作。会议明确各镇水利站站长为所在镇区清查表的最终落笔签字人，各业务职能科室的主要负责人为上报清查表的最终落笔人。通过预清查及抽样，全区建立动态台账名录1806个对象，其中灌区2个，工业、建筑业与第三产业205个，取水口1599个，分别建立取用水量辅助记录表和台账表，于2011年底完成各普查区取用水量数据台账系统的录入。

（三）采集登记

一是对普查数据填报、动态台账获取、空间数据采集进度和质量控制等进行预处理，提前完成普查表静态数据采集、录入。二是对全市河湖取水口、灌区、工业企业、建筑业及第三产业等调查对象取用水量进行记录，完成数据填报。2011年12月底，全市普查对象录入率和指标录入率分别达100%和100%。三是参加省市空间数据采集、标绘培训，完成普查表空间数据的采集登记、空间数据相关内容的内业标绘和空间数据指标复核。

四、普查成果

根据水利普查实施方案要求，全市清查计18类65499个对象，最终确定各类普查对象4095个，发放普查表3902张。其中水利工程专业481个（水闸6座、泵站268处、堤防160处、农村供水工程47处），经济社会用水调查对象382个（包括居民生活用水户100个、灌区用水户2个、工业企业用水户122个、公共供水企业用水户27个、建筑业用水第三产业用水户83个、规模化畜禽养殖场用水户48个），河湖开发治理保护普查对象1636个（规模以上695个、规模以下921个、地表水水源地2处、河流治理保护河段16段、规模以上排污口2个），行业能力单位30个，灌区专项普查全市中型灌区2个。地下水取水井专业60226眼（包括规模以上机电井164眼、规模以下机电井2233眼、人力井57829眼）。

（一）主要成果

1. 河流普查成果

全区拓展河流确定200条，完成工作底图标绘51张。

2. 水利工程普查成果

水闸工程6座，过闸总流量127米³/秒，水闸最大过闸流量为姜堰套闸20米³/秒。泵站工程268座，泵站总装机流量301.89米³/秒，最大泵站装机流量为姜堰翻水站15米³/秒，泵站总装机功率16803千瓦。堤防160条，总长度1032.595千米。供水工程47处。其中城镇管网延伸1处，联村供水工程36处，单村供水工程10处，管网总长度2185.8千米，配套功率是1765千瓦。

3. 河湖开发治理保护情况普查成果

2011年姜堰市河湖取水口（不含流动机船）取水量约1.6亿立方米，地表水水源地总供水量为144.32亿立方米。姜堰市治理保护河段普查对象总数为16段，河段总长为235.80千米。其中有规划的不同防洪标准下有防洪任务的河段长度为127.20千米，划定水功能一级区河段长度83.50千米，无规划或无防洪任务的河段长度108.60千米。2011年姜堰市规模以上入河湖排污口废污水量为1049.82万吨，生活污水306.18万吨，混合排放743.64万吨。

4. 经济社会用水普查调查成果

全市经济社会毛用水总量为51511.9545万立方米，总供水量53085.6657万立方米，平差后为52298.8102万立方米。

5. 水利行业能力普查成果

全市水利行政机关1个，事业单位22个，企业7个。

6. 灌区普查成果

全区总灌溉面积3.54万公顷，其中耕地有效灌溉面积3.46万公顷，园林草地等有效灌溉面积0.08万公顷。全市渠系建筑物8742座。

7.地下水专项普查成果

全市2011年规模以上地下水取水总量1824.4807万立方米，地下水取水井总井数60226眼，规模以上164眼。

（二）成果认定

姜堰市水利普查工作紧扣时间节点，总体进展顺利，普查对象名录、数据审核、质量控制、档案管理等工作都取得优异的成绩，获得上级领导的肯定和好评。

一是事中、事后质量通过国家、省、市组织的抽查验收。2012年11月8日至10日，由甘肃省水普办、淮河水利委员会、海河水利委员有关专家组成的第一次全国水利普查国家级质量抽查组，对姜堰市水利普查工作进行为期3天的重点检查。抽查组通过调取抽查对象普查表数据，查看内业资料，利用电子工作底图对空间数据进行判读，以及深入外业抽查对象现场，对作为江苏省5个县级样区中，唯一一个全覆盖抽查对象的姜堰市水利普查工作进行全面抽查，对姜堰市水利普查工作给予极高的评价。

二是普查档案通过省、市组织的检查验收。2012年12月24日，由江苏省水普办、省水普泰州现场工作组、泰州市水普办等单位代表组成的水利普查档案专项验收专家组，对姜堰市水利普查档案进行了专项验收。专家组一致认为，姜堰市水利普查档案整理工作准备充分，落实到位，达到完整、准确、系统的要求，能够满足水利普查工作利用需要。

第一次全国水利普查国家级质量抽查组检查姜堰水利普查工作

三是普查成果在水利工程泰州市水资源实时监控与管理系统上得到应用。此次水利普查，基本摸清姜堰市河湖开发情况、水资源开发利用保护现状、水利行业能力建设状况。形成水利普查水利工程、经济社会用水、河湖开发治理保护、水利行业能力建设、灌区、地下水取水井六大专项清查、普查汇总表，以及各专项数据审核报告和成果分析报告，为经济社会发展、水利现代化建设提供基础水信息数据和技术支撑。

第十一章 水利改革

改革开放后，姜堰水利人顺应发展形势，解放思想、更新观念、锐意进取，根据上级部署，经历3次机构及配套改革。先后组织实施水务一体化、水管单位、农村水利建设与管理、水价和供水体制、水资源管理体制、乡镇水利服务体系等一系列改革。

第一节　水务体制改革

根据姜堰区所处的地域特点，水务工作应包括防洪控制性治理工程，蓄滞洪区安全建设，城市防洪，河道圩堤维护和建设，水利设施的更新改造，防汛防旱，水源工程建设，人畜饮水，供水、节水和水资源保护综合利用，水政执法，农田水利，水土保持，水利技术的研究开发等。围绕上述职能，姜堰区水利局实施水务体制改革。

1995年，经姜堰市政府批准，将姜堰市水利局水政股改名为"水政水资源股"，成立"姜堰市水资源办公室"。

1997年，经姜堰市编委批准，成立"姜堰市水政监察大队"。

1997年11月27日，经姜堰市政府第三十次常务会议研究决定，姜堰市级排灌管理职能已经从姜堰市农机局划归姜堰市水利局，原来由农机部门承担的农业机电排灌管理职能统一划归水利部门承担。

1998年，姜堰市政府决定，将原隶属市建设局的"姜堰市城区节约用水办公室"，成建制划归水利局。

2001年11月，经姜堰市机构编制委员会以姜编〔2001〕20号文同意，设立防汛防旱指挥部办公室，主要任务是在指挥部领导下，负责防汛防旱的组织协调、灾害统计、督查值班等工作。

2014年9月，经泰州市姜堰区机构编制委员会办公室以泰姜编办〔2004〕88号文批复，防汛防旱指挥部主要职责为：负责全区防汛防旱、减灾防灾的日常工作，参与制定重大抢险方案；负责全区防汛抢险物资的筹措、调度工作；负责全区防汛防旱资料和水文资料的收集、反馈等工作；负责灾情的统计、上报以及督查、值班等工作。

2002年7月，成立"姜堰市天农供水有限公司"，指导面上节水增效，在"姜堰镇节水增效示范区"安装滴、喷灌设施，根据农民种植模式，提供有效灌溉方式，按照"市场化运作，企业化管理"的要求，进行装表计量收费。

2002年10月，成立"姜堰市绿地水保有限公司"，指导面上对河道边坡植树绿化、水土保持。

2003年4月，姜堰市政府决定将城市防洪职能划归水利局，组建"姜堰市城市水利投资开发有限公司"，通过市场化运作，对城市防洪及河道综合整治工程项目进行投资、开发、建设和管理。

2004年，与姜堰市环保局对接，取得排污口设置先行审批规划权。

2005年4月，经姜堰市编委批准，建立"姜堰市城区河道管理所"，负责对城区河道和水利工程的管理。

2005年5月，姜堰市政府决定将农村供水管理职能划归水利局。

2006年3月，经姜堰市编委批准，水利局成立"供水管理科"，按照"一镇一厂、区域供水"的目标要求，组织制定农村供水中长期发展规划，组织实施。

2010年8月，按照"人随事转，财随事转"的原则，姜堰市水利局行使机电排灌管理职能。

2017年12月，泰州市姜堰区机构编制委员会以泰姜编〔2017〕43号文同意，建立泰州市姜堰区河长制工作协调服务中心，主要负责河长制办公室日常工作和相关协调服务工作。

2019年3月，中共姜堰区委、姜堰区政府下发《市委办公室市政府办公室〈关于印发泰州市姜堰区机构改革的通知〉》(泰办发〔2019〕6号)，区水利局的农田水利建设项目管理职责划至农业农村局；区水利局的水旱灾害防治相关职责，以及防汛抗旱等指挥部（委员会）的职责，划至区应急管理局；区水利局的水资源调查和确权登记管理职责，划至自然资源部门；区水利局的编制水功能区划、排污口设置管理，流域水环境保护职责划至生态环境部门。

第二节 水管单位改革

国务院《水利产业政策》和省、市水利工程管理体制改革意见出台后，姜堰市迅速落实，建立领导小组，组建专门工作班子，深入调查研究，形成《水利工程管理单位体制改革实施意见（初稿）》，于2004年12月姜堰市政府常务会议审议通过，出台规范文件，推行以定性分类、财政保障、定岗定员、精减分流、管养分开、降低成本、整合资源、促进发展为主要内容的水利工程管理单位体制改革工作。

一、理顺管理体制

2003年4月，由原建设部门管理的城区河道管理职能划归水利部门，建立"姜堰市城区河道管理所"，负责管理整个城区河道的涉水工程及事务，撤销"姜堰翻水站管理所"，其工作职能纳入城区河道管理所，撤销"姜堰市水利物资储运站"，其工作职能纳入城区河道管理所，原储运站人员在系统内分流。

二、明确职责范围

水利工程管理单位职责分别是：姜堰市水利工程管理处负责全市水工程的行业管理、资产管理和骨干河道管理；姜堰市城区河道管理所负责姜堰城区河道、节制闸、翻水站的综合管理，以及防汛防旱物资仓储的管理；姜堰套闸、白米套闸管理范围内的水工程安全运行和履行防汛职能；18个镇（街道）水利站管理各自辖区职责范围内的水利工程。

三、划分类别性质

对22个水利工程管理单位进行定性分类，确定姜堰市水工程管理处、姜堰市城区河道管理所及18个镇（街道）水利站为公益性水管单位；姜堰套闸管理所、白米套闸管理所为准公益性水管单位。经定编定岗，调整后的20个公益性水管单位编制总数为103人。

四、抓好"两费"落实

测算20个水管单位的公用经费和日常运行经费，将测算依据、标准、经费总额编制上报，经多次交涉、协调，得到姜堰市财政部门确认。

五、深化内部改革

对姜堰套闸管理所和白米套闸管理所两个准公益性水管单位实施了"用人、用工、分配"三项制度改革，即"竞争上岗，减员增效；租赁经营，增补创收；工效挂钩，浮动分配"。

在姜堰市水利局所属经营性企事业单位中，实行优胜劣汰。"姜堰市水利工程总队"于2003年3月31日实行"三置换一保障"改革改制，将原属全民事业单位性质转换成民营企业"江苏三水建设工程有限公司"，置换职工身份268人，置换资产1834.53万元，新公司建立募得股金740万元，注册资金2039万元。江苏海龙压力容器厂（原水利机械厂）和姜堰市水利建筑工程公司（原水力机械挖土服务公司）因资不抵债，分别于2000年2月29日和2001年10月10日经法院裁定实施依法破产。

2002年，对18个镇水利站实施内部改革：一是理顺关系，改水利局和镇双重管理水利站为水利局直接管理水利站。二是优化职能，解决事业企业不分的问题。对编外人员全部清退。三是裁减冗员，解决效益低下的问题。四是激活机制，解决管理粗放的问题。对水利站全面推行"定员定岗、竞争上岗、浮动报酬、联绩计奖"的运行机制，建立全员工作目标考核管理新模式，实行静态工资与动态工资以及奖励报酬相结合的分配制度。将个人的贡献和业绩与其收入挂起钩来，拉开档次，现行工资列入档案工资，从站长到员工，一律经考核计发工资和报酬。五是精心培植，解决后劲不足的问题。姜堰市水利局每年对5～6

个水利站开发的经营项目实行重点扶持。

第三节 水利工程建设管理改革

1995年后，根据省、市有关规定，姜堰水利工程建设逐步建立立项审批制度、招标投标制度、多元化投入机制，建立水利工程管护机制。

（1）立项审批制度。制度规定：姜堰水利工程建设必须符合整体水利规划，由工程项目所有镇填报立项审批表，向水利局申请立项，局职能科室经过调查研究提出意见，局分管负责人进行初审后，再由局主要负责人批准方可建设。切实做到规范、有序。

（2）工程招投标制。水利工程建设实行招标投标制度，采用公开、公平、阳光操作，鼓励竞争，优胜劣汰，确保工程质量。

（3）水利投入机制。农村水利工程建设，必须严格按照分级管理的原则和收益负担政策落实资金，建立多元化、多渠道、多层次投入机制，在分清工程性质的基础上，大胆探索，把经营性工程推向市场，鼓励社会资本参与投资，可以吸纳民资参股、控股，也可以出售冠名权等，拓宽筹资渠道。

（4）工程管护机制。在农村河道管护上，不断探索行之有效的工程管理机制，一是采取外包形式，在市级骨干河道的管护上，对中干河、南干河、运粮河、前进河、新生产河等通过"政府确权、统一规划、竞标管护、共同受益"的治理种植模式，探索出河坡水土保持市场化运作的新模式。2005年市级骨干河道西干河就是采取"全额投资效益分成"的方式，落实管护责任制。即树苗的购买、栽培、管护等费用全部由承包人负责，绿化工程效益由姜堰市水利局、大泗镇政府和承包人按比例分成。这种管护模式在全市得到推广。苏陈镇引进金湖等外地能人植树，对每米能栽3排树的河道，承包人按每米10元的标准，补贴镇村河坡整理费用，承包人全额投资树木栽植和管护，受益与镇村分成。二是鼓励镇水利站参与承包管护。张

甸、娄庄等镇水利站2006年直接承包管护部分镇级河道，张甸镇胜利河全长5.3千米，2005年刚刚疏浚，镇水利站全部承包管护，栽植意杨1.8万株，中间套种多年生牧草，水利站每年按每米2元的标准，向村缴纳河坡租用费用。树木收益全部归水利站，10年后，可获利近100万元。此举既发展了镇站经济，又使河道管护得到落实。三是推行社会化管护。姜堰镇将村庄河塘的管护纳入村保洁员的工作范围，实行长效管护。

在河道工程的管护上，以"姜堰市绿地水保公司"为载体，在中干河水土保持绿化的基础上，对所有市级骨干河道进行确权，逐步实施水土保持工程。

在圩堤的管护上，俞垛镇探索一条"以民植树，以树护圩，以圩富民"的新路子，将所有达标圩堤的使用权通过竞标的形式，发包给群众植树管护，所有收益全部给农民，一定20年不变。农民除负责圩堤的简单维护和圩口闸的管护外，一次性缴纳拍卖金。通过几年推广，整个里下河地区的圩堤全部落实管护措施，形成工程经营与工程管护的有机结合。全市里下河圩堤的管护，得到100多万元承包金，这部分钱全部投入排涝泵站和圩口闸的建设。

在小型水利工程管护上，明晰所有权，创新建设机制。对联户或自然村兴建的小型农村水利工程，探索成立用水合作组织，协调解决用工、出资及水费计收等问题；对跨村或跨乡的小型农村水利工程，按照受益范围组建用水合作组织，进行工程管理和维护。对集体拥有的小型水利工程，实行所有权与经营权分离，由村组集体保留所有权，通过委托管理或拍卖、租赁、承包、股份合作等方式经营。实现"管理主体落实，管理责任明确，管理效益提高"的目标。水利主管部门依法加强管理和指导，防止不正当竞争和掠夺式开发资源，保障防汛安全和抗旱应急调度。

第四节 水价改革

国务院制定的《水利产业政策》第二十条指

出："合理确定供水、水电及其他水利产品与服务的价格，促进水利产业化。新建水利工程的供水价格，要按照满足运行成本和费用、缴纳税金、归还货款和获得合理利润的原则制定。原有水利工程的供水价格，要根据国家的水价政策和成本补偿、合理收益的原则，区别不同用途，在 3 年内逐步调整到位，以后再根据供水成本变化情况适时调整。县级以上人民政府物价主管部门会同水行政主管部门制定和调整水价。"

姜堰市自 1985 年 1 月开始征收水利工程水费以来，先后进行过数次水价调整：从 1989 年 1 月起，按扬州市政府规定的收费标准执行；1990 年按省政府规定对农业、水产养殖水费的收费标准执行；1992 年 1 月起按省政府新规定的水费收费标准执行，标准如下：

[农业水费]

按亩计收，1985 年通南地区水田每亩 0.5 元，旱田 0.2 元，里下河地区每亩一律 0.5 元。1989 年调整为通南地区水田每亩 1 元，里下河地区水田每亩 1.5 元，旱谷作物每亩 0.3 元。1990 年通南地区水稻田及经济作物田每亩 1.6 元，里下河地区每亩 2.5 元，旱作物每亩 0.3 元。1992 年，通南稻麦田每亩 3 元，旱田每亩 0.4 元，里下河地区稻麦田每亩 2.5 元，旱田每亩 0.3 元。

[水产养殖水费]

1989 年起按亩征收，每亩 5 元。

[工业水费]

1985 年，姜堰、溱潼两镇工业消耗水每立方米征收 0.007 元，循环水每立方米 0.013 元。1989 年，每立方米收取 0.01 元，循环水每立方米收取 0.005 元。排水水费按占地面积每平方米收费 0.015 分。1992 年，消耗水每立方米 0.03 元。

[生活用水水费]

城镇居民生活用水，统一向自来水厂按实际供水量每立方米计收 0.003 元。1989 年，生活用水每立方米 0.005 元，非生活用水每立方米 0.032 元，其中排污费每立方米 0.012 元。1992 年，生活用水每立方米 0.009 元，非生活用水每立方米 0.03 元。

2000 年，水利工程水费调整，执行标准见表 11-4-1。

表 11-4-1　　　　　　　　　　　　　水费收费计收标准（2000 年起执行）

		通南片	里下河片
农业	1. 按方收费（分／米³）	1	1.1
	2. 按亩收费：稻麦田 [元／（亩·年）] 旱田 [元／（亩·年）]	7 1.00	8 1.1
	3. 经济作物 [元／（亩·年）]	5	8
工业：（分／米³）		消耗水：9.0，循环水：2.25，贯流水：3.6	
水产：[元／（亩·年）]		池塘养殖：25，湖荡、河沟养殖：7.5	
自来水厂（地表水）（分／米³）		3	
其他（分／米³）		按成本价核订水价	
各类水费上交省比例（%）		20	30
各类水费上交泰州市比例（%）		10	8

尽管以上经过数次水价调整，但其标准仍然偏低，不能满足水利工程供水运营成本。从 2016 年起，姜堰区计划用 5 年左右时间，建立健全合理反映供水成本、有利于节水和农田水利体制机制创新、与投融资体制相适应的农业水价形成机制。农业用水价格总体达到运行维护成本水平，农业用水总量控制和定额管理普遍实行，可持续的精准补贴和节水奖励机制基本建立，先进适用的农业节水技术措施普遍应用，农业种植结构实现优化调整，促进农业用水方式由粗放式向集约式转变。

2016 年 10 月，姜堰区水利局完成《姜堰区农业水价综合改革实施方案》编制。

2017 年 3 月 29 日，姜堰区政府以（泰姜政复〔2017〕3 号《关于同意姜堰区农业水价综合改革实施方案的批复》）同意实施。

2017 年 7 月 20 日，姜堰区水利局召开农业水价综合改革推进会，确定桥头镇为区农业水价综合改革试点镇。

2017 年 9 月 14 日，桥头镇农民用水协会成立。11 月 29 日，顾高镇、白米镇农民用水协会成立。

2017 年 10 月 12 日，姜堰区政府制发小型水利工程产权登记证 262 本。

2017 年 11 月 9 日，姜堰区水利局发布姜堰区农业水价改革农田灌溉用水计量设施采购项目竞争性谈判文件，经谈判确定南京水一方自动化技术有限公司实施姜堰区农田灌溉用水计量设施采购项目。

2017 年，桥头镇完成农业水价综合改革面积 2.24 万亩。

2018 年 1 月 6 日，姜堰区水利局完成电灌站计量设施安装 1904 台，其中超声波流量计 121 台、水量计时器 1783 台。7 月 20 日，姜堰区水利局组织对计量设施采购安装项目进行完工验收。

2018 年 1 月 8 日，俞垛镇农民用水协会成立。

1 月 24 日，溱潼镇农民用水会成立。2 月 1 日，大伦镇农民用水协会成立。2 月 26 日，华港镇农民用水协会成立。3 月 20 日，张甸镇、梁徐镇农民用水协会成立。3 月 26 日，沈高镇、罗塘街道、淤溪镇农民用水协会成立。5 月 24 日，娄庄镇农民用水协会成立。8 月 17 日，蒋垛镇农民用水协会成立。12 月 19 日，兴泰镇、三水街道农民用水协会成立。

2018 年 10 月 30 日，姜堰区物价局以《关于姜堰区农业水价综合改革农业水价指导价格标准（试行）的通知》（泰姜价〔2018〕33 号）出台农业用水指导价格。各镇协会以指导价格为基础完成水价协商工作，报水利局、物价局备案。

2018 年，顾高镇完成农业水价综合改革面积 2.04 万亩。

2019 年 1 月 30 日，姜堰区水利局下拨精准补贴 25 万元。

2019 年 6 月 24 日，姜堰区水利局以限额以下工程项目发包电灌站计量设施采购安装项目，8 月 12 日完成安装 223 台水量计时器。

2019 年 9 月，姜堰区水利局完成编制溱潼灌区农业水价测算报告。

2019 年 9 月 19 日，姜堰区水利局联合区发改委出台《姜堰区农业用水价格核定管理办法》（泰姜水发〔2018〕86 号），姜堰区水利局联合区财政局出台《姜堰区农业水价综合改革精准补贴办法（试行）》（泰姜水发〔2018〕87 号）、《姜堰区农业水价综合改革节水奖励办法（试行）》（泰姜水发〔2018〕88 号）。

2019 年娄庄镇、溱潼镇、沈高镇、白米镇、梁徐街道、蒋垛镇、张甸镇、三水街道、大伦镇、淤溪镇、俞垛镇、兴泰镇、罗塘街道完成农业水价综合改革面积 3.21 万公顷。

2019 年 12 月 24 日，姜堰区水利局下拨农业水价综合改革精准补贴资金 227.23 万元。

第十二章 河湖长制

12

　　全面推行河长制是中央深化改革领导小组做出的重大决策和部署，是我国水治理体制和生态环境制度的重要创新，也是推进生态文明建设的重大举措。2016年10月11日，中共中央总书记习近平主持召开中央全面深化改革领导小组第28次会议，会议审议通过《关于全面推行河长制的意见》。2016年12月，中共中央办公厅、国务院办公厅印发《关于全面推行河长制的意见》后，省、市相继出台全面推行河长制的实施意见。

　　按照中央、省、市关于全面推行河长制的决策部署，2017年4月，中共姜堰区委、姜堰区政府出台《关于在全区全面推行河长制的实施意见》，启动姜堰区河长制工作。各地、河长制各成员单位建章立制。全区556名河长挂名履职，实现区、镇、村三级河长全覆盖，全区上下形成"党政主抓、上下联动、协调高效、齐抓共管"的河长工作机制。2018年以来，全区打造"水清、岸绿、景美"的生态河湖，擦亮"秀水环城、丽水绕村"的"水韵三水"城市名片。

　　全面推行河长制后，姜堰区为泰州市接受全国水生态文明城市建设试点工作验收，提供生态河湖治理现场。在省、市河长办多次督察考核中，姜堰区每月开展河湖集中管护日行动，在全市率先采用无人机巡查管护河湖，利用微信工作群反映问题处置全过程，部分骨干河道河坡流转绿化等做法得到高度赞扬。在全省率先研发的"智慧河湖"管理系统，被江苏省水利厅列为2019年全省水利科技项目。姜堰区农村河道管护、湖泊管理工作连年获评省优秀等次、先进集体。相关成效多次被"学习强国"江苏平台、中国水利网、《新华日报》等国家和省、市的媒体报道。

第一节　制度建设

一、河湖长制

河湖管理保护工作涉及多地区、多部门、多行业，为避免出现各自为政、政出多门等现象，由地方党政领导担任河长，协调整合各方力量，加强水资源保护、水域岸线管理、水污染防治、水环境治理、水生态修复等工作。构建责任明确、协调有序、监管严格、保护有力的河湖管理保护机制，为维护河湖健康功能、实现河湖功能永续利用提供制度保障。

河长制的核心就是由党政主要领导负责属地河湖的生态环境管理，让每个河湖都有"负责人"，总河长、河长在河长制中处于核心的位置。河长制不是挂挂牌子、走走形式的"冠名制"，而是实实在在、精耕细作的"责任田"。只有构建"纵向到底、横向到边"的河湖管理保护责任体系，确保河长有效履职，让"有问题找河长"成为治水管水的新常态，才能使河长制落地生根、取得实效。

2017年4月，中共姜堰区委、姜堰区政府出台《关于在全区全面推行河长制的实施意见》，启动姜堰区河长制工作。

二、组织机构

2017年5月23日，姜堰区河长制工作领导小组正式成立，由中共姜堰区委、姜堰区政府主要领导任组长，区委、区政府分管领导任副组长，区委宣传部、发改委、公安局、财政局、住建局、城管局、交通运输局、水利局、农业农村局、生态环境局、自然资源和规划分局等11个部门为成员单位。领导小组下设姜堰区河长制办公室，办公室设在区水利局。姜堰区水利局主要负责人担任办公室主任，副主任由区委宣传部、区发改委、公安局、财政局、住建局、城管局、交通局、水利局、农业农村局、生态环境局、自然资源和规划分局等成员单位分管负责人担任。河长办内

设综合科、管理科、督办科。经姜堰区编委批复同意成立"姜堰区河长制工作协调服务中心"，隶属区水利局；区委组织部从区农业农村局、生态环境局、住建局、交通局、城管局等相关职能部门分别抽调1名业务骨干，区水利局抽调6人，充实到区河长办。各镇（街道）根据本地实际，按照"五个一"，即一个牌子、一处办公场所、一套工作班子、一副本镇（街道）水系图、一套管理制度的要求组建河长办。

至2017年底，姜堰区全面建立起区、镇、村三级河长体系。区、镇（街道）两级设立总河长。跨行政区域的河湖由上一级设立河长，本行政区域河湖相应设置河长。全区22条区级以上河湖分别由区委、区政府领导担任河长，河湖所在镇（街道）党政负责人担任相应河段河长。镇级河道由所在地党政负责人担任河长。其他河道的河长，由各镇（街道）根据实际情况设定。2017年11月1日，姜堰区河长办下发《关于聘请全区河长制工作社会监督员的通知》（泰姜河办〔2017〕10号），聘请16人为"姜堰区河长制工作社会监督员"，全面参与姜堰区河长制监督工作，及时反映河湖管护的薄弱环节，反馈合理化的意见和建议，不断扩大河长制工作的社会影响力。

三、制度建设

2017年8月19日，姜堰区河长办下发《关于印发姜堰区河长制工作制度的通知》（泰姜河办〔2017〕4号），明确姜堰区镇（街道）级河长工作实施细则、姜堰区河长制区级会议制度、姜堰区河长制工作信息报送制度、姜堰区河长制工作督查制度、姜堰区河长巡查工作制度（试行）等，落实河长行为规范，强化河长工作保障。

2017年11月3日，姜堰区河长办下发《关于印发姜堰区河长制工作考核办法的通知》（泰姜河办〔2017〕11号），明确河长制考核办法，进一步加强河湖管理保护。

2017年11月3日，姜堰区河长办下发《关

于印发姜堰区河长制信息共享制度的通知》（泰姜河办〔2017〕12号），实现河长制工作信息公开、通报与共享，保障河长制工作有效开展。

2017年11月3日，姜堰区河长办下发《关于印发姜堰区全面推行河长制验收办法的通知》（泰姜河办〔2017〕13号），规范各镇（街道）河长制建立工作。

2017年11月3日，姜堰区河长办下发《关于印发姜堰区河长制责任追究制度（试行）的通知》（泰姜河办〔2017〕14号），确保河长制工作责任落实到位。

第二节　河湖长履职

一、工作职责

各级总河长是本行政区域内推行河长制的第一责任人，负责辖区内河长制的组织领导，协调解决河长制推行过程中的重大问题。

各级河长负责组织领导相应河道、湖泊的管理、保护、治理工作，包括河湖保护管理规划的编制实施、水资源保护、水域岸线管理、水污染防治、水环境治理、水生态修复、河湖综合功能提升等；牵头组织开展专项检查和集中治理，对非法侵占河湖水域岸线和航道、围垦河湖、破坏河湖及航道工程设施、违法取水排污、违法捕捞及电毒炸鱼等突出问题依法进行清理整治；协调解决河道保护管理中的重大问题，统筹协调城市和农村、上下游、左右岸的综合治理，明晰跨行政区域和河湖保护管理责任，实行联防联控；对本级相关部门和下级河长履职情况进行督促检查和考核问责，推动各项工作落实。

河长制办公室负责组织制定河长制管理制度。承担河长制日常工作，交办、督办河长确定的事项。分解下达年度工作任务，组织对下一级行政区域河长制工作进行检查、考核和评价。全面掌握辖区河湖管理状况，负责河长制信息平台建设，开展河湖保护宣传。

各级河长、河长制办公室不代替各职能部门工作，各相关部门按照职责分工做好本职工作，并推进落实河长交办事项。

区总河长视察河湖长制工作

二、履职要求

在认河方面，熟悉《河长工作手册》，对河道的基本概况、存在问题和目标任务进行梳理，为开展河长制工作提供第一手资料。在巡河方面，各级河长要严格落实河长巡查制度，在巡查过程中发现问题要及时妥善处理。在治河方面，坚持问题导向，根据"一河一策"行动计划、各镇街"一片一策"及签订的河长目标责任书，明确近阶段目标和重点任务，逐项推进落实。在护河方面，各级河长要牵头编制河湖保护规划，完善河湖管理保护治理体制机制，落实河湖管护责任和经费，发动全社会共同爱河护河。

区总河长以上率下，每年组织召开一次河长制工作推进会、督查会，贯彻落实中央、省、市有关会议精神，总结前期河长制工作情况，安排部署下阶段工作任务。每年开展 4 次河长制工作专题调研。签发河湖"两违""三乱""清四乱"专项整治及"清洁河湖"突击月"九大行动"、

水环境整治突击月、水污染防治等管护专项行动工作部署。主持召开区河长制工作例会、联席会议，研究部署河长制工作，会商工作中重难点问题，要求各成员单位、各镇（街道）协同配合、齐抓共管，对巡河中发现的问题制订切实可行的整治方案，及时交办，跟踪督办，限期整改，推动问题整改到位，确保河长制工作取得实效。

全区 574 名河长召开专题会议，传达、贯彻、部署河长制工作，河湖监督检查、管理保护工作常态长效开展。

各区级河长现场巡河查河、交办问题，签发问题交办单。各镇村河长遇到问题不等不靠，推动问题销号闭环处置。积极探索创建跨界河湖治理保护的工作机制，与海安、泰兴协调解决责任河湖跨区域管理保护中出现的问题，切实消除交界河道管理的盲点、真空、死角。

姜堰区各级河湖警段长（员）围绕职责任务、日常工作、矛盾化解、打击处置、联动协作、信息报送、学习培训、督查评比等 8 个方面的具体

区级总河长巡河

工作任务，主动开展治河管湖工作。

第三节　生态河湖建设

　　水是生态环境的控制性要素，河湖是水资源的载体，生态河湖建设是生态文明建设的基础内容。姜堰区以老328国道为界，南北分属长江、淮河两大水系，境内河湖众多，水网密布。实施生态河湖行动，对姜堰区全面推行河长制，促进生态经济发展，解决复杂水问题，具有迫切需求和重大意义。为切实加强全区生态河湖建设，根据《江苏省生态河湖行动计划（2017—2020年）》《泰州市生态河湖行动实施方案（2018—2020年）》要求，结合姜堰区实际，2018年3月，姜堰区人民政府制定《泰州市姜堰区生态河湖行动实施方案（2018—2020年）》（以下简称《方案》）。

　　《方案》明确主要目标：通过深入实施生态河湖行动，到2020年全面清理河湖乱占乱建、乱垦乱种、乱排乱倒，推进里下河退圩还湖工作，城市水域面积率不下降；全区万元国内生产总值用水量、万元工业增加值用水量分别比2015年下降25%、20%，灌溉水利用系数达到0.6以上；重点河湖水功能区水质达标率82%以上，国考断面水质达到或优于Ⅲ类比例达到100%；基本消除城市黑臭水体；区域治理达到20年一遇标准，城市防洪及排水基本达到国家规定标准，农村治涝达到5~10年一遇标准；主要河湖生态评价优良率达到70%。围绕目标，提出8大任务：加

强水安全保障，加强水资源保护，加强水污染防治，加强水环境治理，加强水生态修复，加强水文化建设，加强河湖水域管护，加强水制度创新。

　　2018年是河长制工作向纵深发展的关键之年。为进一步强化河湖管理与保护，根据泰州市《全市河湖"三乱"专项整治行动方案》工作要求，姜堰区部署开展河湖"三乱"专项工作。针对在巡查中发现的水面漂浮物、河坡垃圾、渔网鱼簖、入河排污（水）口、畜禽养殖、河坡固体废弃物、水上加油船及非法侵占河湖堤防违建等现象，以开展河湖占用专项执法检查、通榆河沿线专项执法巡查、违法建设专项取缔、扒翻种植专项清理、饮用水源地专项执法检查、入河排污口专项执法检查六大专项执法行动为推动力，对境内重要河流水域管理现状进行摸底排查，建立和完善执法数据库，掌握水事动态状况，组织对水事违法行为进行集中打击和专项治理。2018年，受理各类涉水违章信息17起，现场处理7起，立案跟踪查处10起，先后组织强制执行9起，拆除违建1275平方米。二季度综合执法巡航拆除渔网鱼簖760处、拦河养殖76处、拦网养殖255处。

召开"清四乱"工作推进会

2018 年 8 月，根据《水利部办公厅关于开展河湖"清四乱"专项行动的通知》工作要求，对全区 22 条区级以上河道，启动河湖"清四乱"专项整治工作。河湖"四乱"的乱占主要包括：围垦湖泊，未经批准围垦河道，非法侵占水域、滩地，种植阻碍行洪的林木及高秆作物；乱采主要包括：河湖非法采砂、取土；乱堆主要包括：河湖管理范围内乱扔乱堆垃圾，倾倒、填埋、储存、堆放固体废物，弃置、堆放阻碍行洪的物体；乱建主要包括：河湖水域岸线长期占而不用、多占少用、滥占滥用，违法违规建设涉河项目，河道管理范围内修建阻碍行洪的建筑物、构筑物。排查出河湖"四乱"问题 444 件，其中乱占河坡种植 34 件，乱占水域拦网养殖等 223 件，乱堆草堆、建筑垃圾等 123 件，乱搭乱建问题 64 件。2019 年 3 月对"清四乱"专项行动进行巩固提升，排查出问题 213 件，于 2019 年 6 月 30 日完成全部整治销号 657 件，销号率 100%。此次"清四乱"

专项整治行动共清理渔网鱼簖 1233 处，吊蚌养殖 132.5 亩；清除梁徐镇、顾高镇在中干河、生产河违建停车场 65 处。

2018 年，根据中共江苏省委办公厅、省政府办公厅《关于在全省开展河湖违法圈圩和违法建设专项整治工作的通知》（苏办发电〔2018〕94 号）及泰州市河长办《关于在全市开展河湖违法圈圩和违法建设专项整治工作的通知》（泰河办〔2018〕98 号）精神，姜堰区开展"两违"（河湖违法圈圩和违法建设）专项行动。各镇（街道）在梳理排查的基础上，按各自职责分工，督导行政区域内河湖违法主体在规定时间内停止违法行为，依法采取补救措施或者自行拆除；逾期不自行清理的，由各镇（街道）统筹负责，组织对辖区内违法圈圩和违法建设进行集中突击整治。

2018 年，按照治理上"无排污、无扒种、无违建、无垃圾、无占用、无淤积"的"六无"要求，管理"有班子、有机制、有牌子、有成效"的"四有"

无人机河湖巡检

标准，开展生态样板河道创建工作。选择周山河、泰东河 2 条区级河道，16 个镇（街道）各一条河道，打造 18 条样板生态河道，示范推动全域治理、提档升级。

2018 年，在全省首个引进无人机实施河湖巡检，对河湖及其管理范围进行实时巡检，通过"智慧河湖"管理系统，结合全区河湖管理实际情况，初步实现区级以上河湖管理的智能化、信息化、网络化。

2019 年，姜堰区按照省、市相关部署要求，深化河湖"两违两清"专项整治行动。创新开展"两清"（清除渔网鱼箔及拦河养殖、清除扒翻种植）专项整治。将"两违两清"工作同安排、同部署、同推进，在各地问题摸排的基础上更新汇总，排查"两违"问题 283 处，其中 14 条骨干河湖"两违"问题 240 处；排查"两清"问题包括非法设置渔网鱼箔 1249 处、吊蚌养殖 1004 亩、扒翻种植 189.9 万平方米。根据排查梳理情况，姜堰区河长办形成违法主体明确、整治任务明确的工作清单，编制专项整治方案，确保"两违两清"专项整治可实施、可闭环。公安、水利、农业农村、交通等河长制成员单位深化河湖网格化巡查，实施联防联控，集中处置一批有影响、危害大、群众反映强烈的涉水违法案件，依法强制拆除生产河顾高镇夏庄村段违建停车场 21 处、南干河及运粮河蒋垛镇段养猪场 2 处、茅山河淤溪段养牛场 1 处等影响较大的"两违"建设，确保新增违建零容忍、历史违建负增长。

第十三章 水资源管理

13

　　1994 年，国务院颁布施行《取水许可制度实施办法》和《江苏省水资源管理条例》。1995 年，经姜堰市政府批准，将水利局水政股改名为"水政水资源股"，成立"姜堰市水资源办公室"，充实工作人员，完善办公设施。在对全市用水户进行调查摸底的基础上，编写《姜堰市水资源开发利用现状分析报告》上报江苏省水利厅，经验收合格，作为姜堰市全面实施取水许可制度、制订国民经济计划的依据。1998 年 1 月，原隶属姜堰市建设局的"姜堰市节约用水办公室"划归姜堰市水利局，与"姜堰市水资源办公室"实行两块牌子，一套机构。2014 年，按照国家、省、市最严格水资源管理工作的总体部署和要求，实行最严格水资源管理制度。通过确定姜堰区水资源开发利用控制、用水效率控制、水功能区限制纳污"三条红线"控制指标，建立监控体系、健全管理体制、加强责任考核等措施，促进水资源可持续利用和发展方式转变。

第一节　取水许可管理

实施取水许可制度是《中华人民共和国水法》和《取水许可和水资源费征收管理条例》明确规定的水行政主管部门的职责，姜堰区水利局严格执行取水许可审批程序，完善取水许可台账信息录入，加强用水计量设施安装、计划用水、水资源费征收等后续管理，依法做好取水许可管理工作。

一、严格取水许可审批

姜堰区水资源办公室规范取水许可审批程序，严格执行取水许可申请、审批、验收和发证等规定程序。对水源论证不充分或申请标的不符合规定的，以及明令禁止的取水项目，一律不予审批。对能实现一水多用的，在审批时要求申请人必须同时兴建节水设施实现重复利用；对取水用途与申请标的不相符或不合理的，一律责令纠正。对取用地下水开采总量已接近或超过地下水开采总量控制指标和地下水埋深接近或超过控制线的区域，暂停审批建设项目新增地下水取水。对于未经批准擅自取水的违法行为，一经发现依法严肃查处。

二、规范取水许可的核验和发证

新建取水项目全部进行实地查勘，填写查勘记录并备案存档。取水工程或设施建成并试运行满30日后，由取水户提交验收申请，及时组织验收，对验收合格的，按规定发放取水许可证。从2015年起，姜堰区按照江苏省水利厅、泰州市水利局的统一部署，开展取水许可信息登记录入工作，对已经审批发放的所有有效取水许可信息在取水许可登记系统进行登记录入。登记系统运行以来，对规范全市取水许可管理起到了积极促进作用。截至2019年，姜堰区取水许可证保有量为103本，取水许可水量45890万立方米，其中，地下水80本，取水许可水量797万立方米，地表水23本，取水许可水量45093万立方米。

三、规范计量安装和信息化监控

加强取用水户计量设施安装情况监督检查，严禁无计量用水。2008年，江苏省水利厅将姜堰市定为水资源信息化管理试点市，批准成立信息系统一期工程建设项目处。编制《江苏省水资源信息系统一期工程姜堰市实施方案》。工程于2011年4月按照设计方案完成建设任务，对姜堰市83个站点实施远程监控，其中水量监测点72个、水位监测点11个，在所有新批准的取水口以及年取用地表水10万吨、地下水5万吨的取水户全部安装在线监测设备，纳入信息系统管理，实现水资源管理的实时化、精确化。对已安装的在线计量设施，加强监督管理，建立和完善运行维护机制，明确分级管护责任，定期进行检查，确保设备运行正常和计量准确。

四、实施用水总量控制

实施用水定额管理，将泰州市下达的姜堰区用水总量控制指标分解落实到具体企业、单位，下达年度用水大户用水计划。

为贯彻江苏省政府关于地下水压采工作的决策部署，发挥南水北调工程及其配套工程预期社会效益和生态环境效益，有效保护水生态，减少地下水资源开采量，根据江苏省政府《关于〈江苏省地下水超采区划分方案〉的批复》（苏政复〔2013〕59号）、江苏省水利厅《关于开展全省地下水压采方案编制工作的通知》（苏水资〔2013〕53号）精神，2015年编制完成《姜堰区地下水压采方案》，主要任务是封井99眼，在2018年底前全面完成地下水压采和封井任务，全面达到用水总量控制和水位红线控制要求。方案于2015年11月经姜堰区人民政府批准同意实施。在实施过程中，对长期不取水、损坏或废弃的开采井严格执行封填措施，杜绝地下水资源污染隐患；对地表水自来水管网已到达且对水质无特殊要求的取水单位和农村水厂，按照"水到井封"的原则，大部分开采井采取永久封填措施，部分开采井采取封存措施，作为应急水源井，在正常情况下严禁其取用地下水；保留部分成井资料齐全、区域位置分布合理、取水层位合适的停用井，改建为地下水专用监测井。截至2019年，姜堰区完成地下水井封井108眼。

2014—2019年，姜堰区每年的取水总量均低于上级核定的取水总量，并呈逐年下降趋势。2014年，泰州市下达姜堰区地下水取水总量为1100万立方米，实际取用地下水736万立方米；2015年，泰州市下达姜堰区地下水取水总量为800万立方米，实际取用地下水392万立方米；2016年，泰州市下达姜堰区地下水取水总量550万立方米，实际取用地下水158万立方米；2017年，泰州市下达姜堰区地下水取水总量300万立方米，实际取水地下水142.5万立方米；2018年，泰州市下达姜堰区地下水取水总量300万立方米，实际取用地下水112万立方米；2019年，泰州市下达姜堰区地下水取水总量为300万立方米，实际取用地下水103万立方米。

第二节　计划用水管理

一、实施计划用水

每年年底前，由计划用水户根据用水定额和生产经营需要，向姜堰区水利局提出下年度的用水计划申请，姜堰区水利局根据上级下达的年度取水总量、省颁定额及用水单位的发展规模，结合当年水资源状况，核定下达各用水户年度用水计划，按季进行考核，对超计划用水的，征收超计划用水加价水资源费。计划用水户确因生产发展需要增加用水量的，提前1个月报经批准后，方可增加；否则，按超计划用水处理。对超计划用水的单位，帮助其分析原因，查找漏洞，提出节水技改方案，为企业提供无偿技术帮助。

二、用水管理

加强重点用水单位监督管理，在省、市分别建立重点用水单位名录的基础上，姜堰区建立区级重点用水单位名录，将省规定的应该接入省水资源信息管理系统的用水户全部接入，加强在线监控，监测率动态保持在92%以上，定期组织开展水平衡测试和用水审计。

为进一步规范企业取用水行为，提高用水效率。2017年，姜堰区水利局在全区范围内开展水资源专项检查活动。主要检查用水单位计划用水、用水定额执行情况，水表运行是否正常、计量是否准确，厂区内是否有擅自凿井违法取用地下水等情况，并做好用水单位台账信息的补充更新，掌握企业最新取用水情况。同时加强宣传，向企业普及水资源保护法律法规知识，增强其依法用水意识。

2018年，针对部分用水大户开工不足造成用水量下降以及企业排污口监管力度加大等情况，主动深入各取水企业，认真了解用水异常企业经营情况，与企业经营者一起分析用水情况，挖掘节水潜力，帮助解决实际难题。

三、节水宣传

一是宣传活动上注重结合。在抓好"世界水日""中国水周""节水宣传周"等专题宣传的同时，结合普法宣传、妇联宣传等活动，组织开展宣传进学校、进社区、进家庭等活动。二是宣传区域上注重同步。在农村集镇，主要通过悬挂跨路横幅、办宣传专栏、张贴宣传标语等形式，营造宣传氛围，灌输保护理念；在城区，主要采取设立宣传台、发放倡议书和宣传环保袋，强化群众的节约保护意识。三是宣传方式上注重创新。一方面，利用广播、电视、报刊等媒体进行宣传，开展"姜堰与水"进学校、进机关、进社区、进微信等水情宣传和教育，鼓励公众节约用水、爱护水资源，成为水资源保护的参与者。另一方面，在《姜堰新闻》报刊上开辟水利专版，利用短信向党政负责人、机关人员、企业负责人以及广大市民发送宣传短信，提高全民水资源的节约和保护意识。

"世界水日"姜堰区水利局在城区设台宣传

第三节 节水型社会创建

2006年，姜堰市被江苏省政府确定为省级节水型社会建设11个试点市之一，自2008年，成立由姜堰市政府主要负责人任组长，分管负责人任副组长，水利、住建、规划等有关部门主要负责人为成员的节水型社会建设领导小组，统一组织协调全区节水型社会建设工作。领导小组下设办公室，具体负责创建的日常工作。制定一系列涉及节水、供水、饮用水源地保护、河道长效管理等规范性文件，基本形成以用水计划与定额管理为核心的节水型社会制度体系。突出农业节水，通过实施节水工程和推广节水灌溉模式，建设农业生态园等方式有效控制农业用水量，削减农业面源污染，为经济社会发展提供水资源安全保障。各行业用水效率得到大幅度提高。

2011年11月，姜堰市通过省级节水型社会建设试点的验收，2012年1月被江苏省政府授予"江苏省节水型社会建设示范县（市、区）"称号（苏政办发〔2012〕2号）。

2012年4月，姜堰区被江苏省水利厅命名为"江苏省水资源管理示范县(市、区)"（苏水资〔2010〕34号）。

2017年，启动国家级节水型社会建设达标县创建工作，编制出台姜堰区创建方案，明确各有关部门的目标、任务和要求。2019年1月19日，姜堰区创建国家级节水型社会达标县通过江苏省水利厅组织的技术评估。2019年12月24日，姜堰区创建国家级节水型社会达标县通过验收。

一、推进企业节水技改

积极开展节水载体建设和重点节水减排工程建设，注重对用水单位进行节水技术指导和节水示范推广，开展水平衡测试，明确新建项目必须制订节水措施方案，进行节水评估，配套建设节水设施，节水设施必须与主体工程同时设计、同时施工、同时使用。江苏泰达纺织有限公司是江苏省纺织行业重点骨干企业，在新厂区建设过程中，高度重视"节水三同时"，按照"空调用水循环利用、雨水收集综合利用、其他用水分质使用"的思路，在新厂区建设过程中，把节水工程与主体工程同时设计、同时施工、同时使用。通过投入巨资和精心施工，收到明显效果，新厂区8万纱锭，600多人的生产生活，年用水量仅12万吨左右，不足过去的1/10。

按照江苏省开展"八大行业节水行动"的统一部署，2009年以后，开展了以化工、纺织、建材、制药等主导产业为主体、年用水量8万吨以上（占工业用水总量的80%以上）的用水大户全面参与的工业企业节水行动。

2009年，江苏嘉晟纺织有限公司实施"限排与再生回用"措施，将污水进行深度处理再回用，实现了减排70%的目标。

2011年，江苏太平洋精锻有限公司通过开展水平衡测试，找准节水方向，制订节水方案，实施节水技改，投入300万元资金，改造管网、新建凉水塔和循环池，使工业用水重复利用率由原来的36%提高到85%以上，冷却水循环利用率高达95%，每年可节约用水近20万立方米。

2011年，龙沟电镀公司实行优水优用，由原先使用地下水改用地表水，通过新建水处理站、过滤池和铺设输水管网，结合节水技改，节省地下水。

2014年，江苏宏泰橡胶助剂有限公司实施了冷却水循环、污水处理后回收利用节水减排技术改造项目，将生产所需工业冷却水由原来的开式直排方式改为闭式循环方式，污水由原来的处理后外排改为不外排，全部回收利用。项目实施后减少新水年取水量144万立方米，节水效益显著。

2017年，大唐姜堰燃机热电有限责任公司，将用水管理作为智慧电厂的主要内容之一，从工程立项阶段就实施节水设施"三同时"，按照节水、可靠、经济、便于运行的指导思想，采用新型高效的冷却塔及经济合理的循环水处理工艺，

提高循环水浓缩倍率，减少循环水排水量；采用设置有污泥脱水系统的净水站，减少新鲜水用量；采取闭循环系统，减少冷却水损耗量；通过对各用水环节进行精细化监督管理，2019年，该公司用水重复率达98.91%，间接冷却水循环率达99.77%，各项耗水指标均处于行业先进水平。

2018年，江苏博立生物制品有限公司兴建675立方米高位循环集水池1个、540立方米低位循环集水池1个，投入100立方米冷却塔2台和175立方米冷却塔4台。工程投入使用后，在产值翻番的情况下，年用水量由原先的18万吨降低至11万吨，节电8万千瓦时，减少废水排放20万吨左右。

二、创建节水载体

自2002年，姜堰市被江苏省政府办公厅命名为"江苏省节水型社会建设示范县"以后，姜堰市持续推进节水型载体建设，把节水型载体建设作为落实水资源管理制度的重要抓手，通过以点带面，推动节水工作有序开展。在企业，开展以节能、降耗、减污、增效为目标的清洁生产，实行用水定额管理，推广节水减排工程，推广节水新技术、新工艺，强化污水处理回用，削减污水的排放。在农村，通过实施节水工程和推广节水灌溉模式，建设农业生态园等方式有效控制农业用水量，削减农业面源污染。

2017年，在完成泰州市下达的7家创建任务的基础上，根据国家级节水型社会建设达标县创建要求，修订节水型载体建设方案，新增12个社区、10家工业企业、9所学校、13个单位。截至2019年，创成省级节水载体31家，市级节水载体57家，其中省级节水型节水型企业11家，省级节水型学校8所，省级节水型单位3个，省级节水型社区9个。利用溱湖国家水利风景区及湿地科普馆平台，建成溱湖湿地科普馆省级节水教育基地对外开放。

2018—2019 年姜堰区省级节水载体名录见表 13-3-1。

表 13-3-1   2018—2019 年姜堰区省级节水载体名录

序号	单 位 名 称	时 间	类 型	批 准 文 号
1	江苏太平洋精锻科技股份有限公司	2008 年	节水型企业	苏水资〔2009〕19 号
2	江苏日出化工有限公司	2009 年	节水型企业	苏水资〔2010〕32 号
3	江苏双登电源有限公司	2009 年	节水型企业	苏水资〔2010〕32 号
4	江苏贝思特动力电源有限公司	2009 年	节水型企业	苏水资〔2010〕32 号
5	江苏富思特电源有限公司	2009 年	节水型企业	苏水资〔2010〕32 号
6	江苏泰达纺织有限公司	2012 年	节水型企业	苏水资〔2013〕23 号
7	姜堰区张甸中学	2012 年	节水型学校	苏水资〔2013〕11 号
8	姜堰区华阳文锦园	2012 年	节水型社区	苏水资〔2013〕23 号
9	姜堰区三水佳园	2014 年	节水型社区	苏水资〔2015〕35 号
10	姜堰区东街社区瑞隆商城	2015 年	节水型社区	苏水资〔2016〕33 号
11	姜堰区实验小学三水学校	2015 年	节水型学校	苏水资〔2016〕12 号
12	泰州市姜堰区东桥中心小学（南校区）	2016 年	节水型学校	苏水资〔2017〕3 号
13	泰州市姜堰区蔡官学校	2016 年	节水型学校	苏水资〔2017〕3 号
14	姜堰区罗塘街道东街社区德驰金郡	2016 年	节水型社区	苏水资〔2017〕35 号
15	姜堰区彭垛社区	2017 年	节水型社区	苏水资〔2018〕44 号
16	姜堰区光明社区	2017 年	节水型社区	泰政水〔2018〕10 号
17	姜堰区南苑社区	2017 年	节水型社区	泰政水〔2018〕10 号
18	姜堰区东街社区	2017 年	节水型社区	苏水资〔2018〕44 号
19	泰州市姜堰区沈高学校	2017 年	节水型学校	苏水资〔2017〕61 号
20	江苏博立生物制品有限公司	2017 年	节水型企业	苏水资〔2018〕44 号
21	大唐泰州热电有限责任公司	2017 年	节水型企业	苏水资〔2018〕44 号
22	江苏宏泰橡胶助剂有限公司	2017 年	节水型企业	苏水资〔2018〕44 号
23	泰州市姜堰区水利局	2017 年	节水型单位	苏水资〔2017〕35 号
24	江苏苏中药业集团股份有限公司	2018 年	节水型企业	苏水节〔2019〕10 号
25	泰州中来光电科技有限公司	2018 年	节水型企业	苏水节〔2019〕10 号
26	泰州市姜堰区实验小学城南校区	2018 年	节水型学校	苏水资〔2018〕54 号
27	泰州市姜堰区城西实验学校	2018 年	节水型学校	苏水资〔2018〕54 号
28	姜堰区陈庄社区（陈庄新区）	2018 年	节水型社区	苏水节〔2019〕10 号
29	泰州市姜堰区民政局	2018 年	节水型单位	苏水节〔2019〕8 号
30	泰州市姜堰区发展和改革委员会	2018 年	节水型单位	苏水节〔2019〕8 号
31	泰州市姜堰区白米中心小学	2019 年	节水型学校	苏水节〔2019〕21 号

三、水功能区监管

根据江苏省政府《关于实行最严格水资源管理制度的实施意见》（苏政发〔2012〕27 号）和全省水功能区纳污能力和限制排污总量意见（苏水资〔2014〕26 号），开展辖区内地表水水功能区细化。通过收集基础资料、调查全区水功能区入河排污口、开展水量及水质同步监测，2014 年核定全区 17 个地表水（环境）功能区纳污能力，按照有关规定每年向区环境保护行政主管部门提出水功能区污染物限制排污意见。要求姜堰区环境保护主管部门按照姜堰区水利局核定的水（环境）功能区限制排污总量进行管理。

2018 年，姜堰区政府办公室制定《姜堰区新通扬运河断面水质达标工作方案》，实施专项治理。对市区罗塘河、三水河、鹿鸣河等 10 多条河道进行全面清淤。加大对沿线排污企业的督察力度，对超标排污的进行限期整改，对逾期不达标的依法关闭。做好农业面源污染防治工作，沿线 5 个镇对沿河养殖户进行了全面清查，禁止向河内排放畜禽粪便和废水。通过专项治理活动，新通扬运河水质得到明显改善。

委托泰州市水文局对姜堰区水功能区实施全覆盖监测，重点水功能区每月监测一次，一般水功能区 2 个月监测一次，重点入河排污口每年至少开展 2 次监测。

根据江苏省政府 2003 年批准的《江苏省地表水（环境）功能区划》，结合泰州市水利局对姜堰区的水功能区考核数量、泰州市水文局开展的水功能区水质监测等资料，梳理出姜堰区 18 个水功能区的分布情况，针对其中 5 个不达标重点功能区委托扬州市勘测设计研究院有限公司和河海大学联合体编制一区一策方案。

泰州市水文局依据《地表水资源质量评价技术规程》（SL–395—2007），按全指标对全区水功能区进行评价，按双指标对重点水功能区进行评价。

2015 年，监测水功能区 15 个，总测次 144 次，达标测次 60 次，达标率 41.7%。其中 II 类、III 类、IV 类、V 类、劣 V 类水质的比例分别为 5.6%、29.2%、29.2%、20.0%、16.0%。重点水功能区水质达标率为 33.3%。

2016 年，监测水功能区 15 个，总测次 141 次，达标测次 74 次，达标率 52.5%。其中 II 类、III 类、IV 类、V 类、劣 V 类水质的比例分别为 9.9%、31.9%、31.9%、19.9%、6.4%。重点水功能区水质达标率为 33.3%。

2017 年，监测水功能区 16 个，总测次 144 次，达标测次 50 次，达标率 34.7%。其中 II 类、III 类、IV 类、V 类、劣 V 类水质的比例分别为 13.9%、22.9%、47.9%、11.8%、3.5%。重点水功能区水质达标率为 34.7%。

2018 年，监测水功能区 16 个，总测次 144 次，达标测次 61 次，达标率 42.4%。其中 II 类、III 类、IV 类、V 类、劣 V 类水质的比例分别为 19.4%、22.9%、29.9%、21.5%、6.3%。

2019 年 3 月，中共姜堰区委、姜堰区政府下发《市委办公室市政府办公室〈关于印发泰州市姜堰区机构改革的通知〉》（泰办发〔2019〕6 号），姜堰区水利局的编制水功能区划、排污口设置管理、流域水环境保护职责划至生态环境部门。姜堰区水功能区基本情况（2019 年）见表 13–3–2。

表 13–3–2　　　　　　　　　　姜堰区水功能区基本情况（2019 年）

水功能区名称	起始—终止位置	长度／面积（千米／平方米）	控制断面	水质目标
新通扬运河海陵姜堰农业用水区	泰东河口—姜堰开发区	14.7	林场公路桥	III
新通扬运河泰州姜堰排污控制区	姜堰开发区—宁海公路桥	5.0	官庄大桥、宁盐公路桥	III
新通扬运河姜堰白米农业用水区	宁海公路桥—泰通交界	7.0	洪林大桥	III
泰东河海陵姜堰渔业用水区	新通扬运河—龙叉港	28.5		II
泰东河姜堰溱潼饮用水源区	龙叉港—溱潼镇东	3.5	溱潼大桥	II
姜溱河姜堰农业用水区	溱潼镇—姜堰镇	12.5	溱潼镇	III

续表 13-3-2

水功能区名称	起始—终止位置	长度 / 面积 （千米 / 平方米）	控制断面	水质目标
喜鹊湖姜堰景观娱乐用水区		1.9	喜鹊湖	III
中干河姜堰农业用水区	顾高—周山河	10.5		III
中干河姜堰饮用水水源区	周山河—新通扬运河	8.7	二水厂	III
通扬运河姜堰蔡官农业、渔业用水区	塘湾镇—黄村河	10.7	蔡官公路桥	III
通扬运河姜堰过渡区	黄村河—中干河	1.5		III
通扬运河姜堰饮用水水源区	中干河—西板桥	1.0	水厂	III
通扬运河姜堰排污控制区	西板桥—靖盐公路桥	2.0	西姜黄河口	IV
通扬运河姜堰张沐农业工业用水区	靖盐公路桥—东姜黄河口	9.0	张沐公路桥	III
西姜黄河泰兴姜堰农业用水区	明星中沟—老通扬运河	25.0	西姜黄河口	III
卤汀河泰州农业、工业、渔业用水区	新通扬运河与卤汀河交汇处—姜堰北桥村	14.1		III
周山河泰州农业用水区	引江河—泰通交界	39.6		III
茅山河姜堰农业用水区	卤汀河—兴化姜堰边界	13.7	叶甸东桥，润城大桥	III

第四节 水生态文明城市创建

2014 年 5 月泰州市被水利部列为第二批全国水生态文明城市建设试点，泰州市人民政府组织编制《泰州市水生态文明城市建设试点实施方案》，实施范围以市区（包括海陵区、高港区、姜堰区和高新区）为重点，覆盖面积 1568 平方千米，示范工程辐射至靖江、泰兴、兴化三市。

2015 年，姜堰区启动水生态文明城市建设试点工作，试点建设为期 3 年。

一 保障水安全

加快农村供水工程建设，完善防洪排涝体系，实施河道水系综合整治。铺设供水管网近 7500 千米，投资约 4.3 亿元，解决姜堰区 63 万多农村人口的饮水安全问题。实施集中式饮用水源地达标建设。取水口实行 24 小时视频监控，饮用水源地一、二级保护区河坡全部进行了绿化，一级保护区实施栅栏隔离封闭管理，保护区内 9 家企业全部关停外迁，砂石码头全部拆除，沿河居民生活废水全部接入污水收集管网。

二 改善水环境

突出抓好工业污染防控，发展资源节约型农业，全力防控农业面源污染，加快实施雨污分流、污水截流工程。2017 年，对环保大检查排查出的 3011 个违法违规建设项目，加快推进清理整治，加大执法巡查力度，深入开展化工、电镀、危废、不锈钢烘房加工等重点领域的专项执法检查，累计出动执法人员 6279 人次，检查企业 2307 家，立案查处环境违法案件 85 件。积极发展资源节约型农业，全域推进畜禽养殖污染专项整治行动，关停养殖场 672 家、整治达标 1242 家，创建了国家畜禽养殖综合标准化示范区；加大污水管网建设力度，3 年完成 54.9 千米。推进农业节水灌溉，3 年全区新增低压管道灌溉面积 66.7 公顷，新增滴灌面积 286.81 公顷，新增微灌面积 66.7 公顷。因地制宜将海绵城市建设理念与水生态文明提升有机融合，创新打造省级海绵城市建设示范项目——罗塘公园；加大黑臭河道治理力度，整治黑臭河道 7 条。

三、保护水生态

开展溱湖湿地水生态修复。完成科普馆南侧 3 米³/秒双向补水泵站建设。在此基础上，对周边纵横交错的河网、沟塘进行疏浚清理，畅通湿地内外水系的联系沟通，开展治污、清淤、配水等工作，区域水环境和水体质量得到极大改善。以"水美乡村"建设为抓手，开展水生态治理。围绕"河畅、水清、岸绿、景美"目标，创成省级水美乡镇 5 个、省级水美乡村 27 个；推广生态护坡技术，农村河道疏浚整治根据土壤性质，采用多种形式的生态护坡，形成多样化植被，净化河道水质，建成小顷河生态防护示范工程，集中展示 5 大类 40 种国内常见的生态护坡方式，为推广生态护坡提供具有示范价值的样板。

四、弘扬水文化

加强水文化研究和推广，借助溱潼会船节、湿地生态旅游节，宣传以湿地为特色的湿地文化、治水文化。加强水文化研究和推广，扩大水情教育普及面，利用溱湖国家水利风景区及湿地科普馆平台，建成节水教育基地。丰富水文化内涵，注重把人文风情、河流历史、传统文化等元素融合到水利工程设计中，建成时庄河、吴舍河、单塘河等一批近水、亲水平台，传承姜堰文化底蕴。

五、加强水管理

实行区域用水总量控制，深入推进节水型社会建设。通过重点工程、示范项目建设以及一系列非工程措施，努力做到河湖相通、水畅其流、水质达标、水清岸美，全面提升居民健康宜居环境和生活品质，促进经济社会与水资源环境的协调发展，提高水资源的承载能力。

2018 年 1 月 4 日，由泰州市发改委、住建、农委、环保、水利等单位人员组成的考核组，对姜堰区 2017 年度水生态文明城市建设试点工作和实行最严格水资源管理制度完成情况进行考核。姜堰区副区长王萍，以及区政府办、发改委、住建、农委、环保、水利等单位负责人参加。

2018 年 7 月，小杨水美乡村和溱湖湿地水生态修复工程两个现场通过省级技术评估和国家验收，获得专家组好评。

第十四章 依法治水

14

改革开放后，姜堰市水利法治建设不断强化，为实现依法治水，根据国家、省有关政策、法规，制定出台《姜堰市水资源管理办法》《姜堰市河道和湖荡内渔具设置管理实施细则》《姜堰市工业企业节水减排奖励办法》《姜堰市节约用水管理办法》《关于加快推进水利现代化建设的实施意见》《姜堰市水利工程管理办法》等地方性规章和规范性文件。

1997年，成立姜堰市水政监察大队，核定事业编制8人。依据水利部《水政监察组织暨工作章程》的规定，执法工作由水政监察大队承担，是集执法、收费和行政审批三种职能于一体的专职执法队伍。同时，经江苏省水利厅和泰州市水利局批准，在所有乡（镇）和工程管理单位审核确定一批兼职水政监察员，形成专、兼职水政监察员50余人的水行政执法队伍，全区范围内形成点面、条块相结合且行之有效的执法网络体系。

第一节　法治建设

一、规章和规范性文件制定

2008年2月16日，姜堰市人民政府制定出台《姜堰市水资源管理办法》。

2008年7月8日，姜堰市水利局制定出台《姜堰市水利局行政许可事项审批管理办法》（姜水发〔2008〕48号）。

2008年8月6日，姜堰市水利局制定出台《姜堰市河道和湖荡内渔具设置管理实施细则》。

2009年6月29日，姜堰市水利局、姜堰市财政局联合出台《姜堰市工业企业节水减排奖励办法》（姜政财〔2009〕36号）。

2010年，姜堰市水利局、姜堰市发改委联合制定《关于加强建设项目节水设施"三同时"工作的规定》。

2011年3月9日，制定出台《姜堰市节约用水管理办法》。

2011年11月，姜堰市委、市人民政府联合出台《关于加快推进水利现代化建设的实施意见》。

2012年4月23日，姜堰市人民政府制定出台《姜堰市水利工程管理办法》。

2017年9月15日，姜堰区水利局、姜堰区发展和改革委员会联合出台《关于加强建设项目节水设施"三同时"工作的通知》（泰姜水发〔2017〕46号）。

2017年10月30日，姜堰区人民政府办公室出台《泰州市姜堰区计划用水管理实施办法》（泰姜政办〔2017〕84号）。

二、水利法规宣传

利用"世界水日""中国水周"和"12·4"全国法治宣传日等时机，围绕"水利普法与和谐社会"宣传主题，通过现场咨询、发放宣传资料、微信、大屏滚动字幕等形式，走进社区、走进乡镇、走进企业、走进学校，进行水法规宣传。

结合水行政执法全过程开展普法，把普法责任贯穿到行政检查、执法监管、行政处罚、行政复议等水行政执法的事前、事中、事后全过程，推行说理式执法。加强相关政策法规的宣传教育，引导公民、法人和其他社会组织依法表达利益诉求、解决矛盾纠纷、维护自身权益。在水行政执法实践中，开展以案释法和警示教育，回应人民群众关心的水利热点难点问题，形成水行政执法的过程即是面向社会群众弘扬水法治精神的过程。加强水行政执法案例整理，做好重大水行政执法典型案例发布工作。建立以案释法制度，对于重大水行政执法典型案例，结合案情进行充分释法说理，解答有关法律问题。

2018年3月17日上午，水政监察大队结合世界水日中国水周宣传契机走进张甸镇宣传涉水法律法规，该镇机关工作人员、各镇村级河长、各村支部书记及河长办成员单位工作人员参加培训。宣传培训围绕水行政执法主题，从当前河湖管理的背景、部分涉水法律法规、河道的管理范围、常见涉水违法行为、部分法律条款、近年来查处的涉水案件6个方面进行授课。

2019年3月22日上午，水政监察大队在新市民广场设置宣传台和展板，向广大市民宣传节约用水及各项水法律法规，发放《姜堰与水宣传手册》《家庭节水知识手册》《水资源法律法规知识读本》300余册，节水手袋和手机环支架等宣传小礼品200余份，现场解答群众咨询50余人次。

第二节　水行政许可

姜堰区水利局各职能科室（单位）实行主办科室负责受理、送达，相关科室协助办理的联合办公制度。由主办科室牵头，按照规定程序和时限进行审查论证，形成相关文件材料，统一回复和送达。

2007—2019年共办理许可事项125件，其中取水许可审批17件，水利工程管理范围内建设项目及从事活动审批 94 件，入河（湖）排污口设置和扩大审批 10 件，生产建设项目水土保持方案审批 4 件。

2014 年前，姜堰区水利局 10 项行政许可事项如下：

（1）水利工程管理范围内建设项目及从事活动批准；

（2）入河（湖）排污口设置和扩大审批；

（3）河道采砂、取土审查；

（4）取水许可预申请、申请审批；

（5）占用农业灌溉水源、灌排工程设施审批；

（6）水利基建项目初步设计文件审批；

（7）水利工程开工审批；

（8）河道堤防占用许可；

（9）防洪预案审查；

（10）用水计划下达；

2014 年实施行政审批制度改革，保留审批事项 5 项：

（1）入河（湖）排污口设置和扩大审批；

（2）取水许可；

（3）水利工程管理范围内建设项目及从事活动审批；

（4）开发建设项目水土保持方案审批；

（5）占用农业灌溉水源、灌排工程设施审批；

第三节 水行政执法

一、队伍建设

姜堰市水政监察大队，核定事业编制 8 人，于 1997 年 9 月挂牌成立，是集执法、收费和行政审批三种职能于一体的专职执法队伍。2017 年，经江苏省水利厅和泰州市水利局批准，姜堰在所有镇（街道）和工程管理单位选聘一批兼职水政监察员。2019 年，姜堰区有专、兼职水政监察员 57 人，从而在全区范围内形成点面、条块相结合且行之有效的执法网络体系。

水政监察大队揭牌仪式

姜堰区水政监察大队坚持以"阳光行政、文明执法"为先导，以"效率优先、服务第一"为目标，严格遵守"三项承诺、六条禁令"，强化执法队伍建设，强化社会监督，制定并实施内务管理八项制度和执法管理十项制度，包括《水政监察大队工作职责》《水政监察大队工作章程》《水政监察员行为规范》《水行政执法错案责任追究制度》《水行政执法巡查制度》《水政监察员考核和奖惩办法》《水政监察员培训制度》等。

二、执法巡查

执法巡查为水政监察大队重要工作内容之一，大队对区级河道每月定期巡查执法 1~2 次，做好详细记录和按时上报巡查报表。对巡查中发现的问题，分辨情况及时处理。因巡查缺位或发现违章后处理不力而造成后果的，对有关人员实行过错责任追究，年终评选先进实行一票否决。

2014 年，根据姜堰区政府下发《关于进一步加强违法建设防治工作的意见》（泰姜政发〔2014〕44 号），姜堰区水利局研究出台《水事违法防治工作实施方案》。

姜堰区水政监察大队执法巡查

《水事违法防治工作实施方案》明确水事违法防治工作中各责任人的职责，要求姜堰区各镇水利站每旬对管理范围内的区镇两级河道组织一次巡查，每月 9 日、19 日、29 日前填好旬报表上报姜堰区水利局水政大队，确保及时发现、制止和查处水事违法建设、非法占用河道、阻碍行洪等行为，确保区、镇两级河道管理范围内"新增违建零增长、历史违建负增长"。与环保、公安、交通运输等部门成立水域综合巡航执法队，由参与部门轮流牵头，每季度对辖区内的泰东河、卤汀河、新通扬运河、中干河、周山河开展一次综合巡航执法。

三、河道清障

每年汛期来临之前，根据上级防汛指挥部的清障部署和调度指令，水利、公安、交通（航道、海事）、农业（渔政）等部门组成防汛清障联合执法小组，组织对市级以上 7 条主要引排河道内的渔网、鱼簖、扳罾和圈圩等阻水设施进行强制清除，保障河道行洪畅通；对江苏省政府划定的滞涝区实施跟踪管理督查和巡查，建立清障档案。

汛前联合清障

南干河、老生产河张甸段渔网鱼簖一度泛滥成灾,名为"网鱼",实为"网"船,经常造成纠纷,严重扰乱社会治安,妨碍行洪安全,人大代表多次提案。2001年,姜堰市水政监察大队组织对非法设置的渔网坚决予以取缔,对其他渔网鱼簖进行规范,清除阻水障碍,保证河道引排航效益的正常发挥。

2015年5月,水政监察大队牵头组织开展由交通、公安、环保等部门共同参与的姜堰区第二季度综合执法巡航行动。行动期间,共出动执法艇3艘,参加执法人员20余人,对辖区内卤汀河、新通扬运河、泰东河、姜溱河等水域内防洪泄洪、沿河排污企业、危化品码头、危化品运输船舶、入河排污口、拟定技防建设监控设施等进行逐一巡查,对周山河大伦段实施联合清障,清除大面积拦网养鱼8处,拔除河道内设木桩400多根,实现周山河姜堰区境内全线通航。通航后水流加速,水质明显改善。从6月开始,组织执法人员对取水设备、取水计量设施进行巡查,采取正常巡查和突击巡查相结合、重点巡查与一般巡查相

结合的方式,轮换值班,责任到人。全年共发现计量设施运行不正常的情况3起,均当场制止并责成立即整改,依法进行处理。同时,对拖延缴纳水资源费的取水户送达了催缴通知书,责令欠缴户限期缴纳所欠水资源费,成功催缴到账。

2018年,为保障姜堰区安全度汛,以区防汛防旱指挥部名义,水利部门会同公安、农委、交通运输等职能部门,利用20余天时间,对全区区级以上骨干河道内所有鱼罾鱼簖、养殖拦网等阻水设施进行拉网式清除,清除捕鱼渔罾鱼簖760处、断航养鱼拦河网76处、边坡养殖拦网255处。对反弹渔罾鱼簖坚决取缔,做到发现一处,清除一处。当年集中清障后清除反弹簖网60余处。

2019年,清除葛港河张甸镇养殖拦河网9道,至此,全部清除全区区级以上骨干河道内渔罾鱼簖。同年,拆除卤汀河淤溪镇、茅山河华港镇、姜溱河沈高镇3处新增圈圩;拆除茅山河华港镇历史圈圩7处,恢复水面60余亩。姜堰区主要防洪河道行洪畅通,为安全度汛提供了良好的保障。

拆除非法设置的渔网

清除非法圈圩

四、查处河道占用

在水行政执法查处的水事案件中，河道堤防占用在80%以上，一旦发现，一查到底，坚决清除围坝、网箔，拆除违章设施，确保河道水功能发挥。

2001年初，梁徐镇坡前村村民林某以新建村医务室为由，未经批准擅自占用市级骨干河道周山河河坡建房，巡查发现时二层已封顶。水政监察大队对其发出《责令停止违法行为通知书》，责令其立即停工，开展调查取证工作，先后对林某及其父亲、母亲、村支书和镇建管站等人制作谈话笔录，对违章建房进行拍照和实地勘测。认定林某在周山河坡违章建房，违反《江苏省水利工程管理条例》第八条第六项的规定，依据《江苏省水利工程管理条例》第三十条的规定，应对全部违章建筑予以拆除。依据《行政处罚法》第

三十一、三十二条的规定，对林某履行告知程序，告知其拟做出处罚决定的事实、理由及依据，听取林某的陈述和申辩，经再次研究后认为林某的陈述和申辩不成立，随即依法向违法当事人下发处罚通知书。当事人先后请出有关方面人员说情、打招呼，均被一一婉拒；在复议申请期限的最后一天，当事人提出复议申请，姜堰市政府法制局受理并对案件进行审查，召开由全市所有执法单位分管领导参加的复议辩论质证会。姜堰市电视台进行公开报道，反响良好。经辩论质证，法制局认为对林某的处罚事实清楚、证据确凿、处罚得当、程序合法，向当事人当场宣告维持原处罚决定的复议决定。当事人拒绝履行处罚决定，姜堰市水利局依法向姜堰市人民法院申请强制执行，在法院和水利局执法人员数次上门做工作、反复讲明利害关系后，当事人拆除所建房屋。

拆除林某违建

2002年1月，水政执法人员在对中干河进行巡查时，发现姜堰镇某村民擅自在河坡上搭建违章建筑后，立即进行调查取证，下发停工通知，责令其拆除。但当事人拒不履行停工通知要求，在调查取证期间，在该违章建筑的北侧再次搭建更大规模的违章建筑。执法人员按照法定程序向当事人下发处罚通知书，接到处罚通知后，当事人纠集家人围攻办案人员、阻拦水政执法车辆，拒不履行处罚决定，姜堰市水利局依法向姜堰市人民法院申请强制执行，在人民法院传唤和执法大队人员多次敦促下，当事人自行拆除所建违章建筑。

2004年，罡扬轻纺配件厂未经批准，擅自在河道管理范围内修建厂房，姜堰市水政监察大队执法人员责令其立即停工，当事人组织力量强行施工，执法人员依照法定程序对其进行立案查处，通过多次上门宣传水行政法律法规，讲明利害关系，当事人对阻水障碍全部进行拆除。

姜堰区卤汀河是区域性骨干河道，对里下河地区的防汛防旱起着举足轻重的作用。华港镇和淤溪镇的少数村民在卤汀河管理范围内违章圈圩筑坝，占用河道并大肆取土。两镇几次组织清除，都因当事人的强行阻挠而未能奏效。2001年初，平毁卤汀河华港镇、淤溪镇段的违章圈圩被泰州市列为姜堰市防汛责任状的内容，姜堰市政府领导高度重视，多次到姜堰市水利局听取汇报，并先后4次召开由法院、公安、司法、法制、交通、多管、水利、华港镇、淤溪镇等参加的协调会、预备会和动员会，制订周密的清障方案，对各部门进行明确分工，落实责任要求。在姜堰市防汛指挥部限期清障通告规定的期满后，6月18日，姜堰市防指依法进入强制清障程序，4个工作组在指挥部的统一指挥下同时联动，5条指挥船和35条施工作业船冒着瓢泼大雨，按照预定的地点迅速到位，在施工作业船只遭到设障当事人的强行阻挠时，公安机关迅速介入，果断采取强制隔离措施，先后有11人被带往公安派出所接受处理，其中1人被逮捕（已判刑一年）。4天的集中清障，出动各种挖泥船及执法艇90条次，清障人员544人次，彻底平毁全部非法圈圩1973米，土方8269立方米，恢复滞涝、过水水面9.30公顷，扼制当地违章圈圩蔓延的势头，有力地打击了设障者的嚣张气焰，在当地和周边地区造成了很大反响，促进了里下河地区河道的长治久安。

五、查处非法取水

洪林方圆布厂未经批准擅自在其厂内凿井取水，水政监察大队接到举报后，依法进行查处。该单位负责人认为在自己厂区打井取一点地下水是小事情，经过执法人员反复宣传政策和立案查处后，该单位主动承认过错，补办相关手续并补缴其非法取地下水应缴的水资源费。

2005年，水政监察大队在日常巡查过程中发现俞垛化工助剂厂和洪林织布厂倒装水表事件，事实清楚，证据确凿。但由于法律法规对"倒装水表"无明确的条文规定，执法人员本着积极探讨和研究的态度，到法院和法制局等部门咨询，最终按"水泵铭牌满负荷运行计算取水量"来核定水资源费，在法律的尊严和镇领导的协调下，两单位主动承认过错并缴纳了有关规费。

六、河湖排污口管理

严格入河排污口设置审批，建立备案制度。对区级骨干河道现有排污口实施登记，建立档案。对重要水功能区实行按月监测，编发水功能区水质简报；配合上级有关部门开展入河排污口监测"零点行动"，突击检查重点监测企业排污情况，严防水体高度污染事件的发生。根据省、市有关规范入河排污口管理的文件要求，2002年10月1日之前设置的入河排污口办理登记备案手续，2002年10月1日之后设置的入河排污口，除办理登记备案手续外，还需按规定程序办理水利行政许可。2017—2018年完成32个入河排污口审批手续的核查、登记备案、办理水利行政审批手续，其中，登记备案19个、审核批准10个、封闭或接管3个。

第十五章 水利经济

15

　　改革开放后，姜堰水利经济得到较快发展。根据国家和省有关法律、法规、政策，积极组织征收水资源费、河道堤防工程占用补偿费、过闸费、水利工程水费等规费，保证了国家重点工程的建设；依托水利行业优势，开展综合经营。20世纪90年代中期，姜堰水利经营性企事业单位得到长足发展，1996年，水利机械厂、水利工程队被江苏省水利厅命名为"江苏省水利系统二十强企业"称号。20世纪90年代后期，水利机械厂等局属经营性企事业单位，由于市场经济体系的逐步完善，传统的管理体系、机制已不相适应，导致大多数经营性企事业单位陷入困境。

　　20世纪90年代到21世纪初，各乡镇水利站都根据自身实际，开展综合经营。

　　2000年后，水利系统广大职工解放思想，开拓创新，多渠道筹措资金，拓宽投资渠道，形成稳定可靠的水利投入机制。

　　随着水利经济的不断发展，对水利经济的监督和管理也不断加强。姜堰区水利局每年都组织对局属单位和镇水利站进行财务检查，对3~4个单位进行财务审计，确保财务管理规范。

第一节 规费征收

一、水资源费

姜堰区从 1995 年起，按照上级主管部门的要求，足额征收水资源费。从 2006 年起，江苏省政府通过上调水资源费筹集南水北调基金，姜堰区按照每取用 1 吨水加收 0.07 元的单价征收南水北调基金，南水北调基金的征收工作到 2015 结束。2015 年 3 月，按照江苏省物价局、财政厅、水利厅有关文件精神，调整收费标准，出台姜堰区水资源费调价政策，按照新标准计量、征收。定期开展水资源费征收专项检查，查处打击少数企业拖欠行为，实现规范征收，做到应收尽收。留存的水资源费重点用于水资源节约、保护和管理，建立水资源费使用和管理内审制度，无侵占、截留、挪用、坐收坐支水资源费和不纳入财政预算管理等情况。

姜堰区水资源费征收标准情况如下：

（1）非农业灌溉地表水。

1994—2002 年，0.01 元 / 米^3。

2002 年—2005 年 3 月，0.03 元 / 米^3（姜政价〔2002〕33 号）。

2005 年 3 月—2006 年 6 月，0.13 元 / 米^3（姜政价〔2005〕18、28 号）。

2006 年 6 月—2015 年 4 月，0.2 元 / 米^3（姜政价〔2005〕18、28 号）。

2015 年 4 月至今，0.2 元 / 米^3（公共供水水厂）、0.3 元 / 米^3（高耗水工业行业）、0.4 元 / 米^3（特种行业）。

（2）地下水。

1994 年—1995 年 10 月，0.11 元 / 米^3。

1995 年 10 月—2001 年 2 月，0.15 元 / 米^3（姜政价〔1995〕63 号）。

2001 年 2 月—2005 年 3 月，0.3 元 / 米^3（姜政价〔2001〕7 号）、0.2 元 / 米^3（农村工业及自来水厂）。

2005 年 3 月—2006 年 6 月，0.9 元 / 米^3（水厂管网达到主城区）、0.8 元 / 米^3（水厂管网未达到主城区）、0.2 元 / 米^3（取用地下水的自来水农村水厂非生活用水）、3.00 元 / 米^3（主城区特种行业用水）、1.00 元 / 米^3（建制镇特种行业用水）、0.5 元 / 米^3（建制镇非特种行业用水）。

2006 年 6 月—2015 年 4 月，0.97 元 / 米^3（水厂管网到达主城区）、0.87 元 / 米^3（水厂管网未到达城区）、0.27 元 / 米^3（取用地下水的自来水农村水厂非生活用水）、3.07 元 / 米^3（主城区特种行业用水）、1.07 元 / 米^3（建制镇特种行业用水）、0.57 元 / 米^3（建制镇非特种行业用水）。

2015 年 4 月至今，2 元 / 米^3（地表水源水厂管网到达地区）、1.2 元 / 米^3（浅层地下水）、10 元 / 米^3（地热水、矿泉水）。

省级以上节水型载体计划内用水按规定标准的 80% 征收水资源费。

1995—2019 年水资源费收入情况见表 15-1-1。

表 15-1-1　　　　　　　　　　　　　1995—2019 年水资源费收入情况

年度	金　额（万元）	年度	金　额（万元）
1995	22.50	2008	205.15
1996	40.00	2009	207.31
1997	35.00	2010	245.79
1998	40.00	2011	335.22
1999	57.31	2012	314.48
2000	57.14	2013	368.33
2001	97.45	2014	301.09
2002	114.17	2015	411.87
2003	102.16	2016	431.98
2004	119.32	2017	649.99
2005	205.69	2018	713.06
2006	235.00	2019	667.46
2007	252.20		

二、堤防占用费

按照《江苏省河道管理实施办法》的规定，姜堰区范围内经批准占用堤防、滩地和水域的单位或个人均必须向姜堰区水利局缴纳河道堤防工程占用补偿费。姜堰区河道堤防工程占用补偿费的征收实行领导负责制，按照实际占用面积核定年度征收任务。各镇河道堤防工程占用补偿费由水利站负责征收。河道堤防工程占用补偿款项，统一汇至财政票据所列的财政专户。

河道堤防费征收标准（2015 年 11 月前）如下：

兴建建筑物、设施和停放、堆放物料等，0.6 元/（月·米 ^{2}）；

占用内河河道岸线，4 元/（月·米）。

2015 年 11 月 1 日，江苏省人民政府苏政发〔2015〕119 号文件，降低收费标准，按上述标准降低 20% 征收。

兴建建筑物、设施和停放、堆放物料等，0.48 元/（月·米 ^{2}）；

占用内河河道岸线，3.2 元/（月·米）。

历年河道堤防工程占用补偿费收入统计见表 15-1-2。

表 15-1-2　　　　　　　　　历年河道堤防工程占用补偿费收入统计

年度	金　额（万元）	年度	金　额（万元）
2000	2.81	2010	0
2001	3.97	2011	2.2
2002	4.92	2012	26.71
2003	3.66	2013	0
2004	12.73	2014	150.17
2005	15.7	2015	0
2006	11.2	2016	32.0
2007	8	2017	2.3
2008	12.5	2018	41.89
2009	0.96	2019	30.68

三、水利工程水费

中华人民共和国成立后，开始按灌溉田亩征收水电费，而水利工程从未收取过水费。1965 年 10 月国务院批准水利电力部制定的《水利工程水费征收和管理试行办法》，但未贯彻执行。1985 年，泰县人民政府根据江苏省和扬州市人民政府有关征收水利工程水费的精神，结合泰县具体情况，签发《关于征收水利工程水费的通知》，从 1985 年 1 月起执行。1989 年 1 月，泰县县政府转发《扬州市水费和水资源费收交使用管理实施办法》，从 1989 年 1 月起，按扬州市政府规定的收费标准执行。1990 年又根据江苏省政府通知精神决定，对农业、水产养殖水费的收费标准做了调整。1992 年 2 月，泰县人民政府印发《泰县水利工程水费核订、计收和使用管理实施细则》，从 1992 年 1 月起按江苏省政府规定的水费收费标准执行。1996 年 2 月，姜堰市人民政府印发《姜堰市水利工程水费核订、订收和管理实施细则》，重新核定水利工程用水水费标准，自 1996 年 1 月 1 日起施行。

2000 年，中共中央、国务院下发关于进行农村税费改革试点工作的通知，按通知精神，水利工程水费转为经营性收费管理，不属于农民负担。其核心内容是将水利工程水费由预算外收入管理转变为经营性收入管理，将水费标准转变为供水价格，纳入价格管理范畴。其根本目标是优化配置水资源，实现水利工程自我良性运行，这是社会主义市场经济对水利事业发展的客观要求。

（一）征收范围和标准

凡从县境行政区域内的河、湖、沟取水的农业、工业、企业和其他用户，都应按规定向水利工程管理单位缴纳水费。收费内容包括农业水费、水产养殖水费、水厂水费、工业水费以及城镇居民生活用水水费等。

1. 农业水费

农业水费按亩计收，1985 年通南地区水田 0.5元/亩，旱田 0.2 元/亩，里下河地区一律 0.5 元/亩。1989 年调整为通南地区水田 1 元/亩，里下河地区水田 1.5 元/亩，旱谷作物 0.3 元/亩。1990 年，通南地区水稻及经济作物 1.6 元/亩，里下河地区 2.5 元/亩，旱作物 0.3 元/亩。1992 年，通南稻麦田 3 元/亩，旱田 0.4 元/亩，里下河地区稻麦田 2.5 元/亩，旱田 0.3 元/亩。1996 年，稻麦田 5 元/亩，旱田 0.7 元/亩，经济作物 6 元/亩。

2001 年起，稻麦田：通南地区 7 元 /（亩·年）；里下河地区 8 元 /（亩·年）。经济作物田：通南地区 5 元 /（亩·年）；里下河地区 6 元 /（亩·年）。

2. 水产养殖水费

1989 年起按亩征收，每亩 5 元。1996 年池塘养殖每亩 12 元，湖荡、河沟养殖每亩 2.5 元。2001 年起，池塘养殖 25 元 /（亩·年）；湖荡、河沟养殖 7.5 元 /（亩·年）。

3. 工业水费

1985 年，姜堰、溱潼两镇工业消耗水每立方米征收 0.007 元，循环水每立方米 0.013 元。1989 年，每立方米收取 0.01 元，循环水每立方米收取 0.005 元。排水水费按占地面积每平方米收费 0.015 元。1992 年，消耗水每立方米 0.03 元。1996 年消耗水每立方米 0.04 元，贯流水每立方米 0.015 元，循环水每立方米 0.01 元。2001 年起，消耗水每立方米 0.09 元，循环水每立方米 0.0225 元。

4. 生活用水水费

城镇居民生活用水，统一向自来水厂按实际供水量每立方米计收 0.003 元。1989 年，生活用水每立方米 0.005 元，非生活用水每立方米 0.032 元，其中排污费 0.012 元。1992 年，生活用水每立方米 0.009 元，非生活用水每立方米 0.03 元。1996 年，城镇生活水每立方米 0.015 元。2001 年起，自来水厂水费每立方米 0.03 元。

（二）水费分成

1985 年水费的分成：农业水费（包括水产养殖水费在内）留成 40% 给乡镇水利站管理，60% 上交省、市、县；工业水费和城镇供水的水费，由省、市、县按二、三、五的比例分成。1989 年水费的分成调整为农业水费留成 60% 给乡镇水利站，40% 上交市、县；工业水费和城镇供水的水费 50% 留县，50% 交市。1990 年水费分成农业水费又调整 40% 留给乡（镇）水利站管理，60% 上交省、市、县。

1992 年，泰县人民政府要求所收水费全部上交县水利主管部门，县水利局再根据各乡（镇）编报的农田水利工程和建筑物的维修配套及乡镇

水利站定编人员工资、管理费的使用支出计划，从各乡（镇）全额上交的水费中返还 40% 给乡（镇）水利站使用管理。对上交省、市的水费，从 1992 年起，扬州市水利局以定额包干上交的形式逐年下达上交任务。乡（镇）所收的水费全额上交到县水利主管部门的规定，到 1994 年这一规定才得以实施落实。1996 年，收取的水费及时全额上缴到市（姜堰市）水行政主管部门水费专户。任何单位不得截留和挪用。

自 2001 年后，水费全额上缴水利工程水费专户，除上缴泰州市供水成本费用外，按手续费序时进度奖、专项奖、宣传奖等不同比例返还给乡镇，其余由水利部门统筹安排，专款专用。

（三）收缴办法

农业水费、水产养殖水费分夏、秋两次征收，委托乡（镇）经营管理办公室代收。按实收水费 3% 的标准付给手续费。县属建制镇工业自提水费，水厂水费由水利管理总站按月或按季收取，乡（镇）、村工业水费由乡（镇）水利站收取。县境内各场圃的各类水费按照所在地区的收费标准由县水利管理总站直接收取。1996 年，农业水费一般在夏收后和秋收后分两次收交，或按次计量收费，如多数群众自愿，也可在夏收后一次收交。农业水费由乡（镇）水利站直接收取，或委托其他部门代收，对代收部门给予实收水费 3% 的报酬。工业、城乡生活、冲污等用水，由用水单位按月计量交费，由市水行政主管部门通过银行采取同城托收无承付结算方式直接收取，或比照农业水费委托其他部门代收。

2001 年起，各乡（镇）水利站负责本乡（镇）范围内的水费收缴工作，按照农业税的计税面积并参照农作物布局面积测算，分解落实到村、组、户，填写水利工程水费缴纳通知单，建立计收台账。根据姜堰市实际，主要采取直接收费和委托代收两种办法，分夏、秋两季收缴或在夏季一次性收取。

（四）使用和管理

水费收入是维持水利工程运行管理的主要经

费来源之一。水利部门收取的工业、农业水费主要用于县级水利工程管理运行，工程设施的维修养护、大修理和改造，防汛抗旱的补助，县水费专管机构定编人员的管理费以及少量的综合经营周转金。水费视为预算收入，严格执行"专款专用"的原则，统一交财政专户储存，任何单位和个人都不得截留或挪用水费。各乡（镇）对留成或返还的水费必须严格按照申报的计划使用，受财政、审计部门监督。自1989年以后，泰县财政局、审计局每年都对泰县水利管理总站所收的水费的使用支出情况进行审计，未发现有违反水费财务管理的现象。水利局财计股也对各乡（镇）水利站使用管理水费的情况逐年进行财务检查。

水费收入主要用于水利供（排）水工程和综合利用工程的供（排）水部分管理运行费，工程设施的维修养护、大修理和更新改造、各级水行政主管部门所辖水费专管机构的管理经费以及按有关规定提取一定比例的综合经营周转金。水费的使用按市政府有关预算外资金管理办法执行，由水利部门提出预算方案，财政部门审核，市政府审批后实施。实行专户储存、专项使用、专人审批、专项审计的"四专"制度。水费财务管理及会计核算，按财政部〔94〕财农字第397号文颁布的水管单位财会制度执行。水费是用于水工程运行管理支出的专项资金，不得列入其他基金，结余资金可以结转下年使用。

自2001年1月1日起，水利工程水费转为经营性收费，统一使用税务发票，水费收入纳入水利经营单位的财务统一核算，不再纳入财政部门预算外资金专户管理。姜堰市水利管理总站（后更名为"姜堰市水工程管理处"）是水费专管机构。水费属专项资金，实行专户储存、专款专用、专人审批、专项审计的"四专"制度。

（五）征收情况

1985年开始征收水费时，遇到的阻力大困难多，通过各种形式的宣传教育和各乡镇政府的重视和支持以及收费人员的艰苦努力，水费征收工作进展还比较顺利。自1985年至1994年末10年中，应收各类水费1186.25万元，实收1079.34万元。自1996年调整收费标准后，水费计收额稳定在300万~400万元。历年水利工程水费（农业）收入统计见表15-1-3。

表15-1-3　　　　　　　　　历年水利工程水费（农业）收入统计

年度	金　额（万元）	年度	金　额（万元）
1996	399.7	2008	407.5
1997	386.7	2009	343.3
1998	345	2010	345.7
1999	396	2011	348
2000	412	2012	348
2001	416	2013	352
2002	433	2014	346
2003	432.3	2015	343
2004	418	2016	396.4
2005	413.4	2017	398.99
2006	410.2	2018	396.98
2007	409.8	2019	404.51

第二节　综合经营

姜堰区水利综合经营起步于 20 世纪 70 年代。1977 年 3 月，在姜堰中干河西岸包舍村征用土地新建成泰县水利机械厂，1977 年 5 月建成泰县水泥构件厂，均为县属集体企业。

1985 年，国务院发布《水利工程水费核订、计收和管理办法》，批转水利电力部《关于改革水利工程管理体制和开展综合经营问题的报告》。水利电力部提出水利改革的方向是"全面服务，转轨变型"，按照国务院发布和批转的这两个文件，归纳为"一把钥匙，两个支柱"。"一把钥匙"就是落实经营管理责任制；"两个支柱"就是收取水利工程水费和开展综合经营。至此，加强经营管理，讲究经济效益，落实经营管理责任制，征收水利工程水费，在全国水利系统内开展综合经营，国家扶持水利综合经营给予 2~3 年免征产品税、增值税，3 年内免征所得税，姜堰市（泰县）水利局局属单位和乡镇水利站新办众多的综合经营经济实体。

1996 年下半年，姜堰市水利局从抓经济工作入手，解放思想，深入调查研究，总结经验教训，层层统一思想，坚持以人为本，采取强有力的措施，局属经营性企事业单位基本上得以正常运行。

1998 年后，随着国家改革不断深入，旧的管理体制、经营机制已不适应企业发展，局属经营性企事业单位陷入困境。这一时期，为解决水利站人员工资，由姜堰市水利局重点帮助水利站开展综合经营，经过几年努力，基本实现水利站人员的工资自给。2013 年后，随着水利站管理体制的改革，水利站人员的工资有了保障，水利站综合经营也逐步取消。

一、经营性企事业单位

（一）水泥构件厂

1972 年，泰县水利局建南干河顾高公路桥时，在河北东侧造桥工地建起顾高预制场，生产人行便桥、渡槽、涵洞、闸门等水泥构件。设备除购置的拌和机、制管机各 1 台外，其余平板震动台、钢筋加工的调直机、拉伸机、切割机等均为自制。场内只负责构件加工，产品凭水利局调拨单调拨，规模很小。1976 年底，泰县水利局在姜堰中干河西岸征用包舍村土地，将顾高预制场搬迁至此，1977 年 5 月正式建成泰县水泥构件厂，为县属集体企业。

1986 年 11 月，经扬州市建设工程局审查，泰县水泥构件厂被批准为二级混凝土生产企业，当年开发彩色预制水磨石和人造大理石等建材产品。

1992 年 8 月，泰县水泥构件厂并入水利机械厂。

（二）水利机械厂

在 20 世纪 70 年代初，由于频繁参加国家大型治淮和引江工程，必须随时调集一批工程干部、职工，做好人员的储备，故在原泰县治淮工程团机修车间的基础上，于 1977 年 3 月在姜堰中干河西岸包舍村征用土地新建泰县水利机械厂，为县属集体企业。生产绞吸式挖泥船、抢排泵、手摇绞车、液压挖土机及钢闸门等产品。1980 年起开发民用产品，试制液化石油气钢瓶。1985 年 11 月，经江苏省劳动局组织的制造资格审查，颁发制造许可证。1994 年，泰县水利机械厂改称江苏海龙压力容器厂。1996 年，被江苏省水利厅命名为"江苏省水利系统二十强企业"。20 世纪 90 年代末，随着经济体制改革的不断深入，传统经营方式不适应企业发展，江苏海龙压力容器厂陷入困境。

2000 年初，姜堰市政府成立江苏海龙压力容器厂破产工作协调领导小组，负责该企业破产的相关工作。2000 年 2 月 29 日，经法院裁定，对江苏海龙压力容器厂依法实施破产。

（三）水利工程总队

1963 年成立建桥组。1968 年 10 月成立泰县水利工程队革命领导小组，为全民事业单位。1977 年成立泰县水泥构件厂时，泰县水利工程队与水泥构件厂合署办公，一套班子，两块牌子，队址在姜堰中干河西岸包舍大队。泰县水利工程队下设人秘、生产、财务、技术、供应等股。施工队伍分建桥、桩、吊装等组和抓斗式挖泥船。1986年，队、厂分开办公，同年9月改称为泰县水利工程总队。先后组建集体事业性质和集体企业性质的农水施工队、姜堰市三水物资供销公司两个实体。1988年迁入姜堰镇北郊，新通扬运河南岸，盐靖公路东北侧新楼办公，占地13200平方米，环境幽雅，建有4层办公大楼，建筑面积880平方米，生活用房和车间、仓库面积1086平方米。1988年经资格审查，定为水利水电建筑与安装二级企业，1993年9月，增挂"扬州市第二水利建筑工程公司"牌子。1997年1月，为适应市场竞争的需要和经营规模的扩大，注册成立江苏三水建设工程公司，实行几块牌子一套班子，统一管理，统一法人。

2003年，根据中共姜堰市委、姜堰市政府的统一部署，对经营性事业单位实施改制，将姜堰市水利工程总队列为改制试点单位。3月6日，姜堰市政府召开改制工作动员会，实施水利工程总队（包括农水施工队）改制，由经营性事业单位改制为企业单位。改制后名称为"江苏三水建设工程有限公司"，不再隶属水利局。

改制后的江苏三水建设工程有限公司，2019年施工产值达到2.55亿元，利润855.55万元（见表15-2-1）。

表 15-2-1　　　　江苏三水建设工程有限公司历年产值利润　　　　单位：万元

年度	产值	利润	年度	产值	利润
1995	3863.6	73.3	2008	3181.72	401.44
1996	4739.2	70.9	2009	4843.69	238.01
1997	6609.45	95.48	2010	7456.18	70.92
1998	6979.25	105.91	2011	8514.73	234.16
1999	8598.96	111.14	2012	11431.31	274.13
2000	10902.59	105.21	2013	16415.07	594.4
2001	7228.64	98.62	2014	21218.86	1102.72
2002	5785.48	52.46	2015	24697.45	1423.24
2003	5011.99	53.23	2016	23524.15	653.42
2004	10010.49	131.25	2017	15015.46	289.48
2005	7148.21	88.74	2018	18790.61	582.22
2006	7689.98	89.77	2019	25508.52	855.55
2007	12375	107.1			

（四）水利综合经营公司

1988年7月，经泰县计划委员会批准成立泰县水利综合经营公司，属县办集体企业。主营木材、钢材、水泥，兼营化工原料及水利系统工业产品。

1990年1月，改名为"泰县水利物资公司"。

1994年6月，泰县水利物资公司并入水利机械厂。

（五）水力机械挖土服务公司

1986年5月，泰县水力机械挖土服务公司从泰县水利工程队中派生而出，领取泰县工商行政管理局颁发的营业执照，经营机械开挖、疏浚河道、鱼塘，堤防修筑，航道、码头、港口工程建筑，挖土等项目。1994年9月13日，泰编〔94〕37号文同意泰县水力机械挖土服务公司更名为"泰县水利建筑工程公司"。2001年10月10日，经法院裁定，依法实施破产。

二、过闸费

（一）过闸费的征收

1991 年 3 月 31 日，扬州市物价局、扬州市水利局联合以扬价费〔91〕49 号，扬政水〔91〕68 号文通知，过闸费每吨调至 0.4 元，另征收提岸护坡费每吨 0.08 元，合计每吨 0.48 元，自 4 月 1 日起执行。

1993 年 4 月 27 日，县物价局发出《关于征收水利工程维护费的通知》（泰政价〔1993〕22 号），规定每吨增收水利工程维护费 0.2 元，从 5 月 1 日起执行。当年 9 月 6 日，泰县水利局、物价局联合发出《关于暂停征收水利工程维护费》的通知，当日即暂停征收。1994 年 3 月 3 日，泰县物价局发出《关于征收内河河道工程修建维护费的通知》，恢复每吨 0.68 元征收标准，自 3 月 5 日起执行。

1997 年 1 月 1 日，接苏价费〔1996〕541 号、苏财综〔96〕198 号、苏水财〔1996〕25 号收费标准，以每吨 0.7 元收取船舶过闸费，另增收 20% 的过闸费归水利主管部门，统筹用于河道提岸护坡，过闸费每吨调至 0.84 元。

2013 年，江苏省物价局、江苏省水利厅文件下发《关于印发江苏省水利系统船闸船舶过闸经营性收费管理办法的通知》（苏价规〔2013〕5 号），规定过闸费每吨调至 0.70 元，自 2103 年 12 月 1 日起施行。

（二）过闸费的管理和使用

过闸费作为自收自支的特种资金，专款专用，在国家预算以外，单独进行管理，受区财政部门监督，过闸费的使用范围为：闸管所人员的工资、"五险一金"、福利、办公费、税费等，套闸的维修、养护、绿化、建筑物和附属设备的维修，以及上、下游河道提岸护坡，上、下游引行道清淤等。代征收提岸护坡费按泰州市水利局的要求按时上交。姜堰区姜堰套闸过闸费收入及吨位一览表见表 15-2-2。

表 15-2-2　　　　　　　　　　姜堰区姜堰套闸过闸费收入及吨位一览表

年份	过闸收入（万元）	过闸吨位（万吨）	说　　明
1995	319.17	375.49	每吨征收 0.68 元
1996	306.52	360.61	
1997	245.31	233.62	每吨征收 0.84 元
1998	301.51	287.15	
1999	300.03	285.74	
2000	215.40	205.14	
2001	181.15	172.52	
2002	330.64	314.89	
2003	254.95	242.81	
2004	277.88	264.65	
2005	300.23	285.93	
2006	341.48	325.21	
2007	380.67	362.54	
2008	482.56	460.60	
2009	286.80	274.95	

续表 15-2-2

年份	过闸收入（万元）	过闸吨位（万吨）	说　明
2010	511.37	489.73	
2011	1114.80	1105.76	
2012	1150.48	1043.48	
2013	541.37	515.59	
2014	397.80	378.85	每吨征收 0.70 元
2015	255.00	242.86	
2016	279	398.57	
2017	485	692.85	
2018	218	311.42	
2019	408	574.28	

三、水利站综合经营

1985 年，泰县乡（镇）水利站综合经营开始起步，当年有 15 个乡（镇）水利站建成 15 个经营项目。1989 年发展到 31 个项目，产值 568.2 万元，利润 38.42 万元。1994 年底有 62 个项目，产值 1324 万元，利润 90.96 万元。

1995 年后，姜堰水利局加强对综合经营的领导和管理，实施局领导与基层单位建立联系制度和局科室与直属单位挂钩制度，做到主要领导亲自抓、分管领导专门抓，重点单位蹲点抓、同时明确水利管理总站为乡镇水利站的行业管理单位。各单位实行重大经济事项、经济决策的请示汇报制度。新项目上马必须充分论证并报批，坚持民主集中制，严禁个人武断。2003 年，姜堰市水利局下发《关于进一步加强财务管理的意见》，强调资金管理上的"十不准"。通过培植经营强站，谋化新的经济增长点，帮助经济薄弱站脱贫致富，定期召开经济工作研讨会，坚持以人为本，创新思维，提速增效，推进综合经营新突破。2013 年，乡镇水利站性质由原来的差额拨款事业单位变更为全额拨款事业单位，公益性事业单位不得从事综合经营活动，2014 年以后不再以水利站为主体进行综合经营，也不对此进行考核，只有部分镇站保留部分房屋出租的收入。姜堰市水利站综合经营利润统计（1995—2014 年）见表 15-2-3。

表 15-2-3　　　　姜堰市水利站综合经营利润统计（1995—2014 年）

年　度	利　润（万元）	年　度	利　润（万元）
1997	126.28	2006	218
1998	201.6	2007	215.64
1999	189	2008	164
2000	153	2009	219
2001	132	2010	304
2002	138	2011	423
2003	165	2012	320
2004	227.17	2013	552
2005	201	2014	346

姜堰市水利站综合经营项目情况统计（2007 年）见表 15-2-4。

表 15-2-4　　　　　　　　　　　　姜堰市水利站综合经营项目情况统计（2007 年）

站别	经营项目名称	站别	经营项目名称
蒋垛	1. 水厂经营	苏陈	1. 房屋出租
	2. 房屋出租		2. 工程施工（包括预制场）
	3. 工程类收入	淤溪	1. 工程队上缴
顾高	1. 水厂经营		2. 资产租赁
	2. 房租	桥头	1. 场地租赁、仓库租赁
	3. 工程类收入		2. 小沟配套建筑物
大伦	1. 承包、房租	娄庄	1. 房屋、场地、机械出租
	2. 工程类收入		2. 工程类收入
张甸	1. 房屋、场地租赁		3. 对外投资
	2. 工程类收入	沈高	1. 场地房屋租金收入
大泗	1. 水厂经营		2. 工程管理费
	2. 农业开发	溱潼	1. 站办实体租赁
	3. 砂石场租赁		2. 农业综合开发项目
	4. 门面出租		3. 建闸管理费
梁徐	1. 房屋出租	兴泰	1. 经营部承租
	2. 泥浆泵承包		2. 工程类收入
	3. 工程类收入	俞垛	1. 厂房、站房、预制场出租
姜堰	1. 收取管理费		2. 工程类收入
	2. 工程类收入	华港	1. 厂房、砂石场、桥队出租
白米	1. 房屋出租		2. 其他经营收入
	2. 合同上缴	罡杨	1. 房屋出租
	3. 工程管理费		

第三节　财务管理

姜堰区水利局的财务管理实行的是财政集中管理模式。

一、水利站的财务管理

水利站的财务管理分为 3 个阶段：2010 年以前各水利站独立核算，独立记账；2010 年 5 月，姜堰市水利局出台《姜堰市水利管理服务站财务集中监管暂行办法》，实行水利站财务集中监管，主要监督方法是水利站发生支出时需加盖监管办的印章；2012年9月，姜堰区水利局出台《基层水利管理服务站财务统一管理实施办法》和《基层水利管理服务站财务集中核算业务操作规程》，姜堰水利局成立水利管理服务站财务集中核算中心，隶属于水利局财审科管理，对水利站财务实行集中核算，统一管理。2017年，姜堰区水利局出台《区水利局党委、区水利局关于进一步加强财务规范化管理工作的意见》，在意见中明确规定，严格财务审批。局属各单位、各水利站的所有支出均严格实行由分管财务的局负责人审批。

二、局属企业的财务管理

1995—2003年，姜堰市水利局每年由局财审科会同会计事务所对各企业的利润、纳税以及执行财经纪律情况进行审计，对利润的真实性进行审核。对审计、审核中发现的问题上报水利局，水利局根据所存在的问题逐一落实处理。2003年后，姜堰区水利局无局属经营性企事业单位。

第四节　资产、资源

姜堰区水利局机关大楼1座，占地6080平方米，建筑面积2806平方米，建于2000年，账面原值511.6万元，土地证与产权证为国投公司所有。

姜堰区全区14个水利站，除白米水利站和天目山水利站外，12个水利站有土地和房屋，合计占地面积50708平方米，建筑面积11676.5平方米，账面原值800.9万元，其中3个水利站全部或部分土地有证，合计面积9405平方米。其他的是集体土地、租用或政府协调划拨的土地。

10家水利站资产对外有出租，合计出租面积40527.6平方米，全年租金54.7658万元。

第五节　水利投入

姜堰区的水利投入主要有4个方面：一是省、市补助投入；二是区级财政投入；三是融资投入；四是各镇、村自筹。

随着经济社会的发展，国家对水利投入与地方的比例逐步加大，根据《关于印发〈江苏省市县财政保障能力分类分档办法〉的通知》（苏财办预〔2014〕1号文），全省分为六类地区，姜堰区被划为二类地区。区财政每年将财政对水利的投入列入财政预算。从2014年开始对水利站人员实行全额拨款，区财政对水利系统所有预算单位实行全额拨款。水利投入情况（2006—2019年）见表15-4-1。

表15-4-1　　　　水利投入情况（2006—2019年）　　　　单位：万元

年度	上级补助	区级财政	年度	上级补助	区级财政
2006	1060.86	1000.00	2013	4363.00	1000.00
2007	2218.30	1000.00	2014	880.80	1000.00
2008	2877.70	1000.00	2015	7354.30	1000.00
2009	3449.70	1000.00	2016	7379.94	1000.00
2010	6330.00	1000.00	2017	5049.02	1000.00
2011	5471.50	1000.00	2018	3617.8	1000.00
2012	5749.50	1000.00	2019	2185.00	1000.00

▶ 第十六章 科技、教育

16

　　中华人民共和国成立后，姜堰水利事业的发展迅速，但20世纪80年代前，水利专业技术人员较少，很难满足水利工作的需要。

　　从20世纪80年代开始，姜堰区水利局不断强化科技、教育工作。通过逐年技术培训，不断提高基层水利站人员的业务水平和能力；通过招录大中专毕业生和人才引进，科技队伍不断壮大；充分发挥水利学会作用，积极开展学术活动，对重大科技、工程项目进行科学论证。

　　1982年，成立水利科研站，被江苏省水利厅定为全省26个固定群办站之一。其试验课题均由水利厅直接下达。20世纪90年代后则重点进行水利新技术推广工作。

　　2000年后，为适应水利发展的需要，信息化建设得到快速发展。办公自动化系统、防汛会商系统、决策支持系统、涵闸远程控制系统、雨情测报系统、信息管理系统相继建成。

第一节　科技队伍

中华人民共和国成立初，泰县建设科仅有技术人员1名。此后，通过短期培训，培养了一批农民水利工程员。从20世纪50年代末期开始，通过培训与国家分配、上级调派和人才录用及引进等渠道，不断充实水利技术队伍。20世纪90年代后，由国家分配部分大中专毕业生，逐渐成为水利技术骨干力量。21世纪以后，随着水利事业的发展，为满足各类技术人员的需求，通过逐年招聘，一批工程设计、工程施工、工程管理、水资源管理、水利经济管理等专业的大学毕业生充实基层。至2019年，有专业技术人员72人，其中高级职称11人（见表16-1-1）、中级职称47人（见表16-1-2）、初级职称13人、管理人员18人。

表 16-1-1　　　　　　　　　　　　高级职称人员统计（2019年）

序号	姓名	性别	出生年月（年-月）	参加工作时间（年-月）	最高学历	职称（职务）	取得现职称时间（年-月）
1	卫家华	男	1957-02	1982-02	本科	高级工程师	2005-10
2	徐立康	男	1954-12	1971-03	大专	高级政工师	2006-07
3	王宏根	男	1954-08	1974-12	大专	高级政工师	2006-07
4	张日华	男	1956-10	1979-02	本科	高级工程师	2006-11
5	邰枢	男	1961-05	1982-08	本科	高级工程师	2007-10
6	殷新华	男	1968-03	1992-08	本科	高级工程师	2010-10
7	柳存兰	女	1963-03	1980-01	大专	副研究馆员	2010-11
8	刘小林	男	1975-10	1996-09	本科	高级工程师	2015-09
9	顾爱民	男	1969-09	1990-08	大专	高级工程师	2016-09
10	朱凯	男	1981-10	2003-09	本科	高级工程师	2019-10
11	陈俊宏	男	1961-09	1980-01	大专	高级工程师	2019-10

表 16-1-2　　　　　　　　　　　　中级职称人员统计（2019年）

序号	姓名	性别	出生年月（年-月）	参加工作时间（年-月）	最高学历	职称（职务）	取得现职称时间（年-月）
1	窦银桂	女	1958-08	1977-10	中专	会计师	1999-06
2	张庆林	男	1954-12	1973-03	高中	工程师	2001-05
3	何英	女	1960-10	1977-10	中专	会计师	2001-05
4	钱善刚	男	1969-01	1991-08	本科	工程师	2001-08
5	游秀勤	女	1966-10	1991-08	大专	工程师	2001-09
6	陈曙明	男	1971-01	1993-08	本科	工程师	2002-09
7	聂冬梅	女	1971-11	1992-08	本科	工程师	2002-09
8	朱蕾	女	1972-11	1994-10	大专	工程师	2003-09
9	王丽芳	女	1963-11	1982-08	大专	工程师	2003-09
10	孙艳红	女	1964-10	1991-08	大专	工程师	2004-11

续表 16-1-2

序号	姓名	性别	出生年月 （年-月）	参加工作时间 （年-月）	最高学历	职称（职务）	取得现职称时间 （年-月）
11	张小虎	男	1975-12	1996-09	本科	工程师	2004-11
12	黄忠宝	男	1968-05	1991-08	大专	工程师	2005-12
13	宋桂明	女	1976-11	1997-03	本科	会计师	2006-05
14	黄宏斌	男	1970-12	1986-06	大专	工程师	2006-09
15	许庆	男	1974-01	1994-12	大专	工程师	2006-09
16	吉亚琴	女	1974-05	1997-03	本科	馆员	2006-09
17	申宝网	男	1957-03	1982-10	高中	工程师	2006-10
18	华丽	女	1979-03	1998-08	本科	工程师	2007-01
19	张涛	男	1972-02	1997-09	本科	工程师	2007-03
20	周明	女	1962-02	1980-08	中专	经济师	2008-11
21	李华	女	1971-05	1991-08	大专	经济师	2009-08
22	张亮	男	1979-11	1997-07	本科	工程师	2009-09
23	施威	女	1978-08	1998-01	本科	经济师	2009-11
24	钱亚青	女	1970-03	1990-01	本科	经济师	2009-11
25	陈勇	男	1976-01	1996-09	本科	工程师	2010-07
26	蒋存明	男	1967-11	1992-11	大专	工程师	2010-09
27	高彩霞	女	1977-01	1996-09	本科	工程师	2010-09
28	陈小章	男	1964-02	1987-08	大专	工程师	2010-09
29	丁克喜	男	1958-09	1976-03	大专	工程师	2010-09
30	王庆云	男	1963-06	1982-01	大专	工程师	2010-09
31	洪松	男	1967-09	1989-07	本科	工程师	2011-11
32	黄凤林	男	1966-02	1990-03	本科	工程师	2011-11
33	陈华	男	1972-01	1991-12	大专	工程师	2012-11
34	周同乔	男	1961-07	1980-01	大专	工程师	2013-09
35	陈月林	男	1972-05	1995-11	大专	工程师	2013-10
36	钱正伟	男	1958-06	1982-01	大专	工程师	2013-10
37	周玉根	男	1958-11	1976-07	大专	工程师	2014-11
38	曹拥军	男	1973-12	1994-09	本科	工程师	2014-11
39	王云蔚	女	1980-08	2000-01	大专	经济师	2014-11
40	丁婕	女	1981-05	2003-08	本科	工程师	2015-11
41	凌虹	女	1988-07	2014-12	本科	经济师	2017-11
42	金山	男	1964-03	1983-01	本科	工程师	2016-07
43	黄明华	女	1989-09	2010-05	本科	经济师	2016-11
44	肖婧	女	1989-07	2011-09	本科	经济师	2016-11
45	汤智秋	男	1986-01	2010-03	本科	工程师	2017-12
46	沈鹏飞	男	1990-01	2010-01	研究生	农艺师	2018-08
47	吴婷婷	女	1988-11	2011-07	本科	经济师	2019-11

第二节 科技活动

一、科研试验

1982—1998年，姜堰水利科技推广站均以完成江苏省水利厅下达的试验课题为主。

（一）水稻需水量试验

1981年起，分别在大伦乡杨桥村和里下河黏土区进行试验，1984年后侧重于通南高沙土地区。采用筒、田结合的方法，设置3次重复，先后进行早、中晚稻6个水稻品种的试验。1986年以后，着重进行杂交中稻的试验，初步摸清不同水文年型、不同水稻品种的需水规律，初步论证日照、水面蒸发、气温、风速等气象因素与水稻需水量之间的关系，其成果编入江苏省水利厅编制的《农田水利科研资料汇编》。

（二）不同边界条件稻田渗漏量测定

稻田渗漏量对水稻生长影响较大，过多的渗漏会造成水肥流失，适宜的渗漏才能使水稻获得高产。试验中设置靠路边、靠渠边、靠小沟边、靠中沟等不同边界，多年平均值变幅随不同边界条件在724~1087毫米，通过测定提出《通南高沙土地区稻田适宜渗漏量指标》。

（三）稻田灌溉回归水的利用

水利科研站从1991年起承担稻田灌溉回归水利用的课题。经过3年试验，结合多年水稻需水量测定，完成回归水量平衡计算，得出通南地区稻田灌溉回归水利用量为300~500毫米。对回归水利用方法进行探讨，分析回归水利用的总体效益。该项试验被列为市重点试验课题，提交"通南高沙土区稻田灌溉回归水的利用"报告。

（四）通南高沙土地区水稻高产节水型灌溉模式试验

1990年起，水利科研站在大伦乡进行"水稻高产节水型灌溉模式"的试验。采用小区试验与大区推广相结合的方法。模式设计有常规灌溉模式、湿润灌溉模式和定额灌溉模式。历时4年，初步探讨不同水文年型、不同灌溉模式的节水、增产效益，编写《通南高沙土地区水稻高产节水型灌溉模式的研究》上报扬州市水利局。

（五）农田除涝降渍试验

先后进行明沟的沟深、沟距试验，地下灰土暗管、土暗墒排水降渍试验。根据不同土壤类型进行了鼠道、瓦管、土暗墒、水泥土暗管防渍排水试验和小麦渍害指标试验等。

（六）通南地区水土流失成因调查分析

1996年，针对通南地区土质轻沙、水土流失严重的问题，江苏省水利厅下达姜堰水利科技推广站试验项目"通南地区水土流失成因调查分析"，经过3年试验，完成试验任务。

二、科技推广

姜堰地区每年3—5月是三麦的关键生长期，这一时期，常遭连续阴雨，土壤含水量高，易致渍害，造成三麦大幅减产。为治理渍害，20世纪80—90年代，先后进行沟的沟深、沟距试验，地下灰土暗管、土暗墒排水降渍试验。根据不同土壤类型进行鼠道、瓦管、土暗墒、水泥土暗管防渍排水试验，在试验的基础上开展防渍工程推广工作。先后在里下河区的沈高夹河、娄庄沙家套、里华等地推广鼠道排水533.6多公顷。在通南地区的大伦、梅垛等地推广水泥土暗管排水200.1公顷。

1995—2000年，全面推广预制装配式建筑物，在里下河圩口闸推广悬掷门，通南地区河道疏浚采用泥浆泵施工。

21世纪后，全面推广节水灌溉，混凝土板衬砌渠道和U形混凝土渠道在通南地区实现全覆盖，对贵重苗木及蔬菜大棚试行滴灌、喷灌。

第三节 信息化建设

21世纪后，为满足水利现代化建设的需要，姜堰市水利局开启水利信息化工程建设，实施一批水利信息化工程项目。2004年，建立姜堰市水利局网站，自行设计网页，在互联网上申请永久域名，在姜堰信息港上放置链接。运用高科技，实行全省调度指挥信息联网，建立"防汛会商系统、决策支持系统、涵闸远程控制系统、雨情测报系统、信息管理系统"，实现防汛指挥决策现代化。

一、办公自动化系统

2018年8月1日，姜堰区水利局与中国移动通信集团江苏有限公司姜堰分公司签订合同，合作建设姜堰区水利局政务协同OA办公平台系统项目。项目建设内容为：政务协同OA办公平台系统，包含公文管理、文档中心、综合办公等标准办公模块，高级表单、高级office空间等扩展应用模块及微信集成移动办公管理平台等，实现公文、用车、用餐、请销假等流程在线审批。

二、防汛会商系统

依据国家《农村基层防汛预报预警体系建设实施方案编制大纲》（2017年10月）及《江苏省农村基层防汛预报预警体系建设县级实施方案编制大纲》（2017年11月）要求，结合姜堰区水利信息化建设需求。"姜堰区2018年农村基层防汛预报预警体系建设"项目于2018年7月30日经泰州市防汛防旱指挥部批复，项目总投资187.46万元，其中省补资金90万元、姜堰区配套自筹资金97.46万元。2018年10月18日，经政府采购公开招标，确定中国移动通信集团江苏有限公司为中标单位，中标价146.6万元，工期45天。项目建设内容为：姜堰区洪涝灾害调查评价、姜堰区防汛会商及视频展播系统建设，姜堰水利局防汛指挥会议室建设。

三、防汛防旱决策支持系统

姜堰区防汛应急指挥系统建设方案于2015年11月16日经泰州市水利局批复，核定项目投资概算56.4万元，经费渠道为省级补助50万元，

其余部分地方自筹。主要内容为：建设标准数据库并进行数据的接入；建设应用支撑平台，包括GIS平台和RIA平台；建设业务应用系统，包括实时雨情、实时水情、台风路径、卫星云图、基础信息、视频监控、应急管理、后台管理等功能模块。项目投资概算56.4万元，经费渠道为省级补助50万元，其余部分由姜堰区水利局自筹。该项目于2016年2月开工，12月竣工。

第四节　教育培训

20世纪80年代，姜堰乡（镇）水利站刚成立，人员大多数缺乏专业知识。姜堰市水利局每年都组织进行业务培训，乡（镇）水利站人员的业务水平得到显著提高。2000年后，对职工教育培训成为常态。每周均安排半天学习培训，邀请系统内外专家进行专题讲座，涉及水利行业基础知识、新技术、法律法规、安全生产等。

2000年后，先后选派部分水利站工程技术人员到扬州大学参加专业培训。选派副局级以上领导参加河海大学水利专业学习。选派业务骨干人才参加江苏省水利厅、泰州市水利局各类专业培训。基层职工通过自学本科、大专，先后有10多名职工拿到文凭。2019年，姜堰区水利局出台《关于进一步加强人才工作的意见》（泰姜水发〔2019〕39号）、《青年干部培养暂行办法》（泰姜水发〔2019〕65号）。2019年8月，举办青年干部脱产集训班。2019年9月，落实导师培养挂联机制。完成青干班学员分组、导师学员结对，进行为期一年的强化培养。每名年轻干部挂联一项工程、一条河道、一个调研课题，定期开展青年干部广泛交流活动、青干班座谈会等。

2000年后，连续多年招聘专业对口大学生充实业务部门和基层水利站。至2019年，在职人员中有25人为招聘人员，其中，招聘入职的行政人员3人、参公人员4人、事业人员18人。

专业知识讲座

第五节 获奖成果

1995年12月，江苏省、扬州市有关专家、教授对"百万亩中低产田改造项目区"进行验收评审，一致认为达到预定的总体目标和工程建设标准。项目实施后，方整农田90.5%，标准化水系91.7%，农田林网87.4%，河坡植树覆盖率100%，粮食平均亩产增加85千克，人均农业收入增加545元。姜堰市水利局和5个乡镇获江苏省农业科研二等奖。

1996年，由姜堰市水利局储新泉、陈永吉、黄红虎、卫家华、许健作为主要研究人员的《姜堰市水资源开发利用现状分析报告》，获姜堰市和扬州市科技进步三等奖。由姜堰市水利局周昌云、陈永吉、田学工、宋小进、王根宏作为主要研究人员的在姜堰通南地区种草护坡技术，选取张东河作为试点实施，后在姜堰市通南地区全面推广。该技术能有效防治河坡水土流失，延长疏浚周期，根据河坡高程针对性选植牧草、杞柳、银杏、油桃等经济作物提高收益，每亩每年达1000元。"通南地区种草护坡技术的研究和推广"获姜堰市科技进步三等奖。

2001年，"泰州市通南高沙土地区百万亩节水灌溉工程技术研究和推广"获省水利科技推广一等奖，获奖单位为泰州市水利局、泰兴市水利局、姜堰市水利局、泰州市高港区水利局、泰州市海陵工作处，获奖个人为吕振霖、董文虎、王仁政、吴刚、姚剑、徐宏瑞、陈永吉、宦胜华、胡正平、顾承志。

2002年，"高沙土防渗节水技术的研究与推广"获泰州市政府科技进步三等奖、姜堰市政府科学技术进步二等奖。由姜堰市水利局周昌云、陈永吉、顾荣圣、王根宏、殷新华作为主要研究人员落实的在姜堰市通南高沙土地区研究和应用防渗节水衬砌渠道技术，投入产出比达1:5，技术在姜堰市推广应用后，得到省领导和省水利厅的肯定和推广，在泰州市通南地区推广面积达80万亩，徐淮盐地区也迅速推广。该技术成为高沙土地区农民减负增收的重要基础设施，具有有效提高渠道水利用系数、降低每亩农田灌溉用水量、减占耕地面积、节约工程款等优良技术指标。

第十七章 水文化

17

　　姜堰由水而生，古时，长江、淮河、黄海三水在姜堰汇聚，故称"三水"。又因三水汇聚，冲击成塘，塘水多旋涡，形似人指罗纹，又名"罗塘"。北宋年间，洪水泛滥，姜仁惠、姜谔父子仗义疏财，率领民众筑堰抗洪，保护了一方百姓生命财产，古镇由此名为姜堰，至今流芳千年。

　　水给人以灵性，水给人以启迪。文化给人以知识，文化给人以智慧。姜堰的历史是三水的历史，姜堰的文化是江、淮、海托起的文化。正是水与文化相交融，使一代一代勤劳智慧的姜堰人，通过探索、发现、改造、利用水，产生了水文化的意识形态和社会行为，创造文明，推动社会进步。

　　姜堰人重视水文化，在历史的长河中留下众多的水文化遗产。当代水利人在保护水文化遗产的同时，不断丰富水文化，建设了一大批水文化景观和水文化主题广场。

第一节　史志编修

一、《姜堰水利志（1949—1994 年）》

《泰县水利志（1949—1994）》为姜堰历史上第一部水利志。编纂工作始于 1986 年，下限年为 1989 年，名为《泰县水利志》，1990 年完成初稿。此后，编纂工作暂停。1995 年恢复修编，将编写下限年定为 1994 年，并定名为《姜堰水利志》，主编徐礼毅，副主编张日华。历时 3 年，1997 年 10 月出版。

该志共编写 10 章，包括自然概况、水系水资源、水旱灾害、通南平原治理、里下河圩区治理、闸涵桥站、提水排灌、管理、水利科技、水政。以朴实的文字、翔实的资料，回顾中华人民共和国成立 45 年的整个治水历程，记载全市人民在党和政府领导下，艰苦奋斗、自力更生改变山河取得的辉煌成就。收集整理自汉代以来水利大事，编制成《大事记》置于志中，是珍贵的历史资料。

二、《姜堰水利大事记（1995—2019 年）》

2015 年，姜堰区水利局组织编写 1995—2014 年水利大事记。2019 年，组织修编大事记，将下限年延伸至 2019 年底。

第二节　文化遗产

一、溱潼会船节

溱潼会船节是一种古老的传统民俗活动。源于宋代。相传山东义民张荣、贾虎曾于溱潼村阻击金兵，溱潼百姓助葬阵亡将士，并于每年清明节撑篙子船，争先扫墓，祭奠英魂，久而久之，形成撑会船的习俗。溱潼会船主要分布在里下河水乡，纵横数百平方千米。会船通常分为篙船、划船、花船、贡船、拐妇船等 5 种类型，寄寓了民众的美好愿望和祈盼，期盼国泰民安、生活富裕、人世昌隆、人寿年丰。溱潼会船节一年一度，日期在清明节的第二天，四乡八镇的数百条会船，数十万观众云集溱湖，水面上彩旗如海，竹篙如林，千舟竞发，鼓乐喧天，其恢弘壮观的场面，惊心动魄的争赛、多姿多彩的表演，堪称民俗文化大观。

中共十一届三中全会以后，富裕起来的农民对物质文化生活的需求越来越多。原本是农民自发组织的自娱自乐活动，得到了姜堰区委、区政府的重视。从 1991 年起，姜堰区政府连年举办溱潼会船节，溱潼会船活动发展迅猛，影响越来

溱潼会船盛况

越大。1992年溱潼会船节被列入江浙沪旅游节正式旅游项目；1995年，被列为江苏省民俗风情游首游式项目；1998年，被国家旅游局列入中国十大传统民俗风情旅游节；2008年，被国务院列为第一批国家级非物质文化遗产扩展项目。2009年4月，经上海大世界吉尼斯总部认定为"大世界吉尼斯之最——规模最大的船会活动"。溱潼会船已从单一的水乡群众会船活动，演变成一个融文化、民俗、体育、旅游、经贸等多种内涵的民俗会船盛典，堪称"民俗文化之大观，水乡风情之博览"，被海内外专家赞誉为"天下会船数溱潼，溱潼会船甲天下"。

二、荷花灯会

溱潼四周河、湖、港、汉密布。相传在明代，人们种荷取藕为生，在农历七月十四日举行"荷花灯会"，庆贺荷花仙子生日。荷灯以蚌壳制成，内燃浸透豆油的棉条，粘以鲜荷花瓣作罩，置入水中，借以照明采莲。

明初，不少百姓帮张士诚守苏州城时牺牲，城破后，朱元璋将阊门一带百姓押至张士诚家乡当盐丁，不少人即在溱潼落户，今溱潼人大部为其后裔，故放荷灯，有祭张士诚及牺牲的祖先的目的。

又传，清乾隆三十六年十二月十九日，瓜洲盐纲在江心遭火灾，"坏船百有三，焚及溺死千有四百"，次年两淮盐场于中元节举行"江祭"，指名要溱潼组织"荷灯"参加江祭，于是，溱潼家家连夜赶制"荷灯"，用大船载运至瓜洲水上道场。

"荷花灯会"是溱潼喜闻乐见的民俗，至今仍有居民在家中以饭碗制作"荷灯"，于中秋节在天井中点燃的习俗。

三、积善桥

积善桥位于江苏省泰州市姜堰区俞垛镇南野村，南北走向，横跨于夹河上。该桥始建于民国六年（1917年），独孔砖拱桥，垒砌工艺采用苏中水乡传统砖作风格，坚固耐久。

积善桥拱券上方嵌置的石匾，天然大理石质，书法、镌刻珠联璧合，堪称艺术珍品。

2007年5月25日，姜堰俞垛积善桥被选为姜堰市第6批市级文物单位。

俞垛镇南野村积善桥

四、神潼关古战场遗址

神潼关古战场遗址位于俞垛镇花庄村最西部，东临卤汀河，西侧与江都吉东村交界，南面、北面均有通向江都境内的自然河流。神潼关为一水中半岛，地势较高，形似荷叶，自古未受水淹。当地百姓都称之为"荷叶地"，取永不沉没之意。神潼关地处东西南北交通河道的要冲，又是三县交界之所，地理位置十分重要。过去，在水网密布、河道纵横的里下河地区，人们往来交通均以水上为主，镇守此处，可扼南北东西水上之交通。

侯王殿始建立于明末清初，具体建设时间已不可考，现在的侯王殿由花庄村村民自筹资金，于1983年重新修缮，并于后期继续维护逐步形成现在的样子。侯王殿长17米，宽7.3米，高7.2米，共130余平方米，分为3间正房，中间大殿布置了侯王菩萨像。2012年7月，神潼关古战场遗址被确立为姜堰区文物保护单位。

相传"神潼关"是因戚继光部将侯必成在此抗倭而得名。日本从10世纪开始，进入南北朝分裂时期，在内战中失败的溃兵败将，以及一部分浪人和商人，在日本西南部一些封建诸侯和大寺院主的资助和组织下，从元末明初开始，经常驾驶海盗船只，对中国沿海进行抢掠，历史上称之为"倭寇"。

15世纪下半叶，日本进入各封建诸侯国林立的"战国时代"，各诸侯国争着来与明朝通商。日本各诸侯国之间常为争夺勘合执照进行斗争。明世宗嘉靖初年，两批日本使船为争夺贸易，竟在中国土地上斯杀，发生所谓"争贡之役"。明世宗于嘉靖二年（1523年）后采取闭关政策，禁止与日本通商。于是日本海盗商人就进一步与沿海一带土豪奸商勾结，由他们引领，深入内地，进行抢劫。嘉靖中期以后，倭寇更攻陷州县，烧杀淫掠，成了东南沿海人民的极大祸害。苏北里下河一带也常受到海盗倭寇的侵扰。抗倭名将戚继光，曾顺卤汀河南下，在江苏盐城至镇江一线巡视布防抗倭。行至俞垛叶甸花庄村地段时，戚继光发现此处河网

密布，东西南北水上交通便利，"荷叶地"面积虽然不大，但地理位置十分重要，于是派手下的年轻战将侯必成镇守此处。一日，侯必成睡梦中见一孩童向他透露军情："明日将有倭寇来袭"。侯必成立即起床组织部属隐蔽迎战，结果大获全胜。这一仗是侯必成镇守"荷叶地"的第一仗，他认为梦中孩童示警功劳最大，因此将"荷叶地"改称"神童关"。因"神童关"地处水乡泽国，后人又将"神童关"写成"神潼关"，此名一直沿用至今。

明代中后期，朝廷昏庸腐败，军队有名无实，国家有国无防，戚继光立志抗倭，果断提出：只要朝廷出饷，不需朝廷出兵。戚继光在山东老家招募青壮民兵亲自训练，戚家军训练有素，作风顽强，勇猛善战，但毕竟开初人数有限，因此侯必成镇守神潼关所带兵士仅几十人，侯必成虽然年轻（时年19岁），却颇具将帅之才，他学习戚继光训练民兵的做法，发动当地群众共同抗倭。他挑选善驾舟楫的水乡青壮年农民，制造轻便快捷的划船快舟，利用农闲，日夜加紧训练，他们的武器就是竹篙、木桨、弓箭、长矛。侯必成训练的民兵遍及四乡八镇，东至溱潼、俞垛，西至樊川、小纪，南至朱庄、港口，北至沈高、周庄。

侯必成镇守神潼关，带领民兵与倭寇英勇作战，屡战屡胜，威名远扬，致使倭人不敢轻易袭扰苏北里下河一带。因此，倭寇对侯必成恨之入骨。一次，倭寇利用农忙，民兵都在远处的田地里忙于农事，夜间偷袭神潼关，侯必成虽率领部属奋力拼杀，终因寡不敌众壮烈牺牲。为了纪念抗倭民族英雄侯必成，当地人民募钱在卤汀河畔建立侯王殿，供奉侯将军像以昭永远；并于每年清明节的当天在卤汀河上举行集会，他们划船来到神潼关遍撒饭食于卤汀河以示祭祀，并举行舟船竞赛，表现勇往直前奋力当先的英雄气概，彰显全民皆兵便能所向无敌的华夏民族抗争精神。神潼关会船节具有苏北里下河民间风俗特点，《中华全国风俗志》《泰县民俗谈》以及民间流传的《港口竹枝词》均有记载。

水文化遗产统计（2019年）见表17-2-1。

表17-2-1　　　　　　　　　　　　　　水文化遗产统计（2019年）

镇（街道）	名称	所在位置	建成时间	现存概况	是否运行
蒋垛	洗马池	蒋垛村	宋代	部分段存在	是
	走马桥	仲院村	民国	旧桥存在	是
	津浦古渡	蒋垛村	1765	旧桥板存在	已改建
张甸	粮管所码头	老通三陈	民国	被改建	不运行
溱潼	古井	三里泽村	宋朝	存在但未开发	否
三水	小杨村古井	小杨村	宋代	损坏	否
	李堡石桥	李堡村	1916年	现存	是
	状元府古井	状元村	清乾隆	现存	是
俞垛	积善桥	南野村	1917年	良好	是
	忘私古井	忘私村	宋朝	良好	是
	神潼关古战场遗址	花庄村	明朝嘉靖年间	良好	否
梁徐	古井	官野村	明代洪武年间	古井4口分别为两条龙的两只眼睛	3口古井仍然存在，1口遗迹仍在，其中1口井仍在用

第三节　水文化活动

一、水文化交流

21世纪后，姜堰区水利局不断挖掘水文化，广泛开展水文化交流活动。2017年后，水文化交流常态化举办。由姜堰区水利局领导设定每期主题，水利系统职工干部参与撰写主题稿件，制作PPT讲稿，上台交流发言。利用道德讲堂形式开展水文化交流活动，主要是从道德范畴以艺术形式渲染职工情怀素养的活动。每期道德讲堂文化活动由水利局举办，全系统职工参与，尤其注重年轻干部全方位培养，活动形式多样、内容丰富，主要包含诗歌朗诵、人物事迹宣讲、爱国主题歌曲合唱、学习楷模视频观看、心灵感悟分享、名人书信好书选段诵读等。

2019年11月5日，姜堰区水利系统举行"牢记初心使命，致力守正创新"水文化交流暨青年干部调研课题交流活动。活动中，姜堰区水利局领导班子成员、机关部分科室（单位）、部分镇（街道）水利站、青年干部分别进行了交流发言，局青年干部挂联导师对学员调研课题交流发言做点评。姜堰区水利局青年干部与挂联导师名录见表17-3-1。

表17-3-1　　　　　　　　　　　　姜堰区水利局青年干部与挂联导师名录

挂联导师	青年干部	挂联导师	青年干部	挂联导师	青年干部	挂联导师	青年干部
许健	徐林	淤滨滨	焦力	邰枢	高婷	张亮	肖婧
许健	卞玉敏	宋鑫	孙素林	许庆	凌虹	张亮	吴婷婷
纪马龙	黄明华	宋鑫	钱昱	许庆	许青	黄宏斌	张宇
王根宏	曹庆峰	张小虎	张晨	吴林全	张璐		
沈军民	缪海勇	华丽	陈婧	吴林全	邓雪		

二、专题文艺巡演

2019年8月，由姜堰区水利局主办的"全面推行河长制 共建生态姜堰"为主题的河湖管护专题文艺巡演，来到姜堰区白米镇、沈高镇、白米镇百姓舞台，表演了具有地方传统文化特色编排的节目三句半《全面推行河长制》、小品《局长巡河》、情景剧《河长与河神》、群口快板《水利精神水利人》、舞蹈《我们共同的家》等节目。文艺巡演旨在以贴近生活的故事、易于接受的形式，进一步提升全区广大干群对河长制的知晓率和参与率，引导全民参与治水，营造全社会关爱河道、保护河道的良好氛围，促进全区水环境持续向好改善。

三、水文化作品展示

2018年6月，中共姜堰区委宣传部、区级机关工委、区水利局联合在全区范围开展"水韵姜城"姜堰水故事征文、水风光摄影作品征集活动。征集水故事征文116篇、水风光摄影200幅。组委会专家在2018年11月进行参赛作品的评审，评出水故事征文一等奖1名、二等奖2名、三等奖5名、优秀奖10名（见表17-3-2），水风光摄影一等奖1名、二等奖2名、三等奖5名、优秀奖20名（见表17-3-3）。2018年12月，结合纪念改革开放40周年，利用区文化馆剧场、《姜堰日报》对获奖作品进行展示。

12月14日下午，由中共姜堰区委宣传部、区委区级机关工委、区水利局联合开展的"水韵姜城"水故事征文、水风光摄影活动，在区文化馆剧场举行颁奖仪式和作品展览，全面展示姜堰区水生态美景、水文化魅力以及水工程建设的辉煌成就。

姜堰区水利局局长许健，为水故事征文、水风光摄影二等奖获得者颁奖

表17-3-2 　　　　　　　　　　　　　"水韵姜城"姜堰水故事征文获奖名单

奖项	篇名	字数	作者
一等奖	羊儿荡的夏天	1440	杨华中
二等奖	心中的"祖母河"	2400	钱继红
二等奖	溱湖印象	1406	陈立俊

续表 17-3-2

奖项	篇名	字数	作者
三等奖	一折水韵一折诗	1474	王竹
三等奖	因水而生的小城	1520	丁明武
三等奖	东姜黄河水"润"育一方人	1160	胡荣华
三等奖	辽远的那一声吆喝	1700	洪浩
三等奖	神奇的双龙河	1320	张永进
优秀奖	河泊与堤坝	1050	纪晓斌
优秀奖	水韵姜城	1040	钱中平
优秀奖	红庙河的四季	1170	丁驰
优秀奖	泰东河——我的母亲河	890	孙红梅
优秀奖	姜堰水情怀	1062	缪亚敏
优秀奖	以水为师	990	陈小霞
优秀奖	水乡情，水乡韵，水乡魂	1040	竺小敏
优秀奖	鲍老湖传奇	1020	田马扣
优秀奖	故地拾忆	1200	花灵杰
优秀奖	苏中水乡，生态姜堰	1250	邓雪

表 17-3-3   "水韵姜城"水风光摄影作品获奖名单

奖项	作品名	作者	单位
一等奖	凤尾摇曳	许大才	泰州市姜堰区妇女联合会
二等奖	溱湖归舟	黄海平	姜堰区广播电视台
二等奖	运河新姿	孟爱民	农行（退休）
三等奖	湿地精灵	薛春凤	泰州市姜堰区妇女联合会
三等奖	春到淤溪	殷美华	姜堰老干部大学
三等奖	溱潼北大桥滨河文化长廊	曹翔	区水利局
三等奖		曹伯平	区园林管理处
三等奖	特色田园乡村	王震	桥头镇小杨村
优秀奖	河草青青	雷欣哲	姜堰区城管局
优秀奖	破浪	王璇	扬远公司（退休）
优秀奖	水云间	陈霖	国家税务总局泰州市姜堰区税务局
优秀奖	西陈庄村东凉亭	徐爱进	兴泰镇西陈庄村
优秀奖	晖映溱湖	傅政	娄庄镇政府
优秀奖	金光穿洞	郁金元	姜堰区广播电视台
优秀奖	老通扬运河张甸段	张璐	区水利局
优秀奖	伦南河	金小燕	区水利局
优秀奖	人水和谐	陆兴庭	姜堰航运公司（退休）
优秀奖	水墨溱湖	周粉兰	俞垛中心小学

续表 17-3-3

奖项	作品名	作者	单位
优秀奖	水文化	卢阿贤	淤溪开开照相馆
优秀奖	水乡夕照	徐爱进	兴泰镇西陈庄村
优秀奖	拓宽通扬河	陆兴庭	姜堰航运公司（退休）
优秀奖	金光穿洞	王根林	姜堰区博物馆
优秀奖	忘私村村中绿洲	于健	区水利局
优秀奖	夕照前进桥	钱金石	姜堰老干部大学摄影班
优秀奖	小杨人家	卞玉敏	姜堰区招商引才局
优秀奖	蟹王	施桂萍	姜堰老职工大学摄影班
优秀奖	周山河船闸	陈立俊	区水利局
优秀奖	渔舟泛湖	王志凤	姜堰区国土分局淤溪中心所

第四节　水景观

姜堰地处江淮分界线上，水网密布，城区沟通上下游江淮水系的河流共有 7 条，自西向东分别是黄村河、府前河、中干河、罗塘河、三水河、鹿鸣河、砖桥河。河道上均有控制建筑物，水功能齐全，水环境优越。

2003 年 4 月，姜堰区城市防洪及河道建设职能划归姜堰区水利局后，姜堰市水利局在深入调查研究的基础上，制定姜堰市城市防洪规划，提出"建设百年一遇标准工程，挖掘海陵名镇文化积淀，架构城区亲水走廊，再造罗塘古邑人文环境"的构想，通过工程建设，深入挖掘彰显水文化，做到"一河一景一特色文化"。

一、中干河河滨广场

河滨广场位于姜堰城区中干河西侧，北起正太大桥，南至金湖湾大桥，南北长 650 米，东西宽 80 米，总面积 52320 平方米。河滨广场建于 2004 年 10 月，于 2005 年 4 月开放。

位于河滨广场北部三水汇聚广场东侧的大圆盘，体现"三水"之市的独特地理位置。北侧的叠水为淮水，中间的叠水为海水，南侧的叠水为江水。大圆盘西侧为 9 根大型石雕龙柱，大圆盘内配有直径 1.6 米的丰水球，配有彩色音乐喷泉，

淮河水的北侧建"锦亭"，长江水的南侧建"望江楼"，临河侧建"听涛轩"。

在景区内，建有石拱桥、木拱桥、石板桥、木曲桥、荷花池、轻松山房等景观小品，装有音响、灯簇、监控和自动灌溉等系统。其中，"轻松山房"将公厕置于假山之中，有现代化的监控系统，控制着整个广场的水、光、声、景，保障景区安全。

整个广场，"叠水汇流、典亭雅阁、龙柱水球、音响灯簇、戏水平台、阶梯绿地、模纹花坛"有机结合。

2018 年，对河滨广场提档升级改造，内设 3 个景区：一景区为三水汇聚广场，位于正泰大桥南侧，与区政府门前的园林广场相应。该景区采用崭新的地面铺装，以树池花坛与坐凳相结合的形式让人们能够适时休憩，河边底部圆形广场的改造增加绿化面积，安装竹简文化景墙，营造水生态效果。二景区为变电所北侧景区，该区位于河滨广场中段，该区新建蜿蜒的健身步道和园路、清幽雅致的木廊亭和水湾亭，与错落有致的栽植绿化相得益彰。三景区为变电所南侧景区，该区位于金湖湾大桥北侧，整体视野通透性最强，包含新建廊道、塑胶广场、阶梯化草坪、健身步道与园路、厕所部分。该区可扩大人们的视角，发挥大地轮廓的曲线美，辅以休闲健身设施。工程对原有河滨广场亮化进行重新规划设计，按照安全、节能、人性化、艺术化的原则，打造出层次

分明、光照适宜的公园夜景。

二、鹿鸣广场

鹿鸣广场位于姜堰城区烈士陵园北门西侧，2004 年建成。广场中央是由鹅卵石铺就的"阴阳太极图"。太极图的中央有一根 4.5 米高的石雕龙柱，名曰"三水神针"。由于姜堰地处"江水、海水、淮水"交汇之处，常有旱涝灾害出现，故将此龙柱取名为"三水神针"，此柱底部建在 1991 年洪水水位 3.41 米的高程上，一方面人们可以通过观察龙柱底部与水平面的高度，观测水情，另一方面企盼龙柱能将洪水锁定在 3.41 米以下。"三水神针"的问世，文化底蕴颇深。诗人曹松华观后赋诗一首："崇高千秋铁柱，喜之三水神针，波清河清海晏，太和康乐馨宁。"书法爱好者将该诗赋于石碑，立于鹿鸣广场的东侧，供游人鉴赏。

鹿鸣广场西侧，建有一座带有古代建筑风格的鹿鸣亭，该亭建在假山之上。

鹿鸣广场的东南侧是供游人欣赏的文化墙，墙的北侧分别镶嵌着梅、兰、菊、竹 4 处石雕，墙的南侧镶嵌着福、禄、寿、禧 4 处石雕。文化墙的中间刻有一块《鹿鸣河记》，记述了鹿鸣河的由来。鹿鸣河的最南端建有一座引水流量为 3 米^3/秒的节制闸，调节控制水位。

三、三水河亲水小广场

三水河亲水小广场位于三水河东方不夜城东侧，2005 年，整治三水河时，将原横跨三水河的厕所顶层改造成此亲水小广场。在广场的文化石表面刻有"三水"字样，在跨河的小桥上标有"鹊桥"二字，在游步道上镶嵌上十二生肖，广场小巧玲珑、绿地阶梯、仿玉栏杆、景亭灯簇，让人流连忘返。

四、大鱼池亲水广场

大鱼池亲水广场位于姜堰城区的三水河下游出水口处，此处名曰"大鱼池"，历史上曾是里下河粮食及水产品运往上游的商品集散地，正如竖立在"大鱼池"河边的石坊对联所书："物领江淮湖海，誉传唐宋明清"，极其繁荣，这里又是江淮湖水交汇点，又如石坊向阳面对联所书："融汇四方善水，迓迎八方来风"，风水极好，真是"罗塘锁钥"。

2003 年前，从下坝石桥口至北环路河道淤浅、两岸河坡均系土坡，里下河一带农民在此经营水产品和八鲜蔬菜，早市一过，所有杂物垃圾沿河坡向河中乱抛，成了天然垃圾场。2003 年 4 月，姜堰市水利局将三水河下游河段列为重点整治项目，首先整治石桥至新桥段，疏浚河道，新建沿河块石护坡直立墙，河两侧平台建成游步道，新建公厕和垃圾箱，布置绿化景点，面貌焕然一新。2007 年整治新桥至北环路河段，在出水口新建桥梁和石坊，增加锁钥的气势，建成大鱼池亲水广场。

五、黄村河亲水小广场

黄村河亲水小广场建成于 2007 年 7 月，位于黄村闸西侧，这里是进入姜堰城区的西大门，是解放战争时期黄村保卫战旧址。

黄村河亲水小广场小巧玲珑，绿树翠草随风摇动，广场中心竖立着一座约 3 米高的太湖石，石面上布满了自然形成的滴水洞穿孔，石上方写着"黄村保卫战"字样。

六、百龙桥

百龙桥建成于 2008 年，位于罗塘河老庄路上，是一座三孔石拱桥，栏杆与桥一样长的两面雕刻着龙与云的石墙，石墙是拼凑起来的，但浑然天成。百龙桥两侧的河道边上均匀地安放着 100 个龙头，因为岸边密植着常绿灌木，龙头掩映在灌木丛中。虽是石质的龙头，却也有着机关，龙头的口中都有细管，有一个总的控制开关，一旦打开，100 个龙头就会一齐朝罗塘河里喷水，颇为壮观，因此有"百龙戏水"之称。罗塘河游步道外侧斜坡上共有 12 面石质浮雕，刻着远古、商周、春秋战国、秦汉、汉、汉魏、北魏、唐、宋、元、明、清等时期流行的龙的图案，越往前推图案越是抽象，越往现代图案越接近现代人对龙的概念。

第五节 溱湖风景区

溱湖风景区距城区 15 千米，总面积 26 平方千米，其中水面面积和湿地面积占 63%。风景区地处中国著名三大洼地之一的里下河地区，古长江与淮河曾在此交汇入海，形成特有的湿地生态环境。作为长江文化与黄河文化过渡区、吴越文化和楚汉文化连接点，溱湖风景区具有独特的民俗风情和深厚的文化底蕴，是华东地区旅游网络中重要的生态旅游项目区，有溱湖、溱湖国家湿地公园、溱潼古镇、泰州华侨城、生态河横—环境保护"全球 500 佳"五大景区，形成以溱湖国家湿地公园、泰州华侨城为重点的湿地休闲游，以河横、溱湖农业生态园为重点的生态农家游，以溱湖大道两侧、沈马公路沿线生态农业为带头的田园观光游，以溱潼古镇、溱潼会船节、寿圣寺为代表的湿地文化、宗教游。溱湖风景区距上海、苏州、无锡、常州、南京、扬州、南通等大中城市均在 2 小时车程之内。宁盐一级公路、姜溱公路穿境而过，宁靖盐高速公路在景区留有出口，南与宁启铁路姜堰火车站相距 10 千米，地理位置优越，交通便捷。

一、溱湖

溱湖位于溱湖湿地中部、溱潼古镇西南部、泰州华侨城东北部。该湖由南湖、喜鹊湖和北湖构成，东西长 1.4 千米、南北长 1.5 千米，面积约 2.1 平方千米。湖底高程零米左右，湖面形似玉佩，登高而望，可见 9 条河流从四面八方汇入湖区。溱湖又名喜鹊湖、鸡鹊湖，"喜鹊湖"之名的由来，还有一段美丽的传说。相传唐明皇时，一年中秋之夜，张果老施展法术将唐明皇送上月宫，唐明皇似梦非醒地游罢了广寒宫，正要起驾回宫，护驾的神龙突患疾病。喜鹊仙子衔来仙草为老龙疗伤。作为答谢，老龙长啸一声，腾空而起，用尾巴甩出了一个碧波万顷的湖泊，故名"喜鹊湖"。溱湖气候湿润，流水舒缓，水质清纯甘洌，弱风水平如镜；湖中鸟类众多，每逢天高气爽，群鸟飞舞，叽叽喳喳，聒噪终日；湖内绿岛点点，蒹葭苍苍，蒲草丰茂，杂草丛生，构成立体感观赏空间；十里溱湖围岸，绿树成荫，翠竹葱郁，苍松挺拔，鸟鸣莺啼，奇花斗艳，异草争芳；白天碧波潋滟，夜晚渔火闪闪，自然风光、田园风情、天然湖泊交相辉映，整个湖体如诗如画。游溱湖，水上游览最佳，水上游览工具有 20 条"水上飞"机动游艇、4 条画舫船、120 条木质小游船。游客置身湖面眺望四周，可尽情观赏芦苇、菖蒲、茭白、莲藕、菱角、芡实（鸡头米）、垂扬、杞柳等湿生树种和水生植物，享受耳盈鸟语、目满草青、身临流水、人水相扶的"非舟莫至"水乡田园式韵味风光，感受"水在园中，园在水中，人水交映，变化无穷"的溱湖魅力。提到溱湖，还不得不提及溱湖八鲜，由溱湖簖蟹、溱湖青虾、溱湖甲鱼、溱湖银鱼、溱湖四喜、溱湖螺贝、溱湖水禽、溱湖水蔬总称之为"溱湖八鲜"。来古镇溱潼，尝溱湖八鲜，品溱湖水啤酒，将使人流连忘返。

二、溱湖国家湿地公园景区

溱湖湿地公园面积为 806.9 公顷，湿地面积 588.6 公顷，湿地率 72.9%，湿地分为湖泊湿地、河流湿地、沼泽湿地 3 类，永久性淡水湖泊、永久性河流、草本沼泽等 3 型。划分为湿地保育区、湿地恢复区和合理利用区三大功能分区。溱湖湿地地势低洼，水系发达，水网密布，古长江与淮河曾在此交汇入海，形成特有的湿地生态环境，溱湖湿地生态集长江中下游淡水湿地的所有特征于一体，池塘沟洼纵横交错，洲滩塘垛自成方圆，湖岬港湾犬牙交错，是全国少见的淡水湿地。溱湖湿地自然资源优越，生物类型丰富，主要有水生生物群落、湿地生物群落和陆地生物群落。溱湖湿地阳光充足，空气清新，温和温润。2002 年普查统计，区内有湿地植物 113 种、野生动物 73 种，盛产鱼虾蟹鳖、芡实菱藕，是世界珍稀动物麋鹿的故乡，珍稀水禽繁殖、迁徙的乐园。栖息于此的有国家一类保护动物麋鹿、丹顶鹤、扬子鳄，国家二类保护动物白天鹅、白枕鹤、白鹇等动物。溱湖湿地不仅为人们提供大量食物、原料和水资源，而且在维持生态平衡、保持生物多样性和珍稀物种资源以及涵养水源、蓄洪防旱、降解污染、调节气候、补充地下水、控制土壤侵蚀等方面具有重要作用。

溱湖国家湿地公园景区为国家AAAA级景区、泰州市发展旅游业重点规划区、《江苏省旅游业发展"十五"计划和2020年远景目标纲要》重点旅游开发项目。2005年，经国家林业局批准，设立溱湖国家湿地公园，开展国家湿地公园试点建设，2011年通过试点建设验收，正式成为国家湿地公园。该公园位于溱湖湖东，为全省首家国家级湿地公园。2007年，溱湖国家湿地公园入选中国节庆十大专题公园，对外开放的核心湿地面积7平方千米。

溱湖国家湿地公园

三、溱湖水利风景区

溱湖水利风景区2005年被评定为国家水利风景区，属于湿地型水利风景区，总面积26平方千米，水面面积占比为37%，资源丰富，地域文化特色鲜明，生态环境优良。自创建为国家风景区以来，该区长期坚持生态与水资源保护优先理念，结合全域旅游和田园乡村建设，充分整合自然和历史人文资源，利用湿地宣传教育中心和科普教育基地功能，进一步丰富了水文化互动展示项目，优化了景区标识系统。

经过10多年持续投入和建设，该景区水利工程景观、旅游景观和服务功能、内外交通等基础设施更加完善，管理制度更加健全，管理措施更加到位，管理水平和景区影响力得到显著提升，取得了显著的社会效益和经济效益。2018年，江苏省水利厅景区办组织专家组对溱湖水利风景区复核评审，通过查勘现场、听取汇报、查阅资料、讨论交流，形成复核评审意见，并给予高度评价。专家组评定，给予202分（总分200分，附加分14分）的高分值通过复核评审。

第十八章　机构设置

18

　　中华人民共和国成立后，为适应水利事业发展，建立专司水利的机构。1958年4月，正式建立水利局。1963年4月，水利局与农机局合并，仍称水利局。1964年5月，撤销水利局，建立农机水利局。1965年1月，撤销农机水利局，改建水利局和农业机械公司。1966年起，原由水利局管理的机电灌工程，划归农业机械公司负责。1968年9月，成立泰县农副水系统革命委员会，分管原水利、农业及多管等部门工作。1969年8月，建立泰县革命委员会水电科，负责水利、供电和机电排灌工作。1972年6月，泰县革命委员会水电科改称泰县革命委员会水电局。1977年7月，撤销泰县革命委员会水电局，建立泰县革命委员会水利局、农机局、供电局。1981年4月，泰县革命委员会水利局更名为泰县水利局。1994年11月，泰县撤县建市，泰县水利局更名为姜堰市水利局。2012年12月，撤销县级姜堰市，设立泰州市姜堰区，姜堰市水利局更名泰州市姜堰区水利局。

第一节　行政机构

1994 年，泰县水利局设人秘股、工务股、财计股、水政水资源股，在职行政人员 16 人。

1998 年 1 月 25 日，姜堰市政府下发《关于对"市水利局职能配置、内设机构和人员编制方案"的批复》（姜政发〔1998〕13 号）。姜堰市水利局内设机构有：办公室（挂"人武部"牌子）、人事科（挂"党委办公室牌子"）、水利建设科、财会审计科、水政水资源科，核定水利局行政编制 18 名，内设机构领导职数 12 名，其中正股级 6 名、副股级 6 名。

2001 年 11 月 28 日，姜堰市机构编制委员会办公室下发《关于核定市水利局编制的通知》（姜编办〔2001〕33 号），核定姜堰市水利局行政编制 15 名。

2006 年 3 月 14 日，姜堰市编制委员会以姜编〔2006〕16 号文，同意姜堰市水利局增设供水管理科，同时核增加行政编制 2 名（合计 17 名），增加中层领导职数 1 名。

2007 年 6 月 14 日，姜堰市机构编制委员会以姜编〔2007〕4 号文，将水政水资源科更名为行政许可科，原水政水资源科承担的相关职能划水供水管理科。

2011 年 3 月 10 日，姜堰市编制委员会下发姜编〔2011〕14 号文，姜堰市水利局设办公室（挂"党委办公室"牌子）、人事科、水利建设科、财会审计科、行政许可科、水政水资源科（挂"政策法规科"牌子）、供水管理科。

2011 年 9 月 7 日，姜堰市编制委员会以姜编〔2011〕57 号文，同意姜堰市水工程管理处增挂"姜堰市水利工程质量监督站"牌子，并增加事业编制 2 名（合计核定编制 13 名）。

2013 年 3 月 27 日，中共姜堰市委下发《关于机构更名和人员职务改称的通知》（姜委发〔2013〕16 号），姜堰市水利局改为泰州市姜堰区水利局。

2019 年 5 月，中共泰州市姜堰区委机构编制委员会以泰姜编〔2019〕22 号文，同意增加姜堰区河长制工作协调服务中心编制 2 名（合计核定编制 6 名）。

2019 年 3 月 26 日，姜堰区委姜编办下发〔2019〕39 号文，姜堰区水利局设办公室（人事科）、水利建设管理科（生态河湖科）、水政水资源科（政策法规科）、财务审计科、河湖长制工作科（监督科）；局机关行政编制 13 名。设局长 1 名，副局长 3 名，总工程师 1 名；股级领导职数 7 名，其中科长（主任）5 名，机关党委专职副书记（正股职）1 名，副科长（副主任）1 名。1995—2019 年姜堰区水利局历任领导更迭见表 18-1-1。

表 18-1-1		1995—2019 年姜堰区水利局历任领导更迭
职务	姓名	任职时间（年-月）
局长	储新泉	1990-02—1996-07
	周昌云	1996-07—2008-02
	陈永吉	2008-02—2017-04
	俞扬祖	2017-03—2018-04
	许健	2018-04—

续表18-1-1

职务	姓名	任职时间（年-月）
副局长	殷志祥	1990-02—1995-04
	李如珍	1990-10—1999-07
	李九根	1994-07—1999-07
	陈永吉	1995-04—2008-02
	张景夏	1996-07—1999-07
	葛荣松	2000-09—2011-03
	蒋剑明	2001-12—2010-04
	田学工	2002-01—2008-03
	施元龙	2002-12—2005-03
	李庆和	2002-12—2008-03
	许健	2004-07—2018-04
	陈荣桂	2006-03—2009-03
	曹亮	2009-07—2018-08
	王根宏	2011-08—
	沈军民	2013-08—
	纪马龙	2018-04—2021-02

第二节　直属机构

一、姜堰区防汛防旱指挥部办公室

2001年11月，经姜堰市机构编制委员会姜编〔2001〕20号文同意，设立防汛防旱指挥部办公室，为市防汛防旱指挥部办事机构，相当股级。主要任务是在指挥部领导下，负责防汛防旱的组织协调、灾害统计、督查值班等工作。核定事业编制2名，所需经费由市财政全额拨款，人员在全额拨款人员中调剂解决。

2014年9月，经泰州市姜堰区机构编制委员会办公室泰姜编办〔2004〕88号文批复，主要职责：负责全区防汛防旱、减灾防灾的日常工作，参与制订重大抢险方案；负责全区防汛抢险物资的筹措、调度工作；负责全区防汛防旱资料和水文资料的收集、反馈等工作；负责灾情的统计、上报以及督查、值班等工作；完成上级交办的其他工作。领导职数：主任1名。

2019年3月机构改革，防汛防旱指挥部办公室划归应急管理局主管。

二、泰州市姜堰区河长制工作协调服务中心

2017年12月，经泰州市姜堰区机构编制委员会泰姜编〔2017〕43号文同意，建立泰州市姜堰区河长制工作协调服务中心，隶属水利局领导和管理，为公益一类事业单位，机构规格相当正股级，经费渠道为全额拨款，主要负责河长制办公室日常工作和相关协调服务工作，核定编制4名，设主任1名，副主任2名。

2019年5月，经中共泰州市姜堰区委机构编制委员会泰姜编〔2019〕22号文同意，增加区河长

制工作协调服务中心编制2名(合计核定编制6名)。

三、姜堰区城区河道管理所

2005年4月，经姜堰市机构编制委员会姜编〔2005〕3号文同意，建立姜堰市城区河道管理所，为股级事业单位，位于姜堰镇前进路汤河翻水站。主要负责城区河道、节制闸、翻水站的管理和养护，隶属姜堰市水利局领导和管理。核定编制12名，配所长1名，副所长2名。人员经费列入市财政预算。按照事业单位分类管理的要求，该单位确定为基础公益型事业单位。

2014年9月，经泰州市姜堰区机构编制委员会办公室泰姜编办〔2014〕84号文批复，泰州市姜堰区城区河道管理所主要职责为：负责城区河道、节制闸、翻水站的管理和养护工作；负责所辖闸、泵站冲污的正常运行、管理和维修工作；完成上级交办的其他工作。领导职数：所长1名，副所长2名。

2017年12月，经泰州市姜堰区机构编制委员会泰姜编〔2017〕44号文决定，核减泰州市姜堰区城区河道管理所事业编制4名，核减后的核定事业编制8名。

四、姜堰区水工程管理处

1984年10月，建立泰县水利管理总站，办公地点设在三水闸，为全民事业单位。主要负责收缴工业、农业（养殖业）水费。

2003年6月，经姜堰市机构编制委员会办公室姜编办〔2003〕12号文同意，姜堰市水利管理总站更名为"姜堰市水工程管理处"。更名后单位性质、人员编制、经费渠道等均不变。负责供水工程管理、水价管理、水费征收和镇水利站建设管理、水利经济工作管理等。

2011年9月，经姜堰市机构编制委员会姜编〔2011〕57号文同意，姜堰市水工程管理处增挂"姜堰市水利工程质量监督站"牌子，并增加事业编制2名(合计核定编制13名)。

2014年9月，经泰州市姜堰区机构编制委员会办公室泰姜编办〔2014〕89号文批复，姜堰市水工程管理处主要职责为：负责水利工程的管理和维护工作；做好镇水利管理服务站的业务指导工作；负责水费征收工作；负责水利工程的质量、安全监督工作；完成上级交办的其他工作。领导职数：主任1名，副主任2名。

五、姜堰区水利科技推广站

1980年7月，建立泰县水利科研站，为全民事业单位。1982年被江苏省水利厅列为固定群办站，同时被扬州市水利局定为重点县办站。1985年被江苏省水利厅定为长期定点试验站。1994年，更名为"姜堰市水利科技推广站"。

站址位于大伦乡杨桥村，属通南高沙土地区。初建时占地800平方米，经两次扩建，有固定基地2450平方米，建筑面积320平方米，建有试验楼1幢。设办公室、科技资料室、物理试验室、土化试验室，并建有气象观测站。

建站后，按照江苏省水利厅下达的课题，在通南地区，进行水稻需水量和渗漏量测定、水稻高产节水型灌溉模式、水稻灌溉回归水的利用、防渍排水工程布局、小麦渍害指标及水土保持等试验。在里下河区进行鼠道排水试验推广工作。

2000年，姜堰市水利科技推广站搬迁到水利局大楼办公，主要负责水利科技推广工作。其试验基地移交给大伦水利站。

2014年9月，经泰州市姜堰区机构编制委员会办公室泰姜编办〔2014〕87号文批复，姜堰区水利科技推广站主要职责为：负责水利科技的试验、推广和服务工作；完成上级交办的其他工作。领导职数：站长1名。

首任副站长徐礼毅，站长王义龙（未到职）。继任站长张日华、王根宏，现任站长殷新华。

六、姜堰区水政监察大队

1996年6月，经姜堰市机构编制委员会姜编

〔1996〕8号文同意，建立姜堰市水政监察大队，为全民事业单位，相当股级，隶属姜堰市水利局领导，依照法律、法规，对水资源管理、水工程管理、河道管理、水土保持管理和防汛、水文设施管理的违法、违章行为进行监察。核定事业编制8人，其中配股级干部2人，所需经费在水费和水资源费中列支。

1998年12月，经姜堰市机构编制委员会姜编〔1998〕68号文同意，水政监察大队依照国家公务员制度管理。依照管理后，该单位性质、机构规格、编制类型、隶属关系、经费渠道等均不变，但不得执行事业单位的职称、工资、奖金等人事管理制度。

2014年9月，经泰州市姜堰区机构编制委员会办公室泰姜编办〔2014〕86号文批复，姜堰区水政监察大队主要职责如下：依法对水资源管理、水工程管理、河道管理、水土保持管理和防汛、水文设施管理等方面的违法、违章行为进行监管；完成上级交办的其他工作。领导职数：大队长1名，副大队长2名。

2012年4月24日，姜堰市人力资源和社会保障局姜人社发〔2012〕52号文通知，经原省人事厅审批，同意姜堰市水政监察大队参照《中华人民共和国公务员法》管理。

2014年12月，经泰州市姜堰区编制委员会泰姜编〔2014〕20号文批复，姜堰区水政监察大队经费渠道调整为全额拨款。

七、姜堰区水资源办公室

1994年8月，经泰县机构编制委员会泰编〔1994〕34号文同意，建立泰县水资源办公室，为全民事业单位，相当股级，隶属姜堰市水利局领导，负责取水许可证的发放和水资源费的征收等工作。核定事业编制4人，其中领导干部1人；所需人员由县人事局从县节约用水办公室中划拨，不足的另行调配。人员经费在水资源费中列支。

1994年12月，姜堰市结构编制委员会（泰编〔1994〕19号）文决定，姜堰市（原泰县）节约用水办公室更名为"姜堰市区节约用水办公室"，单位性质、隶属关系不变。重新核定事业编制3人，所需人员经费从水资源费中列支。

1998年，隶属于姜堰市建设委员会的姜堰市城区节约用水办公室划归姜堰市水利局，与姜堰市水资源办公室实行一套班子、两块牌子。

2003年9月，经姜堰市机构编制委员会办公室同意，姜堰市区节约用水办公室更名为"姜堰市节约用水办公室"，更名后单位性质、隶属关系、人员编制、经费渠道等均不变。

2014年9月，经泰州市姜堰区机构编制委员会办公室泰姜编办〔2014〕85号文批复，姜堰区水资源办公室主要职责如下：负责全区水资源的管理、开发、利用、配置、节约和保护工作；指导、配合用水单位开展节水技术革新和技术改造，推进节约用水工作；完成上级交办的其他工作。领导职数：主任1名，副主任2名。

2019年5月，经中共泰州市姜堰区委机构编制委员会泰姜编〔2019〕23号文同意，增加姜堰区水资源办公室编制2名（合计核定编制9名）。

八、姜堰市水利物资储运站

泰县水利物资储运站前身是泰县水利局器材股。1973年为满足农田基本建设对建筑材料的需要，筹集资金造木质机帆船头1条（船号扬水103），运输能力316吨。1977年，经扬州地区水利局批复并经省水利厅批准，同意建立水利运输船队，归工程队管理。1979年，建立储运站，水利运输船队属储运站管理。当年增添铁质拖头1条（船头扬水104）和60吨铁驳2条，60吨水泥驳船3条，40吨水泥驳船15条。后逐步淘汰水泥驳船。拖头扬水104，有拖驳12条，全部为60吨铁驳。另有2条双挂浆机船，每年完成运输砂石量在5万吨左右。

1984年7月，成立泰县水利物资储运站。储运站下设黄村、泰州两个仓库。黄村仓库位于黄村闸东侧，原为看管黄村闸工房，经扩建而成，有用地面积 3.68 亩，建筑面积 1113 平方米，1990 年 1 月，将黄村仓库无偿转让给水利机械挖土服务公司使用。泰州仓库位于泰州市南门高桥西，南官河与老通扬运河交汇处，水运方便，有仓库 4 间及办公用房 3 小间，建筑面积 210 平方米，可露天堆放砂石 2000 吨（原为转运砂石材料的堆放场地），1997 年，因区划调整，泰州仓库移交给海陵区水利局。1989 年建姜堰中干河仓库，位于姜堰套闸西侧，姜堰翻水站南端。1988年征用土地 7.79 亩，加上平整中干河废地，共占地 12 亩。1989 年 9 月动工兴建仓库 5 幢，其中一幢仓库为 2 层楼房。楼上为船员和仓库保管员宿舍及办公用房，建筑面积 1800 平方米。沿翻水站南段引河东侧，建浆砌块石码头长 200 米，安装 5 吨和 3 吨吊车各 1 台，投资 50 万元。

1991 年 8 月，经泰县编制委员会批复，同意建立泰县水利车船队。同年，在姜堰套闸上游，中干河与姜堰 3 支河交汊处，与县石油公司联营合办水上加油站，经营柴油、润滑油，有 3 个油罐，储存量 120 吨。1992 年 10 月，新建环宇节能开关厂，产品经省鉴定合格，因销售呆滞，1993 年关闭。1993 年，解散船队，将两条拖头、6 条铁驳售出，另有 6 条铁驳和两条挂浆，由职工承包搞输运。1994 年初，投资 68 万元新购置开平机 1 台套，为生产钢瓶卷板平板加工，当年底投入生产。1996 年，经营陷入困境，人员实行自主经营。2004 年，对水利车船队实施转企改制。

2005 年 4 月，撤销姜堰市水利物资储运站，对编外人员进行清退，编内人员并入姜堰市城区河道管理所。

九、姜堰套闸管理所

1977 年，经扬州地区革委会批准建立姜堰套闸管理所。

1983 年 11 月，创办招待所。至 1991 年先后二次投资扩建招待所经营规模，建筑面积达 2850平方米，建成高中档房间 59 间，普通客床 100 张，各类会议厅和餐厅、配套设施齐全，一次性能接待 250 人的会议。1992 年 12 月经泰县编委批准，同意建立泰县水利招待所，性质为事业单位，核定编制人员 55 人。

1988 年 7 月，建立姜堰翻水站管理所。

姜堰套闸管理所、姜堰翻水站管理所、水利招待所均为隶属姜堰水利局的事业单位。对外三块牌子，对内一套班子，统一领导，分工负责。闸管理所编制 53 人，翻水站 6 人，水利招待所 55 人。

20 世纪 80 年代初，针对水利工程管理单位管理和维护经费严重不足的问题，水利部发出了充分利用水土资源的优势，大力开展综合经营，实行以水养水的通知。姜堰套闸管理所利用闸区绿树成荫、环境优雅的自然景观，创办了水利招待所。1992 年水利招待所投资新办"环球旅游公司"，经营旅游服务，代售飞机、火车票，性质为企业，从业人员 8 人，1993 年该所又成立"环球建筑安装装饰公司"，相继开办套闸浴室和闸区商店。就业人数增加到 84 人，不仅解决了水利队伍人员家属子女就业难的问题，而且经济效益和社会效益不断提升。

20 世纪 90 年代后期，随着市场经济体制的建立和完善，计划经济体制的管理模式和经营机制暴露出来的问题凸现出来，各实体人员混岗作业，经营核算并未完全实行独立核算，收入仍旧实行捆绑式，"铁饭碗""大锅饭"现象仍然存在，经济效益逐年下滑，加之闸费主业收入也出现负增长，事业人员工资福利收入标准大幅提高，全所综合经营陷入低谷，难以维持。尽管该所也曾进行过"用人、用工、分配"三项制度的内部改革，但并未能扭转止亏，截至 2008 年，所有的经营实体已名存实亡。

2005 年 12 月，姜堰市机构编制委员会以姜编〔2005〕31 号文决定，撤销姜堰套闸管理所、姜堰翻水站管理所、姜堰市水利招待所。撤销编制后未改制，人员未分流，身份不确定。

2008 年 6 月，姜堰市水利局党委对闸管所领导班子进行调整。从 8 月起，在闸费征收上，实施"计算机征收、管理船舶过闸费系统"。针对过闸费征收存在"大船小薄"、矛盾纠纷多的现象，采取"走出去、请进来"的方式，学习借鉴泰兴、靖江水利船闸计算机征管过闸费的先进经验，对过闸船舶实施进一步整治，使当年闸费收入与同期相比增长 25%，2011 年闸费收入 1114 万元，2012 年闸费收入 1150 万元。

2009 年 6 月，因姜堰城市建设的需要，姜堰市政府决定对姜堰套闸地段实施拆迁，拆迁范围主要是水利招待所经营场所和闸管所办公用房、配电房、职工宿舍楼及平房，红线范围内土地面积 25504 平方米，建筑面积近 11500 平方米。共拆迁职工房屋 50 多户，面积近 3000 平方米，拆迁闸管所办公用房 1028 平方米，水利招待所用房 7384 平方米，补偿款 1800 万元。另红线外土地 12 亩经市政府协调征用，补偿款 400 万元。该所在完成拆迁的同时，积极开展拆后重建工作，2010 年，投入 10.6 万元增添 80 千瓦变压器 1 台，配电柜 4 组；投入 23.6 万元，完成配电房、公厕、职工食堂新建和安装。在闸区河东新建一幢 868.89 平方米的闸管所办公楼，于 2010 年 9 月开工，2011 年 6 月完工，2011 年 9 月新办公楼正式投入使用。在整个拆迁和拆后重建工作过程中，闸区通航安全运行。闸管所现有土地面积 15020.90 平方米。

2016 年后，由于水运行业发展态势下滑，加之职工工资待遇及各项费用调整上升，闸管所出现收不抵支现象，闸费收入只能勉强缴纳人员"五险一金"费用，职工工资已无力发放。

2019 年 11 月，经姜堰区政府协调，由江苏农水投资开发集团有限公司投资成立了泰州市兴通水利工程管理有限公司，保障姜堰套闸资金账户的正常运行，为该所发展综合经营提供了载体。公司经营范围包括：防洪除涝设施管理，闸站、堤防维修、养护，机电设备维修，绿化工程及养护，河湖保洁服务，物业管理，水利工程运行管理，水利工程、建筑工程、市政工程施工。2019 年，闸管所各类资产出租实施 7 项，水利第三方服务实施 2 项，工程管护实施 1 项，创收 50 多万元。

十、姜堰市白米套闸管理所

1986 年，建立白米套闸管理所，委托白米乡政府代管，其职能是防汛防旱和船舶过闸经营性收费。1991 年 1 月，收归泰县水利局管理，为自收自支事业单位。

1998 年后，由于市场经济的迅速发展，船舶载重量不断扩增，原有河道狭窄淤浅和套闸及桥梁设计能力已不适应通航需求，导致套闸无法运行，加之套闸年久失修，安全隐患不断加大，于 2009 年 1 月 1 日对外宣告停航关闸。

2005 年 12 月，姜堰市机构编制委员会姜编〔2005〕31 号文决定，撤销姜堰市白米套闸管理所。

2009 年 10 月，根据姜堰市政府常务会议要求，对白米套闸管理所实施改制。撤销白米套闸管理所法人单位，原白米套闸管理所的干部一律自行免职，对未达到内退及提前退休条件的人员实行一次性经济补偿及社会化管理。鉴于白米套闸已失去船舶通航功能，所以将套闸改为节制闸。其管理和维护职能移交给白米水利站。

十一、乡（镇）水利站

20 世纪 80 年代前，乡（镇）一般设水利工程员 1 人。1987 年，全县 37 个乡（镇）均建立水利站：蒋垛、仲院、顾高、大伦、运粮、王石、梅垛、张甸、姜堰、蔡官、梁徐、寺巷、野徐、白马、鲍徐、塘湾、大冯、太宇、张沐、白米、大泗、娄庄、洪林、沈高、溱潼、兴泰、俞垛、马庄、叶甸、淤溪、港口、里华、罡扬、苏陈、桥头、官庄水利站。水利站实行定员定编，为县水利局派出机构，股级全民事业单位。

1995 年 11 月，姜堰镇、姜堰乡合并为姜堰镇后，原姜堰乡水利站更名为姜堰镇水利站。

1997年5月，野徐、白马、寺巷、鲍徐、塘湾水利站随区划调整划归泰州市区。

2000年，姜堰市进行乡镇合并，合并后有18个镇水利站：蒋垛、顾高、大伦、张甸、梁徐、姜堰、白米、娄庄、沈高、溱潼、兴泰、俞垛、淤溪、华港、桥头、苏陈、罡扬、大泗水利站。

2008年，罡扬镇、苏陈镇划归海陵区，全市有16个水利站。

2009年，大泗划归高港区，全市有15个水利站：蒋垛、顾高、张甸、白米、沈高、俞垛、娄庄、溱潼、大伦、淤溪、姜堰、梁徐、兴泰、桥头、华港水利站。

2010年8月9日，姜堰市编委下发通知（姜编办〔2010〕4号文），分解下达各镇水利管理站编制，共计69人。

2015年4月1日，姜堰区编委下发《关于泰州市姜堰区姜堰镇经济服务中心等事业单位更名的通知》（泰姜编办〔2015〕62号），"泰州市姜堰区姜堰镇水利管理服务站"更名为"泰州市姜堰区罗塘街道办事处水利管理服务站"。

2017年12月4日，姜堰区编委下发《关于建立泰州市姜堰区三水街道办事处水利管理服务站的批复》（泰姜编〔2017〕35号），建立泰州市姜堰区三水街道办事处水利管理服务站。

2019年10月，区划调整，其中华港镇水利站划归海陵区。姜堰区有镇（街道）水利站14个：罗塘、三水、梁徐、天目山、张甸、娄庄、白米、俞垛、蒋垛、沈高、淤溪、大伦、溱潼、顾高水利站。水利站历任、现任正副站长编年表（1995—2019年）见表18-2-1。

表18-2-1　　　　　　　　水利站历任、现任正副站长编年表（1995-2019年）

乡（镇）名	站长	副站长
仲院（—2000年）		校晓春（主）
运粮（—2000年）		朱素卿（主）
王石（—2000年）	许锦文	
梅垛（—2000年）	凌俊杰	
蔡官镇（—2000年）	赵稳寿	张稳东
寺巷镇（—1997年）1997年5月划归泰州	曹正恒	
野徐（—1997年）1997年5月划归泰州	褚方明	
白马（—1997年）1997年5月划归泰州	朱桂林	
鲍徐镇（—1997年）1997年5月划归泰州	刘文海	
塘湾镇（—1997年）1997年5月划归泰州	孙启道	
大冯（—2000年）	陈余宽	刘达社
		严喜南
太宇（—2000年）	杨太华	
张沐镇（—2000年）	黄龙池	黄龙池
		钱正伟
里华镇（—2000年）	练扣红	
洪林（—2000年）		朱永池（主）

续表 18-2-1

乡（镇）名	站长	副站长
马庄（—2000 年）	王凤志	
叶甸（— 2000 年）		王彪（主）
港口镇（—2000 年）	王春山	陈键（主）
	陈键	
官庄镇（—2000 年）	张存根	顾爱民（主）
	顾爱民	黄凤林
大泗→大泗镇 （—2009 年，区划调整，划归高港）	钱明安	蔡伯金
罡扬→罡杨镇 （—2008 年，区划调整，划归海陵）	吴利太	
苏陈镇 （—2008 年，区划调整，划归海陵）	朱增祥	徐湘根
	陈余宽	刘达社
蒋垛镇	缪稳林 1993-04—2017-12	缪稳林 1992-01—1993-04
	陈华 2017-12—	吴林全 2003-02—2014-11
		刁优优 2014-05—2017-12
		陈华 2014-11—2017-12
顾高镇	申宝网 1992-10—2017-04	钱亚青 2009-02—2017-12
	吴林全 2017-12—	陈华 2014-05—2014-11
	焦力 2019-12	吴林全 2014-11—2017-12
		缪海勇 2012-12—
张甸镇	武圣年 1992-01—2002-04	李志元 1992-10—
	蔡志明 2002-04—2007-07	王宏林 2003-02—2008-05
	周玉根 2012-10—2017-12	王宏林（主） 2008-05—2012-10
	高彩霞 2019-12	陈卫华 2005-03—2009-02
		曹拥军 2014-05—2017-12
		高彩霞（主） 2014-05—2019-11
		王庆云 2017-12—2019-11
白米镇	曹济华 1997-02—2000-10	钱正伟 2001-03—2017-12
	周玉根 2000-10—2012-10	张涛 2019-12—
	宋鑫 2014-11—2017-12	
	朱凯 2017-12—	

续表 18-2-1

乡（镇）名	站长	副站长
沈高镇	张庆林 1992-01—1998-02	丁克喜 1998-02—1999-03
	丁克喜 1999-03—2012-10	黄凤林 2001-03—2014-11
	王晓明 2012-10—2019-11	王庆云 2014-11—2017-12
	陈勇 2019-11—	刘小林 2017-12—
俞垛镇	管正才 1994-05—2000-10	耿国栋 1998-02—2000-10
	耿国栋 2000-10—2010-07	管正才 2003-02—2012-10
	管正才 2012-10—2015-10	王爱华（主） 2014-05—2016-11
	陈月林 2019-12	燕岭飞（主） 2016-11—
娄庄→娄庄镇 （—2000—）	黄忠宝 1996-03—2012-10	黄忠宝 1992-10—1996-03
	黄文海 2012-10—	黄文海 2009-02—2012-10
		李国来 2001-03—2015-06
		洪松 2003-02—2012-10
		陈勇 2014-05—2017-12
		蒋存明 2017-12—2019-11
溱潼→溱潼镇 （—2000—）	徐宝余 1992-01—2004-02	徐开义 2003-02—2004-02
	徐开义 2004-02—2017-12	刘爱国 2014-05—2017-12
	刘爱国 2017-12—2019-11 刘晓峰（牵头） 2019-12	叶宏 2017-12—
大伦→大伦镇 （—2000—）	赵吉美 1997-02—2012-10	游善法 2004-02—2012-10
	许锦文 2012-10—2019-11	蒋存明 2014-05—2017-11
	蒋存明 2019-12	廖治清 2017-12—2019-03 彭开文 2019-12—
淤溪→淤溪镇 （—2000—）	陈俊宏 1997-02—2012-10	陈俊宏 1995-01—1997-02
	魏晓明 2012-10—	陈月林 2014-05—2019-11

续表 18-2-1

乡（镇）名	站长	副站长
姜堰乡→姜堰镇→ 罗塘街道办事处→罗塘街道 （—1995—2015—）	刘国栋 1993-12—1998-02	钱国辉 2005-02—2014-05
	张日华 1998-02—2002-07	张小虎 2014-05—2017-12
	江雪峰 2003-02—2011-03	王爱明 2017-12—
	钱国辉 2014-05—2017-12	钱亚青 2017-12—
	顾爱民 2017-12—2019-11	
	张亮 2019-12—	
三水街道办事处→三水街道 （2017—2019）	徐林 2017-12—	曹庆峰 2019-12—
梁徐→梁徐镇→梁徐街道 （—2000—）	蒋春茂 1992-10—1998-02	周同乔 1993-06—1998-01
	周同乔 1998-02—2012-10	许锦文 2001-03—2012-10
	黄忠宝 2012-10—	陈小章 2014-05—
	曹拥军 2019-12—	
天目山街道（2019—）	黄凤林 2019-12—	刘小林 2019-12—
兴泰→兴泰镇 （—2000—2019，区划调整被合并）	张广学 1997-02—2011-7	王庆云 2003-02—2014-11
	陈俊宏 2012-10—2014-11	
	黄凤林 2014-11—2019-11	
桥头→桥头镇 （—2000—2019，区划调整被合并）	王晓明 1997-02—2012-10	王晓明 1993-12—1997-02
	丁克喜 2012-10—2017-12	王爱明 2014-05—2017-12
	陈勇 2017-12—2019-11	曹庆峰 2017-12—
华港镇 （2000—2019 年，区划调整，划归海陵区）	练扣红 2003-03—2014-09	陈卫华（主） 2014-05—2016-09
	王爱华 2016-11—2019-11	陈健 2001-03—2017-12
		顾往年 2003-03—2016-01
		王梅芳 2017-12—2019-11

▶ 第十九章　党群社团

　　1991 年 12 月 19 日，中共泰县县委以泰委组〔1991〕246 号文，同意撤销中共泰县水利局党总支委员会，建立中共泰县水利局委员会。此后，相继建立中共泰县水利局纪律检查委员会和水利局工会、共青团水利局总支部委员会、水利局妇女联合会等组织。

第一节　党组织

一、中共泰州市姜堰区水利局委员会（党组）

1991 年 12 月 19 日，泰县县委以泰委组〔1991〕246 号文，同意撤销中共泰县水利局党总支委员会，建立泰县水利局委员会。

1992 年 1 月 28 日，中共泰县县委以泰委组〔1992〕55 号文，同意中共泰县水利局第一届委员会第一次全体会议选举结果：储新泉任书记。

历任书记：储新泉（1991-01—1996-06）、周昌云（1996-07—2008-03）、陈永吉（2008-03—2017-03）、俞扬祖（2017-03—2018-03）、许健（2018-03—2019-02）。

历任副书记：徐厚金（1992-11—1995-03）、张景夏（1994-07—1999-07）、陈永吉（1999-10—2008-02）、游滨滨（2017-12—2019-02）。

2019 年 1 月，中共姜堰区水利局党委下辖 7 个支部，分别是中共泰州市姜堰区水利局机关支部委员会、中共泰州市姜堰区水工程管理处支部委员会、中共泰州市姜堰区河道管理所支部委员会、中共泰州市姜堰区水政监察大队支部委员会、中共泰州市姜堰区姜堰套闸管理所支部委员会、中共江苏三水建设工程有限公司支部委员会、中共泰州市姜堰区水利局老干部支部委员会。

2019 年 2 月，根据泰姜委〔2019〕14 号文，撤销中共泰州市姜堰区水利局委员会，建立中共泰州市姜堰区水利局党组，许健任党组书记，游滨滨任党组副书记，纪马龙、王根宏、沈军民、李兵、于健任党组成员。

二、中共泰州市姜堰区水利局纪律检查委员会

1992 年 1 月 28 日，中共泰县县委以泰委组〔1992〕55 号文，同意中共泰县水利局纪律检查委员会第一次全体会议选举结果：万友仁任书记。

历任书记：万友仁（1992-01—1992-011）、徐厚金（1992-11—1995-03）、张景夏（1996-03—1999-07）、马城（1999-07—2012-02）、黄莉（2012-02—2016-07）。

三、中共泰州市姜堰区水利局机关委员会

2019 年 3 月 29 日，泰姜机委〔2019〕45 号文，同意成立中共泰州市姜堰区水利局机关委员会，下设 7 个支部。

2019 年 4 月 17 日，泰姜机委〔2019〕65 号文，同意中共泰州市姜堰区水利局机关委员会委员由于健、田启龙、许庆、沙庆、张亮、陆晓斌、游滨滨 7 人组成，游滨滨任书记，田启龙任副书记。

四、中共泰州市姜堰区水利局机关纪律检查委员会

2019 年 4 月 17 日，泰姜机委〔2019〕65 号文，同意中共泰州市姜堰区水利局机关纪律检查委员会委员由田启龙、洪松、蒋满珍 3 人组成，田启龙任书记。

第二节　群团组织

一、工会

1988 年 9 月 3 日，泰工组〔1988〕38 号文，同意建立泰县水利局工会委员会。历经 4 届。历任工会主席（主任）王义龙、唐学道、黄莉、王丽芳。至 2019 年 12 月 31 日有会员 118 人，女职工会员 30 人，兼职工会干部人数 11 人。

2002 年 4 月 2 日，水利局工会主任王义龙，因到龄内退。经向市总工会申请报批，由唐学道接任水利局工会主任。

2013 年 12 月 14 日，姜堰区总工会《关于

姜堰区水利局工会第三届委员会选举结果的批复》（泰姜工组〔2013〕26号），姜堰区水利局工会委员会由黄莉、田启龙、周同乔3人组成，黄莉任主席；工会经费审查委员会由黄宏斌、洪松、华丽3人组成，黄宏斌任主任；工会女职工委员会由王丽芳、柳存兰、李华3人组成，王丽芳任主任。

2017年9月2日，姜堰区总工会《关于姜堰区水利局工会第四届委员会换届选举结果的批复》（泰姜工组〔2017〕25号），王丽芳任工会主席，黄明华、廖治清为工会副主席。新一届工会加强工会会员的会籍管理，新、老会员名单登记造册，会员证及时更换发放；工会财务经审工作按要求，规范编制年度工会经费预算，收好、管好、用好工会经费；建立水利工会E家群，全体会员在群，随时了解工会工作动态。

姜堰区水利局工会在局党委领导下，注重视系统职工文化建设，根据系统特点开展活动。先后组织开展"节日送温暖活动"、职工读书月、职工书画展、"健康卫生知识"讲座和健康咨询、"巾帼风采·美丽飞扬"女职工户外拓展训练等一系列活动；参加以"中国梦·劳动美·巾帼情""科学生活、创新圆梦""中国梦·劳动美——我的安全家园""我为节能减排献一计"等为主题的征文评选，投稿30多篇；在"五一巾帼标兵""五一巾帼标兵岗"评选活动中，华丽、施威、凌虹等人获评市、区先进人物，供水科连续三年获评区"五一巾帼标兵岗"先进科室。

2015—2017年，组织30人次参加姜堰区总工会"重读经典，传承文明"第二期、第三期、第四期寻找朗读者系列读书活动，搭建"水韵三水"水文化平台，在全系统上下营造文化水利的浓烈氛围。

2017年10月16日下午，姜堰区总工会与区水利局联合举办"悦读圆梦·书香水利"第四期寻找职工朗读者活动。来自全区各基层工会的60名职工代表参加。在活动现场评选出优秀朗读奖10名、朗读提名奖10名，姜堰区水利局10名职工朗读爱好者参加，5人获得优秀朗读奖。

二、共青团

1988年3月，共青团泰县委员会以团泰发〔1988〕13号文，同意建立共青团泰县水利局总支部委员会。第一届团总支部委员会由徐立康、刁进、陈永吉、陆晓斌、殷宝红5人组成，徐立康任书记，刁进任副书记。

1992年10月，共青团泰县委员会以团泰发〔1992〕13号文批复同意共青团泰县水利局第二次代表大会选举结果，第二届团总支部委员会由陈永吉、李皓、田启龙、郭斌、曹福全5人组成，陈永吉任书记，李皓任副书记。

2002年6月，共青团姜堰市水利局第二次团员大会召开，选举产生新一届共青团姜堰市水利局总支委员会。曹亮、王振华、吉亚琴、沙庆、黄前军当选为新一届团总支成员，曹亮被选举为书记。共青团姜堰市委员会（团姜发〔2002〕21号）、中共姜堰市水利局委员会（姜水委〔2002〕28号）批复同意大会选举结果。

2009年6月4日，共青团姜堰市委员会以团姜发〔2009〕12号批复同意施威任共青团姜堰市水利局总支部委员会副书记。

2015年5月18日，泰州市团委以团泰委〔2015〕23号文表彰姜堰区水利局团支部为2014年度"泰州市五四红旗团"。

2015年5月18日，泰州市团委发布《关于2014年度"泰州市五四红旗团委""泰州市五四红旗团支部""泰州市优秀共青团员""泰州市优秀共青团干部"的决定》（〔2015〕23号），姜堰区水利局团支部获2014年度"泰州市五四红旗团"称号。

2017年9月18日，姜堰区团委下发《关于同意共青团第四次团员大会选举结果的批复》（团泰姜发〔2017〕54号），徐林任泰州市姜堰区水利局总支书记，钱影、焦力任副书记。

三、妇联

2017年8月16日，姜堰区妇联《关于同意成立姜堰区水利局妇女联合会的批复》（泰姜妇〔2017〕24号），同意成立姜堰区水利局妇女联合会。

2017年9月22日，中共姜堰区水利局党委下发《关于同意姜堰区水利局妇女联合会第一届大会选举结果的批复》（泰姜水委〔2017〕21号），柳存兰任姜堰区水利局妇女联合会主席，宋桂明、金小燕任副主席。

2017年10月20日，姜堰区妇联、姜堰区水利局联合在许陆社区开展"她服务 微爱行"节水惠民志愿服务进家庭活动，依托巾帼志愿队伍宣传节水进社区入家庭，动员广大家庭妇女在生活、生产过程中树立节能减排意识，在全社会营造良好的节水氛围。

2017年12月12日，为深入学习宣传贯彻中共十九大精神，姜堰区水利局妇联组织全体女职工以"巾帼心向党·建功新时代"为主题，创新开展心得交流，表演瑜珈、太极、唱歌、健身舞、工间操等活动。

2018年1月26日，姜堰区水利局妇联开展"她服务 水利行"走访关爱空巢、孤寡老人志愿服务活动。

2018年12月11日下午，姜堰区水利局妇联组织全体女职工到溱潼镇实验小学开展"冷冬暖童心"结对帮扶留守儿童志愿服务活动。

2018年6月4日，姜堰区水利局妇联组织局机关"妈妈们"到张甸镇三彭村开展了"庆六一、送关爱"慰问活动。

2019年3月8日，姜堰区妇联组织开展"巧女共绘'堰'阳天"女性创新创意作品征集活动，姜堰区水利局妇联主席柳存兰作品《红唇》获得二等奖。

四、姜堰水利学会

姜堰市水利学会是经市民政局批准成立的社会团体组织，由姜堰水利系统科技人员组成，学会举办水利工程专业技术培训，开展学术、技术交流，对重大科技、工程项目进行科学研究，开展水利科技咨询，为社会提供服务。

1996年，扬州市、泰州市分治后，水利学会较少开展活动。

20世纪80年代，扬州市水利局成立了"扬州市水利会计学会"，所辖的各县（市）水利局设分会。扬州市水利会计学会定期组织全市水利系统会计进行按类别的会计培训、业务辅导、学术交流，组织和抽调会计人员参加全市水利行业的会计业务检查、审计，定期出版《扬州水利科技》财会专辑，各县（市）分会参加学会正常活动，按期缴纳团体会费。姜堰市水利系统取得会计专业技术职称人员均属扬州市会计学会会员，姜堰市水利局财计股长为扬州市水利会计学会理事。

姜堰水利会计学会分会有7名助理会计师被吸收为姜堰市会计学会会员，1名局财务负责人（会计师）任姜堰市财政学会理事、姜堰市财政监督员、江苏省内部审计协会会员。

1996年泰州地级市成立，泰州市水利局未成立会计学会。

第二十章　治水人物

20

　　姜堰是一座因治水而得名的城市。千百年来，特别是中华人民共和国成立后，姜堰人民在与旱涝等自然灾害的斗争中，不畏艰险，顽强拼搏，谱写了一曲曲英雄壮歌！

　　从 20 世纪 50 年代到 80 年代初，姜堰先后投入民力 45 万人次，参加境外防洪、归海、引江、航运等国家大型水利工程，他们背井离乡，为水利事业贡献青春年华。20 世纪 70 年代，在大规模的水利工程建设中，男女老少齐上阵，为水利事业做出贡献。在历次抗灾斗争中，产生许多动人故事，涌现出许多英雄人物。他们的事迹激励着一代代水利人！

第一节　历史人物

姜仁惠、姜谔父子

姜仁惠墓志载，姜字公济（984—1056），泰州海陵人。靠经商20年，积蓄了数十万家财，成为一方豪富。置田产若干，在州治东天目山附近。皇佑初年（1049）皇帝发出"入资赐爵"的诏书，他首先"出其私，以佐官用，授本州司马"，花钱买了个地方武官。他生前做了很多有益于地方的好事："有建佛殿一十座，廊庑数百楹，印置佛书两大藏，一置润州金山龙游寺，一置本州新开禅院；北宋明道年间（1032—1033），泰州发生严重灾荒加瘟疫，他开仓赈灾，为数百个死者买棺安葬，冬天给灾民送去数千件寒衣；关心地方学子，出钱数百缗，买得全监书，以备览阅；泰州有旱涝灾变，首先到宫庙中率领众人祈祷等。

相传北宋仁宗至徽宗年间，当时姜堰，东有海水、南有江水、北有淮水，常为患。姜仁惠、姜谔父子先后两次出钱出力，率领民众筑堰抗洪，最后迁堰（坝）至罗塘港，近运河口。上坝、下坝大概即这个时候形成的。

姜仁惠、姜谔父子筑坝抗洪塑像

"姜堰"这个水利建设的成功，是我们的祖先艰苦卓绝、与天地奋斗的结果。当年一筑坝，二迁坝址，这样大的工程，姜氏父子出钱出力，百姓们自带工具，自建工棚，但基本是以工代赈。他们出大力、流大汗，夏天不怕烈日当空，冬季不怕天寒地冻，就是这样勒紧裤带，一锹一锹地挖土，一车一车地推泥，终于垒起"姜堰"这块丰碑。

百姓们为了纪念姜仁惠、姜谔父子，不忘他们率领民众筑堰的功绩，将大堤命名为"姜堰"，姜堰因此得名。

第二节　抗灾英烈

一、曹洪喜

曹洪喜，1934年出生，白米镇新庄村人。1946年参加儿童团，1951年加入中国新民主主义青年团，后任白米区远沐乡民兵分队长。1954年7月7日在抗洪救灾中献身。

1954年6月28日起，天公连降特大暴雨，造成了罕见的洪涝灾害。运盐河（老通扬运河）横贯泰县东西，将县境分成上河和下河，由于上游不断来水，水位猛涨，又由于江潮顶托，下泄非常缓慢，通扬运河水位达到有记载以来的最高点4.95米，水越过漫长的公路，全面向下河漫泻。

此时的里下河地区，大部分已变成汪洋泽国。地势较高的村庄，就像一个个岛屿，四面被洪水包围，仅能看到一些稻禾的尖尖在水面上漂动。

1954年7月7日，午夜，夜色如墨，天空中乌云翻滚。

在姜堰市白米镇（原白米区）曹堡乡小东庄涵洞旁，一场堵塞涵洞的战斗打响了。参加抗洪救灾的曹堡乡的干部群众高擎着火把，火光照亮了涵洞，照亮了涌入的江水。在火光中，人们用绳子把堵洞用的草袋吊入水里，一位20来岁的青年小伙子与一位老舵工一起钻到水底，扶着草袋上的木桩（草袋前面尖，后面大，后面扎有木桩便于把握），把草袋的尖端顺着激流推向涵洞，他们接连两次潜到水底把4个大草袋推进涵洞，但因洞口较大、水位高、压力大，涵洞仍未堵好。岸上擎着火把的群众还能看到江水仍在涌向涵洞。于是，年轻人和老舵工第三次潜入水底，熟谙水性的老舵工在水底体力不支游上来了，但年轻人没有上来，仍在水底扶着草袋，试着把脚伸向涵洞口去寻找漏洞。当他的身体接近洞口时，顺势转身，将草袋塞向涵洞。涵洞前的水面突然平静下来，洞被堵住了，岸上的人群发出一阵欢呼声。可是，不见年轻人从水中上来。时间在一秒一秒地过去。在场指挥的区长和乡财委，随即组织水性好的同志下水寻找。终于，年轻人从水中被抢救出来，但因溺水时间过长，他壮烈牺牲了。这位年轻的抗洪英雄名字叫曹洪喜，姜堰市白米区远沐乡优秀的民兵分队长。

英雄的事迹立刻传遍了邻近的乡、区，传到了县城，传到了省城。人们像失去亲人一样悲痛，成群结队冒着大雨来到英雄遗体前表示哀悼。为了纪念曹洪喜，人们把东庄涵洞加宽一倍，并把这个涵洞命名为"曹洪喜涵"。

根据烈士的感人事迹所采写的报道，以《年轻的生命放射出英雄的火花》为题，刊登在1954年7月31日的《新华日报》上。

青年团泰县县委向全县团组织发出通知，号召广大团员青年以曹洪喜为榜样，去夺取抗洪斗争的胜利。

1954年8月7日，青年团江苏省委决定：将曹洪喜同志英勇牺牲的事迹通报全省团的组织，并号召全省团员青年，学习曹洪喜同志积极响应党与政府的号召，在困难的时候挺身而出的英雄行为和自我牺牲的精神。团省委在《关于表扬青年团员曹洪喜同志在防汛排涝斗争中英勇牺牲的精神的通报》中说："他（曹洪喜）这种勇敢的自我牺牲的模范行为，鼓舞了广大人民与洪水进行斗争的坚强意志与必胜信心，他这种崇高的忠心耿耿为人民服务的精神，充分地表现了中国青年为了国家和人民的利益而英勇斗争的优秀品质。曹洪喜同志无愧于伟大毛泽东时代的教养，无愧于中国共产党的优秀子弟——青年团员的光荣称号，他是我们全省青年团员的典范，他的牺牲，使我们感到深切的哀悼。"

团省委写信并通过团县委慰问烈士亲属。信的结尾有这么一段话："曹洪喜同志虽然和我们永别了，但是他的模范行为教育着每个青年团员和广大青年群众为建设我们伟大的社会主义祖国而贡献自己的力量，他将永远活在我们千千万万青年的心中。"

经省人民政府批准，曹洪喜被追认为革命烈士。

（执笔：管松龄）

二、李德宏

李德宏，姜堰市兴泰镇薛何村（现溱潼镇薛何村）人，1959年7月出生于一个农民家庭，

1978 年入伍，1980 年入党，1981 年退伍。在部队服役期间，多次立功受奖，退伍回乡后被选拔担任兴泰乡人武干事、人武部副部长、基干民兵营副营长、党委秘书、宣传委员等职。1991 年 7 月 10 日，在抗洪救灾中牺牲。

1991 年，梅雨从 5 月开始肆虐江苏里下河地区，里下河地区的许多地方一片汪洋。兴泰乡是泰县的"锅底洼"，灾情重。7 月 2 日，李德宏参加兴泰乡党委召开的抗洪抢险紧急会议，散会后，德宏乘上挂浆船，赶往分工的储楼村。一到储楼村他即召开村组干部紧急会，传达县、乡党委部署，研究抗洪救灾的方案。晚上，在有线广播里，他慷慨激昂地向全村干部群众进行临战动员："我们要坚决执行乡党委决定，带领群众搞好抗洪救灾。共产党员、共青团员要做抗洪的尖兵，给群众做出好样子，一定做到'人在堤在'，决不让群众的生命财产遭受损失！"翌日清晨，德宏和村支书储九海查遍了全村 2800 米大堤，发现有 800 米地段急需加固培土，还必须新筑 700 米新堤。群众被动员起来了，全村男女战斗在大堤上三天三夜，饿了，吃碗冷饭或啃个冷馒头；渴了，舀一碗浑浊的水，咕噜喝下去。2800 米的长堤增高了 60 厘米，一条 700 米长的新堤筑成了。

花园垛圩堤，是储楼村的重要大堤，千亩良田和千人生命的安全全靠它护卫。7 月 10 日，该圩堤被洪水撕开一条六七米宽的口子，洪水往稻田里涌泻。德宏望着肆虐的洪水，跳进激流，他要带领人们把决口堵住，但脚未站稳就被大水冲出去好远，他又奋力游过来，抓住木桩拼命用脊背挡，几个青年接着跳下来，终于筑成了一道人墙。岸上的人迅速投泥包，把这个决口堵住了。可是由于水位高、压力大、水情空前，眼看圩子保不住了，他心急如焚。他和村支书储九海马不停蹄地到闸口大船上、到学校，查看灾民。可心越急越走不快，一步三滑，特别是脚丫早烂了，一有枯枝瓦片碰到溃烂处就钻心地疼，还有被玻璃碰划出的一道道血口，沾上脏物更是疼痛难忍。他发现五保老人烧的是潮湿的树枝时，当即与乡里联系了 300 斤煤炭，并亲自从公社所在地小甸址运回。晚上雨止，天上出现了几颗星星，他无心欣赏这充满诗情画意的夏夜，船在波浪中颠簸着前行，他对搭船回村的女青年花秋平、花文芹说了声"坐稳点！"到储楼了，港湾里停了六七十条大船，一条挨着一条，等船停稳后，女青年花秋平打着手电筒跨上了大船，德宏和花文芹也跨上了大船，三人沿着大船外帮，一步一步往前走。当走过了一条大船，再过一条大船时，花文芹忽然感到前面人影一晃，又听"扑通"一声，德宏不见了，"德宏落水了！"呼救声撕心裂肺，大船上的人惊醒了，一个个"扑通扑通"跳下水。不少船上打开了探照灯，移开船位，30 多个壮汉在水中扎猛子寻找，20 分钟过去了，人们还没能找到他。人们没有放弃，终于把他从河里救出来，赤脚医生给他注射强心针，挂浆船火速把他送到溱潼医院抢救，所有的抢救措施都用上了，但终因落水时间过长，抢救无效……

德宏就这样带着对家乡、对亲人的一片眷恋，对抗洪事业的一片赤诚，悄悄地走了。

不几天，《扬州日报》《新华日报》《解放日报》《人民日报》《农民日报》及《扬州文学》《雨花》《瞭望》《东台民兵》相继刊登了英雄的事迹；人民大会堂里江苏省抗洪救灾事迹报告团的成员也深情地报告了李德宏的事迹；江苏省政府、省军区授予他"抗洪救灾模范民兵干部"的称号，追认他为革命烈士。

（执笔：管松龄 蒋跃华）

第三节 当代人物

一、徐礼毅

徐礼毅 (1920—2009)，江苏省泰州市人，大学文化，高级工程师。1949 年 5 月参加革命工作。先后任上海市奉贤县人民政府粮食局科员、农税科征收组长、财政科农税组长。1953年，他响应国家知识分子归队的号召，主动要求弃政从技，发挥自己的专业特长。经批准，由上海市奉贤县调入江苏省农林厅勘察队任技术员。1957 年 1 月调入省农林厅直属单位——扬州农业学校任测量教师兼数理学科主任。1959年 7 月调入扬州水利电力学校任测量教师。1962 年 1 月调至泰县水利局工作。曾任泰县第五届、第六届政协常委，扬州市第一届人大代表，泰县（姜堰市）一至五届政协联谊会董事。1987 年 5 月离休（享受县处级政治生活待遇）。

在扬州农业学校、扬州水利电力学校从事教学期间，他克服缺乏教学大纲和教学器材的重重困难，自编教材，修理旧器材，坚持理论联系实际，通过深入浅出的讲解、手把手的指导，培养了一大批农业、水利科技干部和技术人才，可谓桃李满天下，人们一直都尊称他徐老师。在泰县水利局工作期间，他长期负责里下河的水利规划、排灌设计、工程施工、圩口闸建设等项工作。一年四季，不管是严冬盛夏，还是雨泞路滑，他都坚持步行，主动取消专用小机帮船。他的足迹踏遍了里下河的每段圩堤、每个闸口、每座机房，被同行们誉为"下河通，活地图"。经过他的不懈努力，泰县里下河地区完成了联圩并圩，调整完善了水系，兴建了众多的排灌站、圩口闸，初步建立起防洪屏障。1980 年，他亲手创办泰县水利科研站，后被江苏省水利厅定为省属群办站。在主持水利科研站工作期间，他承担麦田渍害防治试验项目，在里下河地区组织开展了农田一套沟沟深、沟距试验，进行了土暗墒、鼠道排水试验；在通南地区成功研制了"水泥土管"，用于田间暗排降渍。此项成果荣获国家农牧渔业部《南方渍害治理》技改一等奖。

在多年工作中，他为人师表，利用自己的丰富知识和工作经验，言传身教，积极做好年轻同志的传、帮、带工作，成为姜堰水利系统广大干部职工的良师益友和知识分子中的杰出代表。

在任泰县政协常委和扬州市人代表期间，他积极建言献策，提出了许多高质量的提案和议案，得到了当地政府的高度重视和采纳，为地方经济和社会发展做出了很大的贡献。

1987 年离休后，他离而不休，积极发挥余热。他受泰县国土局的邀请，义务帮助该局培训地籍干部的测量工作；受邀参加了《泰县志》的编纂工作，完成了泰县里下河的田间工程和复旱工程的编写材料，绘制了泰县行政体制图。1997 年，由他主编完成了《姜堰水利志》，该志以翔实的资料、朴实的文字，真实地记述了姜堰近代水利发展史，为后人留下了珍贵的历史资料和一笔宝贵的精神财富。

（执笔：徐立康 张日华）

二、张广学

张广学（1954—2011）是兴泰镇水利站站长。兴泰镇地处里下河水乡，地势低注。1991 年，张广学从薛何村农水技术员调任镇水利站站长的 3 年后，曾遇到过一次特大洪灾，当时暴雨连涨，冲毁了 10 多座圩口闸，全镇 8 个村大面积农田、房屋被淹，百姓饱受洪灾之苦。大水几乎破坏了镇上全部的防水基础设施，水利站的工作重点除了每年的防汛排涝，其余时间都在强化基础设施的建设。每年 6—9 月 4 个月，是防汛最紧张的时候，张广学同志每天都要登上雨靴将圩堤巡视一遍，及时排查隐患。不管白天黑夜，只要一下雨，张广学同志就会丢下一切，穿上他的雨靴出去巡查，拦都拦不住，他说："共产党对我信任，我就要对共产党负责。"张广学每年在圩堤上走的路近 4000 千米。最初，他靠双腿步行，数不清穿坏了多少双雨靴了。后来换上了自行车，骑坏了三辆，2010 年底才换上了电动车。在他的执着努力下，兴泰镇的防汛排涝工作成效显著，全镇 22 个圩口无一破圩。从 1991 年始到 2011 年，兴泰水利站组织改建圩闸 16 座，新建圩闸 65 座，改建农村危桥 24 座，新建排涝泵站 34 座，新建公路 45 千米、公路桥 36 座，惠及全镇 6 个村庄 3.2 万亩农田。尽管张广学同志的一生没有什么豪言壮语，也没有什么惊天壮举，就凭以上这一组组数据，和以上这些平凡事迹，足以说明这位水利站站长是用生命铸造治水安澜的水利绝唱……

2011 年 7 月 4 日，早晨 5:00，张广学就骑上电动车到各村检查排涝泵的试水情况；中午 12:00，赶 5 千米的路回家吃饭；下午 1:00，他骑上车，又继续到三里泽、孙楼村检查圩堤维修情况；下午 3:00，在孙楼村与施工队研究如何结合农开路建设提高防汛排涝标准；下午 4:30，来到镇党委书记办公室，汇报当前各村防汛准备情况，并提出对防汛排涝工作的新构想；下午 6:00，他将在排涝站施工的几位工人请到家里吃了顿饭，交代排涝站施工的技术要求，反复叮嘱一定要保证工程质量；晚上 8:00，奔波忙碌了一天的张广学倚在床上，正在收看天气预报的他心脏病突发倒在了地上，再也没能醒来。这就是张广学同志生命的最后一天，也是他作为一个水利人 20 多年忘我工作、恪尽职守的真实缩影。

姜堰市总工会、姜堰市水利局纷纷发文，要求在全市范围内开展向张广学同志学习活动。学习他爱岗敬业、争创一流的事业精神；学习他求真务实、精益求精的工作态度；学习他为民造福、甘于奉献的优秀品质。

"他长期工作在基层水利服务岗位上，服务基层发展，服务农民群众，无怨无悔，奉献一生，事迹很感人，赢得了基层干部群众的充分信任和爱戴，树立了一个基层水利干部的良好形象。"这是江苏省水利厅厅长吕振霖同志对张广学同志的高度评价，并要求积极宣传张广学同志的优秀事迹，认真学习张广学同志热爱水利事业、忠于岗位职守、奉献人民群众的事业精神和优秀品质。

（根据江苏水利杂志记者的采访记录整理，执笔：张日华）

▶ 附　录

附录一 重要文件辑存

（本区出台的水利政策文件、条例、办法等）

姜堰市水利工程管理办法

（姜政规〔2012〕1号）

第一章 总 则

第一条 为了加强水利工程的管理和保护，保证水利工程完好和安全运行，充分发挥水利工程的功能和效益，保障人民生命财产安全，根据《中华人民共和国水法》、《中华人民共和国防洪法》、《中华人民共和国河道管理条例》、《江苏省水利工程管理条例》、《江苏省河道管理实施办法》和《泰州市水利工程管理办法》的相关规定，结合本市实际，制定本办法。

第二条 本市行政区域内水利工程的管理和保护适用本办法。

本办法所称水利工程，是指在河道、湖泊和地下水源上开发、利用、控制、调配和保护水资源的各类工程，包括河道、湖泊、堤防、涵闸、泵站、灌区、沟渠等工程及其附属设施。

第三条 市水利局是本市水利工程管理和保护的行政主管机关。其主要职责是：负责本市水利工程的管理、维修和养护；组织编制全市水利总体规划，制定河道整治和水利工程建设计划并组织实施；编制水利工程综合开发利用规划；建立健全水政监察网络，制止破坏水利工程的行为；负责水利工程有关规费的收取、使用和管理；审查在水利工程管理范围内各类建设项目及从事相关活动的方案；执行市政府和上级水利部门的决定、命令以及交办的其他事项。

各镇水利站具体负责本镇水利工程的建设、管理和保护工作。

第四条 市水利局应当遵循统筹兼顾、科学利用、保护优先、协调发展的原则，加强对水域资源保护，规范水域开发、利用活动，防止现有水域面积减少，提高河道、湖泊行水蓄水能力，防止水体污染，改善水生态环境。

第五条 各镇政府应当按照国家规定及时安排专项资金，对公益性水利工程进行维修、养护、加固或者更新。采取政策、资金等措施，加强小型农田水利工程的管理和保护，确保工程设施完好，保障农田灌溉和防洪排涝的需要。

第六条 任何单位和个人都有保护水利工程的义务，有权对破坏水利工程的行为进行制止和举报。水利工程经营者、管理者应当接受市水利局的监督和指导，对水利工程的公共安全负责。

第二章 工程保护

第七条 为了确保水利工程安全和防汛抢险的需要，本市水利工程的管理范围确定如下：

（一）河道、湖泊的管理范围：

1.有堤防的河道：

两岸堤防之间的水域、滩地、青坎（含林带）、迎水坡、两岸堤防及护堤地（背水坡堤脚线外不少于10米）。

2.无堤防的河道：

（1）市级河道管理范围为河道及两侧河口线外10米。

（2）镇级河道管理范围为河道及两侧河口线外5米。

（3）村庄河道管理范围为河道及两侧河口线外3米。

（4）里下河湖泊管理范围按省水利厅勘定的界线确定。

（5）城区河道以规划部门确定的河道蓝线为准。

（二）涵、闸、站的管理范围：

1.姜堰套闸：上游至老通扬运河，下游至新通扬运河，闸区以建闸时确定的界址为准。

2.姜堰翻水站：上、下游均至中干河，站区以建站时确定的界址为准。

3.白米套闸：上、下游河道各300米，闸区以建闸时确定的界址为准。

4. 黄村闸：上、下游河道各 50 米，闸区以建闸时确定的界址为准。

5. 城区老通扬运河沿线闸（站）：上游至老通扬运河，下游至闸（站）30 米，两岸河口线外各 3 米，闸（站）区以建闸（站）时确定的界址为准。

城区调水闸（站）：上、下游河道各 50 米，闸（站）区以建闸（站）时确定的界址为准。

6. 原通扬公路沿线的所有涵洞：上、下游河道各 50 米，两岸河口线外各 5 米，洞身中心线外各 20 米。

7. 圩口闸和其他小型闸：上、下游各 20 米，闸室中心线外各 15 米。

8. 各类固定抽水站的进、出水池以外 5 至 10 米，建筑物厝边外 5 至 10 米。

（三）水利工程按规划蓝线确定的范围为水利工程的管理范围。

（四）集体所有的其他小型水利工程保护范围由各镇根据具体情况作出规定。未划分明确的水利工程管理范围由市水利局会同有关部门根据实际情况划定，报市政府批准。

第八条 市水利局应当对水利工程管理和保护范围设立统一标志，明确管理和保护要求。

禁止破坏和擅自移动水利工程管理和保护标志。

第九条 对已征收或者划拨的水利工程管理范围内的土地，依法办理确权发证手续。对因历史遗留未征收的水利工程管理范围内的土地，应按照有关规定补办手续、划界确权。

水利工程管理范围内属于国家所有的土地，由水利工程管理单位进行管理和使用，其中，已经市政府批准由其他单位或个人使用的，可继续由原单位或个人使用，属集体所有的土地，其所有权和使用权不变。但以上所有从事生产经营的单位和个人，都必须服从水利工程管理单位的安全监督，不得进行损害水利工程和设施的任何活动，并按规定缴纳河道堤防占用补偿费，用于水利工程的管理、维修和养护。

第十条 为了保护水利工程设施的安全，发挥工程应有的效益，所有单位和个人必须遵守以下规定：

（一）禁止损坏涵闸、抽水站等各类建筑物及机电设备和水文、通信、供电、观测等设施。

（二）禁止在堤、坝、渠道上的控制区域内扒口、取土、打井、挖坑、埋葬、建窑、垦种、放牧和毁坏工程性护坡、防洪埔及林木、草皮等行为。

（三）禁止在河道、湖泊等水域非法采砂及在水利工程管理范围内挖筑鱼塘及炸鱼、毒鱼、电鱼等。

（四）禁止在行洪、排涝、送水的主要河道和通道内设置影响行水的建筑物、障碍物、鱼置、鱼簖或种植高秆植物。

（五）禁止向河道、湖泊、渠道等水域和滩地倾倒垃圾、废渣、煤灰、工程渣土、农药及农作物秸秆，排放油类、酸碱液、剧毒废液以及《环境保护法》、《水污染防治法》禁止排放的其他有毒有害的污水和废弃物。

（六）禁止擅自在水利工程管理范围内盖房、圈围墙、堆放物料、取土、埋设管道、电缆或兴建其他建筑物。在水利工程附近进行生产、建设的爆破活动，不得危害水利工程的安全。

（七）禁止擅自在河道滩地、行洪区、湖泊内圈圩、打坝和缩口兴建建筑物。

（八）禁止在堤顶、闸站交通桥行驶履带式机械、硬轮车或者超重车辆。

（九）禁止任意平毁和擅自拆除、变卖、转让、出租农田水利工程和设施。

（十）在湖泊保护范围内已取得合法批准手续圈圩从事水产养殖的，不得在现有基础上加高、加宽圩堤，不得转作他用。

第三章 工程管理与建设

第十一条 水利工程实行统一管理与分级管理相结合，专业管理与群众管理相结合的原则。

（一）市级河道及新、老通扬运河之间的所

有流域控制性涵、闸、站及城区河道属市级水利工程，由市水利局负责管理；镇级河道、跨村的水利工程，由镇水利站负责管理；受益和影响范围在一个村的村庄河塘、水利工程由村民委员会负责日常管理。

市水利局管理的水利工程也可按照工程管理的统一标准和要求，指定镇水利站管理。

（二）场圃、工厂及其他企事业单位兴建的水利工程，必须按防汛、排涝和工程管理要求，由建设单位负责管理、维修和养护。

第十二条　在镇界两侧各1公里的范围内，跨镇河道和镇界河对有引、排水影响的河段，未经各方达成协议或市水利局批准，任何一方不得修建排水、引水、阻水和蓄水的工程以及河道整治工程（交通部门进行正常的航道养护除外）。

第十三条　利用堤坝做公路的，路面（含路面两侧各50厘米的路肩）由建设单位负责管理、维修和养护，并按照公路等级设置交通标志、标线；涵闸上的公路桥由交通行政主管部门或建设单位负责维修养护，大修由水利局和养护单位共同负责。

因建设、养护公路影响水利设施正常使用时，公路建设单位应当事先征得市水利局的同意。因公路建设对水利设施造成损坏的，公路建设单位应当按照不低于该设施原有的技术标准予以修复，或者给予相应的经济补偿。所有与堤坝衔接的其他道路，不得削坡做路。

第十四条　在流域性主要河道中，以行洪、排涝为主的河道堤岸护坡工程由市水利局负责维修养护；以通航为主的河道，堤岸护坡工程由市交通局负责维修养护；既是行洪、排涝、送水的河道，又是通航的河道，堤岸护坡工程由市水利、交通部门共同负责。

第十五条　兼有交通、航运功能的河道、涵闸等水利工程，因交通、航运需要改、扩建的，应当符合防洪安全要求，并事先与市水利局会商。水行政主管部门进行河道整治等水利工程建设，涉及航道的，应当符合航道技术要求，并事先与市交通局会商。

第十六条　经批准在水利工程管理范围内修建的建筑物及设施，对河道工程、农田排灌系统或其他水利工程造成不利影响的，建设单位必须采取补救措施，造成损失的应当予以赔偿。

第十七条　确需在水利工程管理范围内新建、扩建、改建的各类工程建设项目和从事相关活动，包括开发水利（水电）、防治水害、整治河道的各类工程，跨河、穿河、穿堤、临河的桥梁、码头、道路、渡口、缆线、取水口、排水口等建筑物及设施，厂房、仓库、工业和民用建筑以及其他公共设施，取土、弃置砂石或淤泥、爆破、钻探、挖筑鱼塘、在河道滩地存放物料、开发地下资源及进行考古发掘等，建设单位在按照基本建设程序履行审批手续前，必须先向水利工程管理的主管机关提出申请，并提交下列资料：

（一）建设项目或从事活动所依据的文件。

（二）建设项目或从事活动的可研报告（含图纸）或初步方案，对水利工程造成影响的，须进行修复（或补偿）工程专项设计。

（三）《河道管理范围内建设项目防洪评价报告》审查意见，及按审查意见修改完善的《河道管理范围内建设项目防洪评价报告》。

（四）建设项目或从事活动对水质等可能有影响的，应当附具有关环境影响评价意见。

（五）涉及取、排水的建设项目，应当提交经批准的取水许可申请书、排水（排污）口设置申请书。

（六）影响公共利益或第三者合法水事权益的，应当提交有关协调意见书。

建设项目或从事活动须取得有管理权的水行政主管部门同意后，方可按行政许可批准文件的要求开工。

经批准占用堤防、滩地和水域的单位或个人均必须按照《江苏省河道管理实施办法》的规定，向市水利局缴纳河道堤防工程占用补偿费。

第十八条　市水利局应当对建设项目及从事

活动的施工，以及建设单位履行修复（补偿）协议的情况进行监督检查，发现违反水利工程管理和防洪技术要求以及修复（补偿）协议的，应当提出限期整改意见，建设单位应当及时整改。

建设项目竣工后，建设单位应及时向市水利局申请涉水工程专项验收，验收合格后方可启用。建设单位应当在建设项目竣工后6个月内向市水利局报送有关竣工资料。

第十九条 河道、湖泊、湖荡、滞涝区的开发利用，必须服从防洪滞涝的总体规划，其开发利用项目应当按照水利工程分级管理权限，事先征得水行政主管部门批准后，方可实施。

第二十条 任何单位和个人不得擅自填堵河道沟汊、贮水湖塘洼淀和废除现有防洪圩堤。

第二十一条 市水利局应当在禁止或者限制通行的堤顶道路上，设置限高杆、隔离卡（墩）等管理设施及防洪通道标志，避免车辆对堤防的破坏。

第二十二条 市水利局应当加强对水利工程安全运行的监督管理，定期组织安全检查和工程安全运行情况的鉴定，提出维修、养护等意见，对存在安全隐患的水利工程，应当及时向市政府报告，并采取措施排除隐患。

第四章 防洪与清障

第二十三条 防汛抗洪清障工作实行政府行政首长负责制，各有关部门实行防汛岗位责任制。市防汛防旱指挥部统一指挥全市防汛防旱工作。全市所有水利工程管理单位，必须执行市防汛防旱指挥部的调度命令，任何单位和个人不得擅自变更或阻挠命令的执行。

第二十四条 水利工程因抢险或者防汛抗旱需要进行蓄水、调水时，水利工程经营者、管理者应当服从防汛指挥机构的调度指挥。

因抢险、调水影响航行安全的，防汛指挥机构应当及时通知海事管理机构。海事管理机构接到通知后，应当依据相关规定，迅速采取限航、封航等措施，并予以公告。

第二十五条 城镇规划区域内的防洪排涝工程，必须符合河、湖综合开发利用规划，按照防洪排涝的要求，统一纳入城镇总体规划进行建设和管理。沿河城镇和里下河需设防的镇在编制和审查城镇规划时，应有防洪规划设计，并须事先征求市水利局的意见。

第二十六条 擅自在河道管理范围内修建或设置厂房、围堤、渠道、道路、渔具及其他生产生活设施，种植高秆农作物、芦苇、树木等阻水植物，弃置矿渣、煤灰、泥土、垃圾等废弃物，以及建房、开渠、打井、挖窑、造墓、堆放物料、挖筑鱼塘、非取土等影响防汛抢险和河道工程安全运行的，由市防汛防旱指挥部责令违章者停止违章行为，限期清除，恢复工程原状。逾期不停止、不清除的，由市防汛防旱指挥部依法采取强制措施予以清除，费用由违章者承担。

未按防洪标准设计，严重壅水、阻水的码头、桥梁等建筑物和跨河工程设施，由市水利局根据国家规定的防洪标准提出处理意见，责令原建设、使用单位或个人在规定的期限内按照防洪要求重新改建或拆除。

第二十七条 市水利局应当完善水利工程汛期调度运行方案，落实防汛安全责任制，督促相关建设单位制定在建工程度汛应急预案，加强对各类工程防汛安全的监督管理。

第五章 法律责任

第二十八条 违反本办法规定的，由市水利局根据《中华人民共和国水法》、《中华人民共和国防洪法》、《中华人民共和国河道管理条例》、《江苏省水利工程管理条例》、《江苏省河道管理实施办法》的相关规定给予处罚。

第二十九条 市水利局及其工作人员必须忠于职守，对利用职权、徇私舞弊、玩忽职守致使国家和人民利益遭受损失的，应根据情节轻重，对单位主管人员和有关责任人员给予行政处分，触犯刑法构成犯罪的，依法追究刑事责任。

第六章　　附　则

第三十条　本办法自发布之日起施行。原《姜堰市水利工程管理实施办法》（姜政发〔2002〕128号）同时废止。

区政府办公室关于规范电灌站运营管理的意见

（泰姜政办〔2014〕66号）

各镇人民政府，区有关委办局，区有关单位：

为规范电灌站运营管理，有效化解灌溉矛盾，保证农田灌溉用水，结合我区实际，提出如下意见：

一、指导思想

认真落实科学发展观，坚持问题导向，遵循"区别对待、分类指导，属地管理、分级负责"原则，通过服务引导、产权回收、协商议事、农户自治等举措，进一步规范电灌站运营管理，切实解决群众反映强烈的灌溉用水问题，充分发挥电灌站最大化效益。

二、主要任务

各镇（区）要针对电灌站运营管理的实际状况，综合评估分析改制电灌站运行质态，对运营管理不规范、群众反映强烈的，分类研究制定整顿方案。重点要把握以下内容：

（一）协商修改原改制合同。由于时间跨度较长，原改制合同明确的责权利已明显不能适应新的形势，各地要按照客观公正的原则，组织经营者和受益群众代表双方共同协商，对原有合同进行重新修订完善，规范各自行为。

（二）建立合理规范的水费价格机制。各地要积极引导已改制电灌站经营业主多途径压降人工成本，确保水价维持在群众能接受的合理区间，同时探索建立以用电量为基数的水价形成机制，使双方利益都得到兼顾。

（三）发挥村干部的协调管理作用。将电灌站管理工作列入村干部考核内容，通过奖惩激励机制，促其主动担责，积极作为，及时调处化解灌溉矛盾，确保不影响农业生产。

（四）建立农户用水自治组织。以灌区为单位，组建由农户代表为成员的用水户自治组织，加强对电灌站运营管理的监督，协调用水户与电灌站业主之间的利益和矛盾，协助收取水费，保障电灌站规范有序运营。

（五）组织回购。对群众反映强烈、经营者又不服从管理的电灌站组织回购，回购价统一按原改制转让价加上经营者后续投资部分执行。回购资金来源原则上以镇、村筹集为主。

三、工作要求

（一）加强领导，明确责任。区政府成立规范电灌站运营管理领导小组，由区分管领导担任组长，区水利局主要负责人担任副组长，相关部门负责人、各镇分管负责人、水利站站长为成员，负责做好规范电灌站运营管理工作的组织指挥、督查推进。明确水利部门负责电灌站技术指导服务；各镇村按照属地管理原则，负责处理灌溉矛盾纠纷，对归村集体所有的电灌站，制定管护标准，签订管护协议，落实管护责任。

（二）宣传发动，营造声势。借助区"两台一报"，大力宣传电灌站对保障农业生产，推动农业现代化进程的重要性，充分调动基层党员干部参与电灌站运营管理的积极性和主动性，及时报道规范电灌站运营管理的新典型、好做法，营造管理有序、灌溉正常、村民满意的良好氛围。

（三）强化督查，严格考核。区政府将对各镇（区）规范电灌站运营管理工作实施专项考核。对确定回收的电灌站，各地要迅速组织回购，确保灌溉期不误农事；区水利部门要对各镇（区）电灌站管护责任落实情况，采取明查与暗访相结合的办法，进行全方位跟踪督查，并及时通报，促进工作落实，保证管理实效。

泰州市姜堰区人民政府办公室

2014 年 5 月 23 日

泰州市姜堰区计划用水管理实施办法

（泰姜政办〔2017〕84 号）

第一条 为落实最严格水资源管理制度，强化用水需求和过程管理，控制用水总量，提高用水效率，根据《中华人民共和国水法》、国务院《取水许可和水资源费征收管理条例》、《江苏省水资源管理条例》、《江苏省节约用水条例》、水利部《计划用水管理办法》和《江苏省计划用水管理办法》等有关规定，结合本区实际，制定本办法。

第二条 本办法适用于本区行政区域内用水计划的建议、核定、下达、调整及其监督管理活动。

第三条 区水利局负责全区计划用水制度的制定、实施以及监督管理工作。

第四条 对本区行政区域内纳入取水许可管理的单位和其他使用公共供水年用水量达到泰州市规定标准的用水单位（以下简称"计划用水户"），实行计划用水管理。

第五条 计划用水户取用地表水、地下水的用水计划由区水利局下达，使用公共供水的用水计划由区水利局会同区住建局下达。计划用水户的年度用水计划总量不得超过泰州市下达的本区年度总用水计划。其中，地下水年度用水计划总量不得超过本区地下水年度开采计划。

第六条 计划用水户的用水计划包括年用水计划、水源类型和用水用途等内容。用水计划下达后不得擅自变更。

地表水、地下水计划用水户，其用水计划中水源类型、用水用途应当与取水许可证明确的水源类型、取水用途保持一致。

第七条 计划用水户应当于每年 12 月 15 日前向区水利局提出下一年度的用水计划建议。

区发改委应实施建设项目节水设施"三同时"管理制度，对涉水的新、改、扩建设项目进行节水评估，要求节水设施与主体工程同时设计、同时施工、同时使用，并及时协助区水利局将其纳入当年计划用水管理。新增计划用水户应当于用水前 30 日内提出本年度用水计划建议。

第八条 计划用水户提出用水计划建议时，应当提供用水计划建议表和用水情况总结等说明材料。

用水情况总结等说明材料应当包括计划用水户基本情况、近 3 年的生产经营情况和实际用水量、现状用水水平、所采取的相关节水措施和管理制度，下年度的生产经营情况预测和用水需求。

第九条 区水利局根据本区年度总用水计划、用水定额和计划用水户的用水需求，按照统筹协调、综合平衡、留有余地的原则，核定计划用水户的用水计划。

区水利局在核定计划用水户用水计划时，上级主管部门已经制定用水定额的，按照不低于用水定额的水平核定其年用水计划；未制定用水定额的，可根据该计划用水户近 1~3 年实际用水量的加权平均值并考虑适当的增减系数核定其年用水计划。

第十条 计划用水户有下列情形之一的，区水利局在核定用水计划时优先满足其用水需求：

（一）获得省级以上水效领跑者称号的；

（二）获得省级以上节水型载体称号的；

（三）用水效率达到同行业先进水平的；

（四）利用雨水、再生水等非常规水源水量占其总用水量的 30% 以上的；

（五）积极推广先进节水措施且节水成效显著的。

第十一条 计划用水户有下列情形之一的，区水利局在核用水计划时应当适当核减其用水计划：

（一）用水水平未达到用水定额标准的；

（二）使用国家明令淘汰的用水器具、工艺、产品或者设备的；

（三）具备利用雨水、再生水等非常规水源条件而不利用的；

（四）未按规定进行水平衡测试或者不接受区水利局组织的用水审计的；

（五）用水效率低于国家、省或者地方最低控制标准的；

（六）未按规定按时报送用水统计月报表的。

第十二条　除停止用水及其他正当事由外，计划用水户未在规定期限内提出用水计划建议的，区水利局将书面告知其限期提出；逾期仍未提出的，由区水利局按照规定直接核定其用水计划，并书面通知计划用水户。

第十三条　区水利局于每年 1 月 31 日前下达计划用水户的本年度年用水计划，并抄送泰州市水利局备案；新增计划用水户的用水计划，应当自收到用水计划建议之日起 20 日内下达。逾期不能下达用水计划的，经区水利局批准，可以延长 10 日，并应当将延长期限的理由书面告知计划用水户。

第十四条　计划用水户应当根据区水利局下达的年用水计划自行确定其月用水计划，并于收到用水计划之日起 20 日内报区水利局备案。未及时向区水利局报备的，由区水利局直接确定其月用水计划。

第十五条　计划用水户因建设、生产、经营等需要调整年用水计划的，应当向区水利局提出调整建议，并提交年用水计划增减原因的说明和相关证明材料。计划用水户不调整年用水计划，仅调整月用水计划的，应当按规定及时报区水利局备案。

区水利局应当自收到计划用水户的用水计划调整建议之日起 10 日内予以书面答复。

第十六条　有下列情形之一的，区水利局不予调整计划用水户的年用水计划：

（一）单位内部管网泄漏未及时采取有效措施的；

（二）单位产品用水量、重复利用率等用水指标未达到规定的行业标准的；

（三）未按规定填报用水统计月报表的；

（四）拒缴或者拖欠水资源费、超计划用水加价水资源费（水费）的；

（五）擅自转供水的：绕过结算水表接管取水的，私自改装、毁坏结算水表或者干扰结算水表正常计量的；

（六）有其他严重浪费水行为的。

第十七条　因重大旱情、突发性水污染事件等原因不能满足正常供水的，区水利局将对计划用水户的用水量予以紧急限制，优先保证居民生活用水和其他特殊用水。影响解除后，及时恢复原用水状况。

第十八条　计划用水户应当按照法律法规规定的要求安装和使用合格的用水计量设施。

用水单位、次级用水单位和主要用水设备水计量器具配备率及水计量率应当符合国家、省规定的要求。

第十九条　计划用水户应当加强用水、节水设施的日常维护，建立用水、节水记录台账，定期进行用水合理性分析，及时开展水平衡测试，接受区水利局组织的用水审计，并按照区水利局要求报送用水统计月报表。

第二十条　公共供水企业应当配合区水利局做好计划用水工作：

（一）依法领取取水许可证并接受区水利局的监督管理；

（二）对使用公共供水的计划用水户实施抄表到户；

（三）计划用水户有无法抄表、延时抄表、水表故障等异常现象的，应当及时向区水利局报告；

（四）每月 5 日前向区水利局报送使用公共供水的计划用水户上月的实际用水量；

（五）及时向区水利局提供计划用水户户名变更和新增计划用水户信息。

第二十一条　区水利局应当加强计划用水的指导、协调和监督检查，建立计划用水户用水统计台账，实施用水计划动态管理。

年取用地表水 10 万立方米以上或者取用地下水 5 万立方米以上的计划用水户的用水计量设施应当符合水资源远程监控要求，并与区水利局的水资源管理信息系统联网运行。

第二十二条　计划用水户考核周期内的实际用水量可能超过用水计划时，区水利局应当及时给予警示。

第二十三条　区水利局应当以用水计划为依据，按季对计划用水户进行考核。凡超用水计划的，将依据有关法律法规和文件的规定累进加价征收超计划水资源费或公共供水水费。具体加价收费标准为：超计划 5% 且不超过 10%（含 10%）的部分，每立方米按相对应的水价 1 倍加收；超计划 10% 且不超过 20%（含 20%）的部分，每立方米按相对应的水价 2 倍加收；超计划 20% 且不足 30%（含 30%）的部分，每立方米按相对应的水价 3 倍加收；超计划 30% 以上的部分，每立方米按相对应的水价 5 倍加收。

计划用水户超用水计划 30% 以上的，应当进行水平衡测试和接受区水利局组织的用水审计，查找超用水计划原因，制定节约用水方案和措施，并对存在问题限期进行整改。

第二十四条　计划用水户对超用水计划有异议的，可以自收到区水利局发出的超计划用水通知之日起 10 日内向区水利局申请水量复核。区水利局应当自收到申请之日起 10 日内作出书面答复。

第二十五条　区水利局应当于每年 2 月底前将本行政区域上一年度用水计划管理情况和本年度用水计划核定、备案情况上报泰州市水利局。

第二十六条　对违反本办法规定的，由区水利局及相关职能部门按照《中华人民共和国水法》

《取水许可和水资源费征收管理条例》《江苏省水资源管理条例》和《江苏省节约用水条例》等法律法规进行处罚。

第二十七条　本办法自发布之日起施行。

各镇（街道）人民政府（办事处），区各委办局，区各直属单位：

《泰州市姜堰区计划用水管理实施办法》已经区政府第六次常务会议讨论通过，现印发给你们，希认真贯彻执行。

泰州市姜堰区人民政府办公室
2017 年 10 月 30 日

关于在全区全面推行河长制的实施意见

（泰姜办〔2017〕45 号）

全面推行河长制，是落实绿色发展理念、建设生态文明的内在要求，是解决复杂水问题、维护河湖健康生命的有效举措，是完善水治理体系、保障水安全的制度创新。为进一步加强全区河湖保护与管理，健全河湖保护管理长效机制，根据《中共中央办公厅、国务院办公厅印发〈关于全面推行河长制的意见〉的通知》（厅字〔2016〕42 号）、《省委办公厅、省政府办公厅印发〈关于在全省全面推行河长制的实施意见〉的通知》（苏办发〔2017〕18 号）和泰州市相关文件精神，结合我区实际，现就在全区全面推行河长制提出如下实施意见。

一、总体要求

（一）指导思想。全面落实党的十八大和十八届三中、四中、五中、六中全会精神，深入贯彻习近平总书记系列重要讲话精神，按照省第十三次党代会、市第五次党代会和区第十二次党代会部署要求，认真践行新时期治水方针，以保护水资源、防治水污染、治理水环境、修复水生态为主要任务，在全区全面推行河长制，构建责任明确、协调有序、监管严格、保护有力的河湖保护管理机制，统筹推进河湖功能管理、资源保护和生态环境治理，扎实打赢治水攻坚战，切实维护河湖健康生命，实现永续利用，为实现姜堰更富含金量的崛起振兴奠定坚实基础。

（二）**基本原则。**坚持生态优先、绿色发展。把河湖生态保护放在重中之重的位置，坚持绿色发展，处理好严格保护与合理利用、依法管理与科学治理、河湖资源生态属性与经济属性等关系，促进河湖休养生息。

坚持党政主导、部门联动。建立健全以党政领导负责制为核心的责任体系，明确各级河长职责，调动各方面力量，形成一级抓一级、层层抓落实、相关部门各负其责的工作格局。

坚持因河施策、系统治理。立足不同地域、不同等级、不同功能的河湖实际，统筹通南和里下河水系、城市和农村以及上下游、左右岸等，实行"一河一策"，解决好河湖保护管理中的突出问题。

坚持依法管理、长效管护。推动河湖依法管理，严格河湖水域保护，提高河湖自然岸带和生态岸带保有率，健全完善长效管护机制，提升河湖综合功能。

坚持强化监督、严格考核。建立健全河长制各项制度，严格监督考核和责任追究，拓展公众参与渠道，营造全社会共同关心、支持和参与河湖保护管理的良好氛围。

（三）**目标任务。**通过全面推行河长制，到2020年全区现代河湖保护管理体系基本建立，河湖管理机构、人员、经费全面落实，人为侵害河湖行为得到遏制，日供水万吨以上集中式饮用水水源地水质达标率100%，重点水功能区水质达标率82%，非重点水功能区水质达标率55%，国考断面水质优于Ⅲ类水比例100%，地表水丧失使用功能（劣于Ⅴ类）的水体和建成区城乡黑臭

水体基本消除，河湖资源利用科学有序，河湖水域面积稳中有升，河湖防洪、供水、生态功能明显提升，"河湖连通、功能良好、水质达标、生态多样"的现代河网水系基本建成，群众满意度和获得感明显提高。

二、组织形式

（一）**河长制建立范围。**在本区行政区域内全面推行河长制，实现河道、湖泊等各类水域河长制管理全覆盖。

（二）**总体构架。**建立区、镇（街道）、村（社区）三级河长体系。区、镇（街道）两级设立总河长。跨行政区域的河湖由上一级设立河长，本行政区域河湖相应设置河长。

（三）**河长组织体系。**区级总河长由区委、区政府主要领导担任，副总河长由区委、区政府分管领导担任。镇（街道）总河长由本级党委、政府主要负责同志担任。

全区20条区级以上骨干河道、城区河道及里下河湖泊，分别由区委、区政府领导担任河长（详见附件），河湖所在镇（街道）党政负责同志担任相应河段河长；镇级河道由所在地党政负责同志担任河长；其他河道的河长，由各镇（街道）根据实际情况设定。各级河长因职务发生变动的，接任者自动承担河长职责。

（四）**河长制办公室。**成立由总河长为组长、副总河长为常务副组长、其他河长为副组长、区有关部门主要负责同志为成员的姜堰区全面推行河长制工作领导小组，下设姜堰区全面推行河长制工作领导小组办公室（以下简称区河长制办公室）。区河长制办公室设在区水利局，承担全区河长制工作日常事务。区河长制办公室主任由区水利局主要负责同志担任，副主任由区委组织部、宣传部，区监察局、区发改委、财政局、公安局、环保局、交通局、国土分局、农委、住建局、规划分局、城管局、水利局分管负责同志担任。河长制工作领导小组成员单位各明确1名股级干部

作为联络员。从区水利局、农委、环保局、住建局、交通局、城管局各抽调 1 名工作人员常驻河长制办公室集中办公。各镇（街道）应当根据本地实际，设立本级河长制办公室。

（五）工作职责。各级总河长是本行政区域内推行河长制的第一责任人，负责辖区内河长制的组织领导，协调解决河长制推行过程中的重大问题。

各级河长负责组织领导相应河道、湖泊的管理、保护、治理工作，包括河湖保护管理规划的编制实施、水资源保护、水域岸线管理、水污染防治、水环境治理、水生态修复、河湖综合功能提升等；牵头组织开展专项检查和集中治理，对非法侵占河湖水域岸线和航道、围垦河湖、破坏河湖及航道工程设施、违法取水排污、违法捕捞及电毒炸鱼等突出问题依法进行清理整治；协调解决河道保护管理中的重大问题，统筹协调城市和农村、上下游、左右岸的综合治理，明晰跨行政区域和河湖保护管理责任，实行联防联控；对本级相关部门和下级河长履职情况进行督促检查和考核问责，推动各项工作落实。

河长制办公室负责组织制定河长制管理制度；承担河长制日常工作，交办、督办河长确定的事项；分解下达年度工作任务，组织对下一级行政区域河长制工作进行检查、考核和评价；全面掌握辖区河湖管理状况，负责河长制信息平台建设；开展河湖保护宣传。

各级河长、河长制办公室不代替各职能部门工作，各相关部门按照职责分工做好本职工作，并推进落实河长交办事项。

三、主要任务

（一）**严格水资源管理**。落实最严格的水资源管理制度，严守用水总量控制、用水效率控制、水功能区限制纳污"三条红线"，严格考核评估和监督。坚持以水定需、量水而行、因水制宜，根据当地水资源条件和防洪要求，科学编制国民经济社会发展规划和城市总体规划，合理确定重大建设项目布局。实行水资源消耗总量和强度双控行动，健全万元地区生产总值水耗指标、农业灌溉水利用系数等用水效率评估体系，层层分解落实任务。严格水功能区管理监督，根据水功能区确定的水域纳污容量和限制排污总量，落实污染物达标排放要求，切实监管入河入湖排污口，严格控制入河入湖排污总量。

（二）**加强河湖资源保护**。依法制定河湖保护管理规划，科学划定河湖功能区划，加强河湖资源用途管制，合理确定河湖资源开发利用布局，严格控制开发强度，着力提高开发水平。加强河湖岸线利用管控，强化岸线保护和集约节约利用。加强水域资源保护，严格执行《江苏省建设项目占用水域管理办法》、《里下河湖泊开发保护利用规划》，实行水域占用补偿、等效替代。落实湖泊渔业养殖规划，开展湖泊渔业综合治理，合理控制湖泊围网养殖面积。加大水生生物资源多样性保护和修复力度，保护挖掘河湖文化和景观资源，实现人与自然和谐发展。

（三）**推动河湖水污染防治**。落实《江苏省水污染防治工作方案》、《泰州市水环境保护条例》，明确河湖水污染防治目标任务，强化源头控制，坚持水陆兼治，统筹水上、岸上污染治理，加强排污口监测与管理。实施新通扬运河、卤汀河、泰东河清水通道等重点区域污染企业关停并转迁。开展城乡生活垃圾分类收集，推进城镇雨污分流管网、污水处理设施建设和提标改造，提高村庄生活污水处理设施覆盖率，加强水系沟通，实施清淤疏浚，构建健康水循环体系。强化农业面源污染控制，优化养殖业布局，推进规模化畜禽养殖场粪便综合利用和污染治理。深入推进港口码头和船舶污染防治，加强船舶污染应急能力建设。

（四）**开展水环境综合治理**。强化水环境质量目标管理，按照水功能区确定各类水体的水质保护目标，全面开展水环境治理。深入推进饮用水水源地达标建设和规范化管理，切实治理各类环境隐患，保障饮用水水源安全。加强河湖水环境综合整治，推进水环境治理网格化和信息化建设，建立健全水环境风险预警机制。结合城乡规划，因地制宜建设亲水生态岸线，加大黑臭水体治理力度，注重河湖水域岸线保洁，开展干线航道洁化绿化美化行动，打造整洁优美、水清岸绿的河湖水环境。以生活污水、生活垃圾处理、河道疏浚整治为重点，综合整治农村水环境，推进水美乡村、水生态文明城市建设。

（五）实施河湖生态修复。强化河湖生态修复和保护，禁止侵占自然河湖、湿地等水源涵养空间。大力推进河湖水系连通工程建设，恢复增加水域面积。科学调度管理河湖水量，维持河湖基本生态用水需求，重点保障枯水期生态基本流量。强化水林田湖系统治理，加大水源涵养区、生态敏感区保护力度。加强生态保护网建设，积极推进建立生态保护补偿机制，强化水土流失综合治理，建设生态清洁型小流域，维护河湖生态环境。加强河湖湿地保护，保证河湖湿地资源总量不减少。

（六）推进河湖长效管护。明确河湖管护责任主体，落实管护机构、管护人员和管护经费，加强河湖工程巡查、观测、维护、养护、保洁，完成河湖管理范围划界确权，保障河湖工程安全，提高工程完好率。推动河湖空间动态监管，建立河湖网格化管理模式，强化河湖日常监管巡查，充分利用遥感等信息化技术，动态监测河湖资源开发利用状况，提高河湖监管效率。开展河长制信息平台建设，为河湖保护管理提供支撑。

（七）强化河湖执法监督。加强河湖管理执法能力建设，加大监管力度，建立健全信息共享、定期会商、联合执法机制。统筹水利、公安、环保、国土、交通、农业等部门的行政执法职能，推进部门综合执法和执法协作。强化执法巡查监管，加强对重点区域、敏感水域执法监管，对违法行为早发现、早制止、早处理。建立案件通报制度，

推进行政执法与刑事司法有效衔接，对重大水事违法案件实行挂牌督办，严厉打击涉河涉湖违法犯罪活动。

（八）提升河湖综合功能。统筹推进河湖综合治理，保持河湖空间完整与功能完好，实现河湖防洪、除涝、供水、航运、生态等设计功能。根据规划安排，实施区域骨干河道综合治理，构建格局合理、功能完备、标准较高的区域骨干河网；推进河湖水系连通工程建设，改善水体流动条件；加固病险堤防、闸站，提高工程安全保障程度。

四、保障措施

（一）加强组织领导。各镇（街道）党委（党工委）、政府（办事处）应当把全面推行河长制作为推进生态文明建设的重要举措，切实加强组织领导，狠抓责任落实，确保取得实效。相关职能部门应当各司其职、各负其责，按照河长交办事项抓好落实。对涉及多部门协作的任务，牵头部门加强统筹，参与部门要积极配合，形成工作合力。各镇（街道）应当抓紧制定全面推行河长制工作方案，明确序时目标任务。2017年4月底前，区河长制实施意见出台；5月底前，区、镇（街道）、村（社区）三级河长全面落实，区、镇（街道）两级河长制办公室全面建立。

（二）健全工作机制。制定河长巡查及会议、信息报送、检查考核等配套制度，建立部门联动机制，落实工作经费保障，完善考核评估办法，形成河湖保护管理合力，全区河长制配套制度体系2017年6月底前基本建立。积极创新工作方式，坚持因河制宜，实施"一河一策"，针对不同河湖功能特点以及存在问题，由河长牵头组织编制工作清单，制定年度任务书，提出时间表和路线图，有序组织实施。编制河长工作手册，规范河长巡查、协调、督察、考核和信息通报等行为。对巡查发现、群众举报的问题，建立"河长工作联系单"，及时进行交办和督办查办，确保事事

有着落、件件有回音。

（三）**落实工作经费**。加大公共财政投入力度，将河长制工作经费列入本级政府财政预算，保障河湖保护管理项目、信息平台建设与维护、第三方评估等所需资金的落实。加强审计监督，规范河湖保护管理资金使用。探索分级负责、分类管理的河湖保护管理模式，鼓励和吸引社会资金投入，积极培育环境治理、维修养护、河道保洁等市场主体，充分激发市场活力。

（四）**严格考核问责**。制定河长制考核办法，建立由各级总河长牵头、河长制办公室具体组织、相关部门共同参加、第三方监测评估的绩效考核体系，实行财政补助资金与考核结果挂钩，根据不同河湖存在的主要问题实行河湖差异化绩效评价考核。区每年对各级河长履职情况以及各镇（街道）、各相关部门河长制工作情况进行考核，考核结果作为党政领导干部综合考核评价的重要依据。实行生态环境损害责任终身追究制，对造成生态环境损害的，严格按照有关规定追究相关人员责任。

（五）**强化宣传监督**。充分利用各种媒体，向社会广泛宣传介绍河长制推行情况，营造公众参与、齐抓共管的良好社会氛围。通过主流媒体，向社会公告河长名单，在河湖岸边显著位置规范设置河长公示牌，标明河长职责、河湖概况、管护目标、监督电话，接受社会监督。组织开展多种形式的志愿者行动，扩大社会公众参与度。搭建公众信息平台，畅通电话热线等监督渠道，聘请社会监督员对河湖保护管理进行监督和评价。

各镇（街道）河长制办公室应当每两月将河长制推进情况书面报区河长制办公室，各镇（街道）党委（党工委）、政府（办事处）应在每年年底前将本年度河长制工作总结报送区委、区政府。

各镇（街道）党委（党工委）、人民政府（办事处），各园区党工委、管委会，区委各部委办局，区各委办局、区各直属单位：

经研究同意，现将《关于在全区全面推行河长制的实施意见》印发给你们，希认真贯彻执行。

中共泰州市姜堰区委办公室
泰州市姜堰区人民政府办公室
2017 年 4 月 27 日

附录二　光荣榜

1995—2019 年获厅级以上荣誉的先进集体统计

序号	获奖时间 (年-月-日)	获　奖　名　称	授奖部门
1	1996-01-24	水利机械厂、水利工程总队被命名为"江苏省水利系统二十强企业"称号	省水利厅
2	1996-12-14	授予水利局财计股为"全省水利系统财会工作先进集体"	省水利厅
3	1998-03-10	水利局获全省取水许可监督管理工作先进单位	省水利厅
4	1999-09-24	江苏三水建设工程公司为"南京长江二桥工程建设有功单位"	省委、省政府
5	2001-02-22	水利局获省 2001 年《通南高沙土地区节水灌溉工程技术的研究和推广》水利科技推广一等奖	省水利厅
6	2002-07-15	水政监察大队被评为 2001 年度全省水政监察先进集体	省水利厅
7	2003-03-28	水政监察大队获全省水利政策法规工作先进单位	省水利厅
8	2003-05-15	水利管理总站获 2002 年度全省水利工程水费计收先进单位	省水利厅
9	2004-01-21	水利局获 2003 年度全省水利改革创新奖	省水利厅
10	2004-03-05	水政监察大队获全省 2003 年度水政监察工作先进集体	省水利厅
11	2004-04-02	水利工程管理处、姜堰套闸管理所被命名为 2003—2004 年"全省水利系统创建文明行业工作示范窗口单位"	省水利厅 精神文明建设 领导小组
12	2006-04-27	水利局获 2005 年度全省水利工程水费工作先进单位	省水利厅
13	2007-01-04	重新确认水利工程管理处、姜堰套闸管理所为全省水利系统 2003—2004 年文明单位	省水利厅
14	2007-01	水利工程管理处被命名为江苏省水利系统 2005—2006 年文明单位	省水利厅
15	2007-01-08	水利局 2006 年度档案工作通过省一级认定	省档案局
16	2007-10-02	水利局获全省水利系统依法行政工作先进单位	省水利厅
17	2008-10-09	水利局获节水型社会建设先进集体	省发改委、 省水利厅
18	2008-12-01	水工程管理处获 2007—2008 年全省水利系统文明单位	省水利厅
19	2008-12-28	水利局获 2008 年度全省水利新闻宣传工作先进集体	省水利厅
20	2009-03-28	水利局获 2008 年度全省水资源管理先进集体	省水利厅
21	2009-04-27	水利局获全省水利工程水费和水利经营工作先进单位	省水利厅
22	2009-04-29	水利局获 2008 年度全省水利先进单位	省水利厅
23	2010-01-15	姜堰市获全省农村河道疏浚整治先进单位	省组织部、 省农工办、 省财政厅、 省水利厅
24	2010-02-23	水建科获 2009 年度里下河湖区管理工作先进集体	省里下河湖区 考核小组
25	2010-04-05	水利局获 2009 年度全省水资源管理先进集体	省水利厅
26	2010-11-09	办公室获 2010 年度全省水利新闻宣传先进单位	省水利厅
27	2010-12-17	梁徐镇水管站、姜堰套闸管理所获 2009—2010 年度全省水利系统文明单位	省水利厅
28	2012-01-12	姜堰市获江苏省节水型社会建设示范市	省政府办
29	2012-02-20	水利局获 2010—2011 年度农村工作先进集体	省水利厅
30	2012-04-05	姜堰市获江苏省水资源管理示范县（市、区）	省水利厅

续表

序号	获奖时间 (年-月-日)	获 奖 名 称	授奖部门
31	2012-04-26	水利局获 2009—2011 年全省水利工程水费工作先进单位	省水利厅
32	2013-04-12	梁徐镇水管站获 2012 年度基层站所作风建设五星级单位	省政府办
33	2015-01-20	城区河道管理所通过省二级水利工程管理单位复核	省水利厅

1995—2019 年获厅级以上荣誉的先进个人统计

序号	姓 名	获奖时间 (年-月-日)	获 奖 名 称	授奖部门
1	黄顺荣	1995-01-10	1994 年清产核资工作先进个人	省水利厅
2	杨爱平	1995-01-10	1994 年清产核资工作先进个人	省水利厅
3	杨元林	1997-04-16	1996 年度水利工程水费工作先进个人	省水利厅
4	王宏根	1998-09-05	水利新闻宣传工作先进工作者	省水利厅
5	周昌云	1998-02-06	省水利优秀领导干部	省水利厅
6	黄顺荣	1998-11-23	江苏省 1995—1997 年水利系统财会工作先进工作者	省水利厅
7	徐立康	1999-04	1998 年度全省水利工程水费工作先进个人	省水利厅
8	陈永吉	1999-09-28	泰州引江河建设先进工作（生产）者	省人事厅 省水利厅
9	田龙喜	1999-09-28	泰州引江河建设先进工作（生产）者	省人事厅 省水利厅
10	田学工	1999-09-28	泰州引江河建设先进工作（生产）者	省人事厅 省水利厅
11	陈永吉	2000-03-12	全省水利工程管理工作先进个人	省水利厅
12	陈永吉	2001-03	科技推广一等奖	省水利厅科技 成果评审委员会
13	王丽芳	2002-03-28	2001 年水资源管理信息统计工作先进个人	省水利厅
14	王宏根	2002-07	全省水利新闻宣传先进个人	江苏水利 杂志编辑部
15	张日华	2003-05-15	2002 年度全省水利多种经营工作先进个人	省水利厅
16	黄宏斌	2004-03-05	2003 年度全省水政监察工作先进个人	省水利厅
17	张日华	2004-12	2003 年度全省水利经营工作先进个人	省水利厅
18	周昌云	2005-03-18	2004 年度全省水利工作先进个人	省水利厅
19	陈永吉	2006-02	2005 年度全省水利工作先进个人	省水利厅
20	黄宏斌	2006-03	2005 年度全省水政监察工作先进个人	省水利厅
21	周兴平	2006-07-10	2005 年度水利厅政研论文三等奖	省水利职工思想政治 工作研究会
22	葛荣松	2007-04	2006 年度全省水利经营工作先进个人	省水利厅
23	柳存兰	2007-12-26	全省档案工作先进个人	省档案局
24	秦亚春	2008-10-09	节水型社会建设先进个人	省发改委 水利厅
25	王宏根	2008-12-28	2008 年度全省水利新闻宣传工作先进个人	省水利厅
26	周昌云 王宏根	2008-10-28	全省水利系统创建精神文明"五个一"活动获奖论文（调研报告）	省水利厅党委
27	王宏根	2009-11-24	2009 年度全省水利新闻宣传工作先进个人	省水利厅
28	王宏根	2010-11-09	2010 年度全省水利新闻宣传工作先进个人	省水利厅

续表

序号	姓　名	获奖时间 (年-月-日)	获　奖　名　称	授奖部门
29	黄宏斌	2010-12-10	全省水行政执法"办案能手"	省水利厅
30	陈永吉	2011-03-22	2010 年度全省水利先进个人	省水利厅
31	王宏根	2011-10-31	2011 年度全省水利新闻宣传工作先进个人	省水利厅
32	顾爱民	2011-02-22	2010 年度江苏省南水北调工程建设管理先进个人	江苏省南水北调 工程建设管理领导 小组办公室
33	许健	2012-02-10	2011 年度江苏省南水北调工程建设管理先进个人	江苏省南水北调 工程建设管理领导 小组办公室
34	许健	2013-02-01	2012 年度江苏省南水北调工程建设管理先进个人	江苏省南水北调 工程建设管理领导 小组办公室
35	许健	2013-03	全省水利系统先进工作者	省人社厅 省水利厅 省公务员局
36	许健	2014-02-21	2013 年度江苏省南水北调工程建设管理先进个人	江苏省南水北调 工程建设管理领导 小组办公室
37	沙庆	2014-01-22	江苏省世行贷款淮河流域重点平原洼地治理先进个人	省世行贷款淮河流域 重点平原洼地治理项 目管理办公室
38	柳存兰	2018-11-01	2018 年度全省水利新闻宣传工作优秀通讯员	省水利厅

参 考 文 献

［1］.江苏省地方志编制委员会.江苏省志·水利志［M］.南京：江苏凤凰出版社，2017.

［2］.扬州市水利史志编纂委员会.扬州水利志［M］.北京：中华书局，1999.

［3］.《姜堰市志》编制委员会.姜堰市志［M］.北京：方志出版社，2016.

［4］.《泰州水利志》编纂委员会.泰州水利大事记［M］.郑州：黄河水利出版社，2018.

后 记

根据泰州市水利局关于地方水利志编纂工作要求，2019年9月，经中共泰州市姜堰区水利局党组研究，决定启动新一轮姜堰水利志编纂工作。本次编写是第一部《姜堰水利志（1949—1994）》的续编，时间是从1995年到2019年。为确保编纂工作顺利进行，局建立了《姜堰水利志》编纂工作领导小组，组建了《姜堰水利志（1995—2019年）》编纂委员会，下设办公室和工作专班。

2019年10月，编纂工作正式启动，先后经过了4个阶段。第一阶段，制定编写大纲。根据这一时期姜堰水利行业的变化和水利事业发展的实际，于2019年12月，完成了编写大纲编制。水利志的前置部分有图片、序、概述等。正文部分共20章，与原水利志相比，增加了水利规划、城市水利、农村供水、水利改革、河长制、重点工程、水文化、治水人物等8章内容。水利志的后置部分有附录、后记等。第二阶段，资料收集与编写。2020年1—10月，根据编写大纲，我们将所需资料分解到各科室（单位），由各科室（单位）落实专人按要求收集、提供资料。编写人员边收集边编写，于2020年10月形成了草稿。第三阶段，修改补充。针对草稿存在的问题，我们将草稿发至各科室（单位），并列出问题清单，请各科室（单位）修改补充。在编写的过程中，我们反复与各科室（单位）对接，前后进行了7次大的修改，于2021年4月形成初稿。随后，我们将初稿发至局全体负责人、机关科室（单位）负责人、水利站长和部分退休老同志阅改。根据修改意见，我们结合实际情况对初稿又进行了完善修改，2021年6月形成了送审稿。第四阶段，送审送评。2021年7月初，局办公室将送审稿分送给评委阅改，2021年9月18日，通过了由泰州水利局、姜堰区人大农工委、姜堰区史志办、姜堰区博物馆等部门单位领导、专家、学者组成的评审委员会评审。评审会后，根据评审意见对送审稿进行了修改完善，于2021年11月定稿。

《姜堰水利志（1995—2019年）》编纂工作历时两年，终于修成。在《姜堰水利志（1995—2019年）》的编纂过程中，得到了泰州市水利局、姜堰区领导和姜堰区水利局老领导老同志关心支持。泰州市、姜堰区众多领导和方志专家就《姜堰水利志（1995—2019年）》提出了许多宝贵的修改建议。姜堰区档案馆、文化馆、气象局等单位为本志提供了许多资料，在此表示衷心的谢意。

由于编纂人员水平有限，志中疏漏错误之处在所难免，恳请读者批评指正。

编 者

2021年11月